高等职业教育机械类专业系列教材

中望 CAD 项目教程

主　编　尹甜甜　刘　娟

副主编　李晓军　李　辉　贺　钰

主　审　朱跃峰　陈艳红

西安电子科技大学出版社

内 容 简 介

本书采用项目导向、任务驱动的编写方式，融入核心素养目标，实施"岗课赛证"一体化，注重数字化表达与实践技能的培养。

本书共设有 6 个项目，即中望 CAD 教育版基础知识、二维图形绘制、视图绘制、零件图绘制、装配图绘制、图形打印和输出，全面介绍了中望 CAD 2025 教育版软件的基本操作和功能。本书与企业生产实际相结合，精选工作任务，每个任务又由任务描述、任务分析、知识链接、任务实施、任务评价和拓展训练构成。书中采用了现行最新的国家标准和规范，并配以丰富的立体化资源。

本书可作为高等职业院校机械类和近机械类专业的教材，也可作为初学者的自学用书或相关等级证书培训教材。

图书在版编目（CIP）数据

中望 CAD 项目教程 / 尹甜甜，刘娟主编. -- 西安：西安电子科技大学出版社, 2025. 7. -- ISBN 978-7-5606-7691-3

Ⅰ. TH126

中国国家版本馆 CIP 数据核字第 2025WA0875 号

书　　名　中望 CAD 项目教程
　　　　　ZHONGWANG CAD XIANGMU JIAOCHENG

策　　划　秦志峰
责任编辑　秦志峰
出版发行　西安电子科技大学出版社（西安市太白南路 2 号）
电　　话　（029）88202421　88201467　　　邮　　编　710071
网　　址　www.xduph.com　　　　　　　　　电子邮箱　xdupfxb001@163.com
经　　销　新华书店
印刷单位　陕西精工印务有限公司
版　　次　2025 年 7 月第 1 版　　　　　　　2025 年 7 月第 1 次印刷
开　　本　787 毫米×1092 毫米　1/16　　　印　　张　14
字　　数　330 千字
定　　价　39.00 元

ISBN 978-7-5606-7691-3

XDUP 7992001-1

*** 如有印装问题可调换 ***

前 言

在工业 4.0 背景下，CAD(计算机辅助设计)技术为制造业转型升级提供了有力支持。中望 CAD 作为国产 CAD 软件的杰出代表，已广泛应用于机械、建筑、电子、汽车及能源等制造业领域。为帮助读者更好地掌握并灵活运用中望 CAD 软件，编者根据多年教学实践经验，本着"岗课赛证"综合育人理念，结合现代教育体系建设的新基建"五金"建设要求编写了本书。

本书以中望 CAD 2025 教育版为基础进行编写，对标职业岗位需求，依据职业技能等级要求，以项目教学为主线构建教学内容。在本书编写的过程中，编者请企业一线工程技术人员进行了指导，以提升读者运用中望 CAD 软件进行工程设计的能力。全书包括 6 个项目、20 个任务，根据工程制图的认知特点，循序渐进地介绍了中望 CAD 教育版基础知识、二维图形绘制、视图绘制、零件图绘制、装配图绘制、图形打印和输出等知识。

本书实例丰富，注重培养学生的实践能力，主要特色如下：

(1) 融入工科类专业核心素养目标，扎实推进习近平新时代中国特色社会主义思想进教材，提升教材铸魂育人功能；

(2) 采用项目导向、任务驱动的编写方式，结合企业生产实际，精选工作任务，将中望 CAD 的命令学习和绘图技巧融入具体图样绘制中；

(3) 采用现行最新国家标准；

(4) 配有立体化教学资源，包括微课、拓展训练答案、电子课件、电子教案、任务及习题图样，便于教师教学和学生自主学习。其中，微课和拓展训练答案以二维码方式呈现，其余资源可在出版社网站(https://www.xduph.com)下载。

本书由开封大学的尹甜甜、刘娟担任主编。编写分工如下：开封大学的尹甜甜编写项目 3、项目 4 和附录，开封大学的刘娟编写项目 2，甘肃畜牧工程职业技术学院的李晓军编写项目 1，开封大学的李辉编写项目 5，开封大学的贺钰编写项目 6。全书由尹甜甜统稿。广州中望龙腾软件股份有限公司的赵威协助完成绘图技巧指导工作，开封大学的杨虹协助完成项目任务选择优化工作。开封大学的朱跃峰和陈艳红审阅了本书，并提出了许多宝贵意见。

由于编者水平有限，书中难免有不完善之处，敬请广大读者批评指正！

编　者
2025 年 3 月

目 录

项目 1
中望 CAD 教育版基础知识

项目概述

　　中望 CAD 2025 教育版支持经典工作界面和 Ribbon 工作界面，采用 CAD 通用快捷命令，完美兼容原生 DWG 格式，广泛支持主流行业应用和用户个性化功能定制开发。该软件运行极度流畅，功能全面、高效、智能，可快速完成各类复杂的设计任务。本项目主要介绍中望 CAD 2025 教育版的基础知识与操作，以及图形样板文件的创建方法。

　　本项目的任务逻辑如图 1-1 所示。

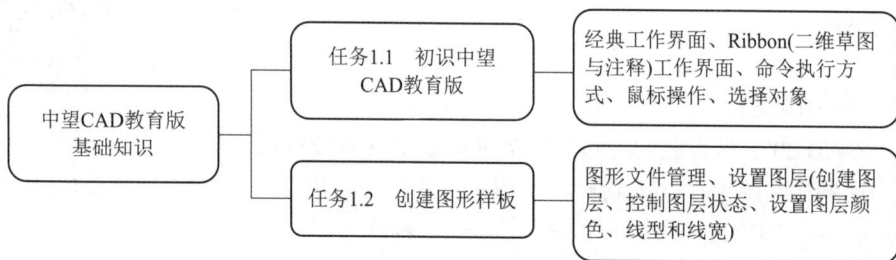

图 1-1　项目 1 任务逻辑

项目目标

知识目标

　　1. 熟悉中望 CAD 2025 教育版的工作界面，掌握经典工作界面和 Ribbon 工作界面之间的切换，会进行一些基本操作。

　　2. 掌握图形文件管理、图层创建和设置方法，会创建图形样板文件。

技能目标

　　能根据要求正确设置中望 CAD 2025 教育版软件的绘图环境，并会创建图形样板文件。

素养目标

　　通过对软件基本操作的熟练掌握，培养踏实肯学、爱岗敬业的机械行业责任感，为后续学习夯实基础。

任务 1.1　初识中望 CAD 教育版

任务描述

熟悉中望 CAD 2025 教育版的工作界面(经典工作界面和 Ribbon 工作界面)各组成部分的功能，能够在两种工作界面之间进行切换，并会进行一些基本操作。

任务分析

中望 CAD 2025 教育版有两种工作界面：经典工作界面和 Ribbon(二维草图与注释)工作界面。只有熟悉中望 CAD 2025 教育版软件界面，才能更好地使用软件的各项功能，更好地提升绘图质量。灵活精准并快速使用软件中的各项功能操作，是达到绘图准确性、美观性、完整性、快速性的前提。

知识链接

1. 经典工作界面

中望 CAD 2025 教育版的经典工作界面主要由菜单浏览器、快速访问工具栏、标题栏、菜单栏、工具栏、绘图区、命令栏、状态栏等组成，如图 1-2 所示。

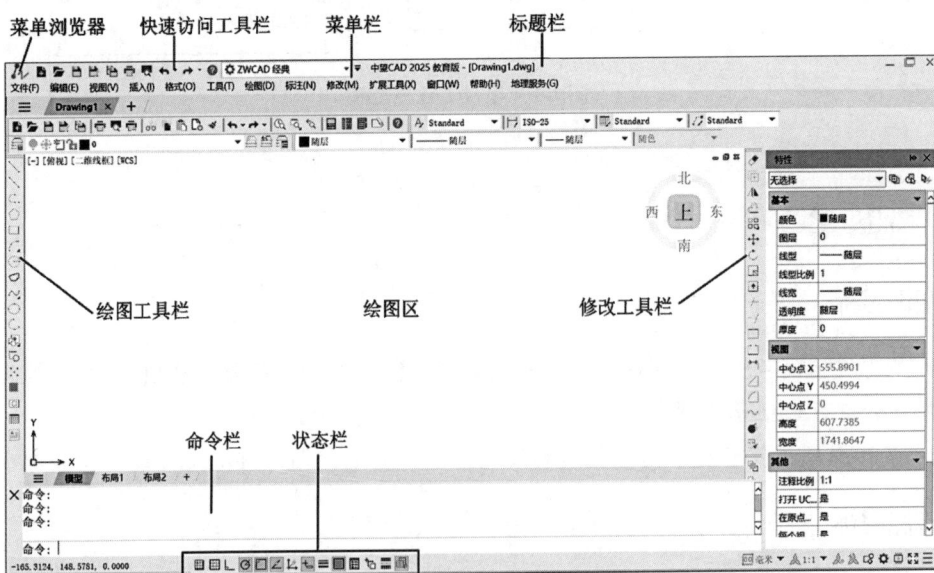

经典工作界面

图 1-2　经典工作界面

❖ **注意**

工作界面的"明"或"暗"可以根据个人习惯和喜好进行设置。单击菜单栏的"工具"

→"选项"，或者在命令行输入"options"，弹出"选项"对话框，如图 1-3 所示。单击"选项"对话框中的"显示"→"窗口元素"→"配色方案"，即可选择"明"或者"暗"。图 1-2 是工作界面设置为"明"时的显示效果。

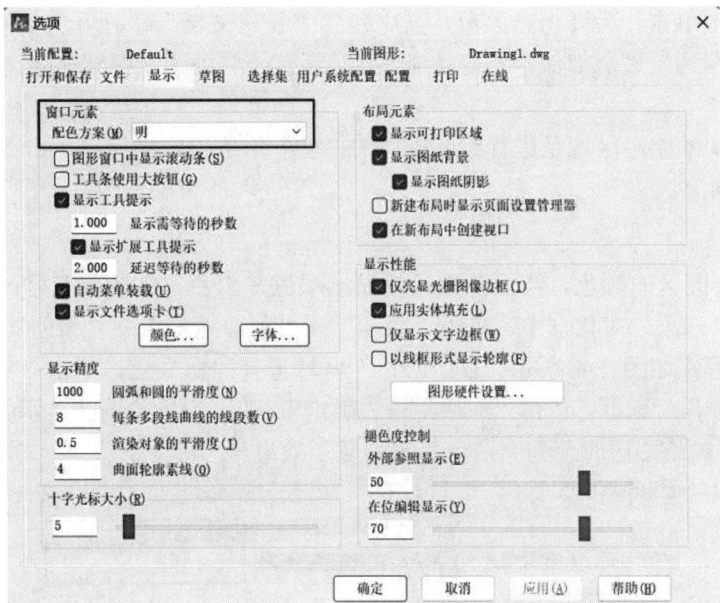

图 1-3　"选项"对话框

1）菜单浏览器

单击工作界面左上角的中望 CAD 图标即可进入菜单浏览器界面，其功能类似于 Office 软件的菜单浏览器。

2）快速访问工具栏

快速访问工具栏用于存放经常访问的命令按钮，包括"新建""打开""保存""另存为""打印"等。在"快速访问工具栏"的"工作空间"下拉列表框中可进行中望 CAD 教育版工作界面的切换。

3）标题栏

标题栏位于工作界面的最上方，用于显示中望 CAD 软件的版本名称以及正在绘制的图形名称，默认为"Drawing1.dwg"。

4）菜单栏

中望 CAD 2025 教育版经典工作界面有多个菜单，每个菜单都有下拉菜单，有的下拉菜单里还有二级菜单，用于选择更详细的功能命令。如绘制直线，就可单击菜单栏"绘图"→"直线"命令。

❖ 注意

如不慎将工具栏关闭，可以通过如下方法恢复：

在任一工具栏空白处单击鼠标右键，在出现的选项卡中，将鼠标移动到"ZWCAD"，在出现的二级列表里将已关闭的工具栏名称前面打钩，相应的工具栏就会出现在中望 CAD 工作界面。

5) 绘图区

绘图区的最上方是文件选项卡，当同时打开多个 dwg 文件时，每个文件都会在这个区域显示，单击想要操作的文件选项卡，可使其处于绘图区当前状态；将鼠标放在任一文件选项卡上，右键单击，会弹出一菜单，其中包含"新建文档""打开文档""关闭""保存文档""另存为""全部保存"等功能，同时还有一些处于灰色状态(当前状态下不可用)的功能。

绘图区中间的空白区域是进行绘图操作的，左下角是当前坐标系，X 轴正向水平向右，Y 轴正向垂直向上。

❖ **注意**

(1) 修改绘图区的颜色。绘图区默认的显示颜色是黑色，如想将其修改为白色，可在图 1-3 所示的"选项"对话框中，单击"显示"→"窗口元素"→"颜色"，弹出"图形窗口颜色"对话框，如图 1-4 所示。在"颜色"区域选择"白"色，单击"应用并关闭"按钮，返回"选项"对话框，单击"应用"→"确定"，即可完成绘图区显示颜色的修改。图 1-2 是工作界面的绘图区颜色为"白色"时的显示效果。

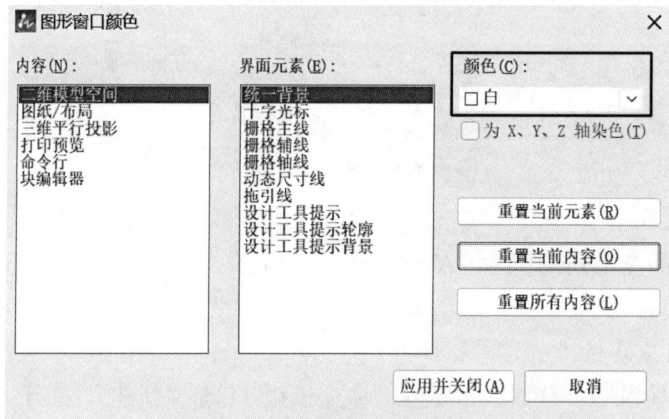

图 1-4　"图形窗口颜色"对话框

(2) 调整十字光标大小。在"选项"对话框中，单击"显示"选项卡，在"十字光标大小"区域拖动滑块可以调整十字光标的大小，默认为 5，如图 1-5 所示。

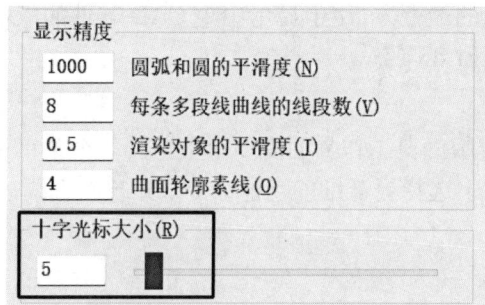

图 1-5　调整十字光标大小

(3) 调整靶框大小。在"选项"对话框中，单击"草图"选项卡，在"靶框大小"区域可调整靶框大小。

（4）调整拾取框大小。在"选项"对话框中，单击"选择集"选项卡，在"拾取框大小"区域调整拾取框大小，可使其更加方便准确地选中图形。

6）命令栏

在命令栏输入相应的绘图命令，即可执行该命令。如执行"直线"命令，在命令行输入"line"，按"Enter"键即可执行直线命令，也可单击绘图工具栏中的"直线"按钮或单击菜单栏"绘图"→"直线"命令，实现相同的绘图效果。

在绘图过程中应根据命令行中的提示来进行下一步操作，以完成相应的绘图功能。

如果在使用命令的过程中有疑问之处，可以按 F1 键，查看关于该命令的帮助信息；也可以在使用命令前按 F1 键，输入命令的全称，搜索后进行命令的学习。

❖ **注意**

如不慎将命令栏关闭，可以通过如下两种方法恢复：

（1）使用快捷键"Ctrl + 9"（最为便捷），即可重新打开命令栏。

（2）单击菜单栏"工具"→"命令行"，也可重新打开命令栏。

7）状态栏

状态栏位于工作界面的最下方，有"捕捉""栅格""正交""极轴追踪""对象捕捉""对象捕捉追踪""动态 UCS""动态输入""线宽""透明度""快捷特性""选择循环""对称画图"等功能。当启用状态栏中某一功能时，对应工具按钮为高亮显示，关闭时该工具按钮为灰白色显示，如图 1-6 所示。将鼠标放在状态栏的不同工具按钮上，单击右键，弹出的菜单不同；将鼠标放在状态栏任一工具按钮上（如正交模式），单击右键，弹出一菜单，可进行该功能的"开""关"设置，也可进行是否"使用图标"设置，使用图标下的状态栏如图 1-6 所示，不使用图标下的状态栏如图 1-7 所示。

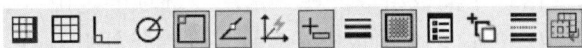

图 1-6　使用图标下的状态栏

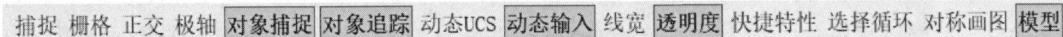

图 1-7　不使用图标下的状态栏

下面介绍状态栏中常用工具按钮的功能和快捷键。

· 捕捉（快捷键 F9）：打开状态，光标按指定的设置捕捉间距移动。

· 栅格（快捷键 F7）：打开状态，显示栅格。

· 正交（快捷键 F8）：打开状态，只能绘制水平或垂直方向直线。

· 极轴（快捷键 F10）：打开状态，可沿一系列极轴角方向进行追踪。

· 对象捕捉（快捷键 F3）：打开状态，可自动捕捉端点、中点、圆心等点。

· 对象捕捉追踪（快捷键 F11）：打开状态，可自动从设置的捕捉点（如圆心、端点）处进行正交追踪或极轴角方向追踪。

· 动态输入（快捷键 F12）：打开状态，可直接在光标附近显示工具提示，用户也可以在工具提示的文本框中直接输入选项和值。

· 线宽：打开状态，对象将以实际指定线宽显示。

2. Ribbon(二维草图与注释)工作界面

中望 CAD 2025 教育版的 Ribbon(二维草图与注释)工作界面如图 1-8 所示，它和经典工作界面不同的地方就是功能区。

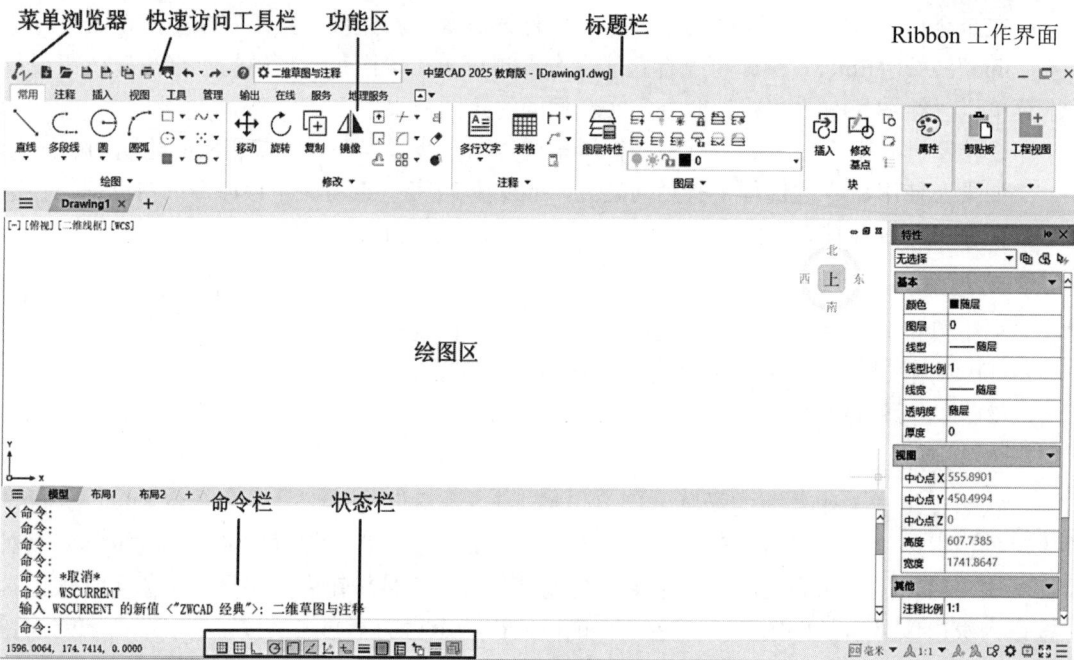

Ribbon 工作界面

图 1-8　Ribbon(二维草图与注释)工作界面

Ribbon(二维草图与注释)工作界面的功能区由"常用""注释""插入""视图"等选项卡组成，每个选项卡又由多个面板组成，如"常用"选项卡是由"绘图""修改""注释""图层""块"等面板组成的；每个面板中又有许多命令按钮和控件。Ribbon 工作界面功能区占用的空间相对固定，界面更简洁。

总的来说，Ribbon 工作界面的功能区更灵活，对于初学者就像学习 Office 一样，较容易接受，友好度更高；而对于具有 AutoCAD 软件基础的用户来说，经典工作界面则更具有亲和性。

❖ 注意

在操作过程中，如果想让工作界面恢复到软件默认的界面状态，可在图 1-3 所示的"选项"对话框中，单击"配置"选项卡，选择"重置"。

3. 中望 CAD 2025 教育版基本操作

1) 命令执行方式

(1) 调用命令。调用命令一般有以下三种方式：

① 命令按钮方式。在工具栏中单击执行命令对应的工具按钮，按照提示完成绘图工作。

② 键盘方式。如想使用某个工具绘图，只需通过键盘在命令行中输入该工具的相应命令，然后根据提示一步一步地完成绘图即可。

③ 菜单命令方式。选择下拉菜单中的相应命令来执行即可，执行过程与上面两种方式

相同。

中望 CAD 教育版同时提供了鼠标右键快捷菜单,快捷菜单中会根据当前绘图的状态提示一些常用的命令。

(2) 退出正在执行的命令。中望 CAD 教育版可随时退出正在执行的命令。在执行某个命令后,可按"Esc"键退出该命令,也可按"Enter"键结束某些操作命令。

(3) 重复执行上一次操作命令。在结束了某个操作命令后,若要再次执行该命令,可以按"Enter"键或"空格"键来实现此目的。

(4) 取消已执行的命令。当绘图中出现错误,需要取消之前的操作时,可以使用"Undo"命令,或单击工具栏中的 ↰ 按钮,回到前一步或前几步的状态。

(5) 恢复已撤销的命令。当撤销了命令后,又想恢复已撤销的命令时,可以使用"Redo"命令或单击工具栏中的 ↱ 按钮。

2) 鼠标操作

(1) 左键。鼠标左键是拾取键,用于单击工具栏上的命令按钮、选择菜单命令,也可以在绘图过程中指定点、选择图形对象等。

(2) 右键。一般情况下,单击鼠标右键将弹出快捷菜单,选择菜单上的命令可执行对应操作。右键的功能是可以设定的,打开"选项"对话框,如图 1-9 所示,在"用户系统配置"选项卡的"Windows 标准"区域中可以自定义右键的功能。例如,可以设置命令执行期间右键仅相当于"Enter"键。

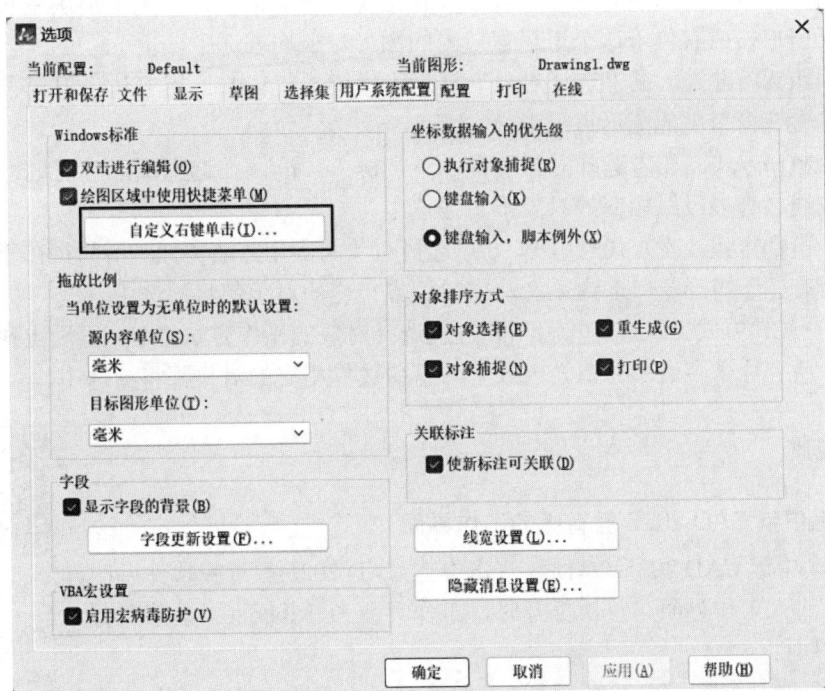

图 1-9　"选项"对话框自定义右键功能

(3) 滚轮。在绘图过程中,如果图形较为复杂,需要对其局部进行缩放,可向前滚动滚轮放大图形,也可向后滚动滚轮缩小图形。缩放基点为十字光标中点,可使用

"ZOOMFACTOR"系统变量来设定缩放增量系数。按住滚轮拖动鼠标，会出现小手图标，此时可平移图形；双击滚轮，可实现显示全部图形。

3) 选择对象

中望 CAD 教育版提供了多种选择对象的方法。当图中有很多图形对象时，可以直接选择其中一部分；或者当使用某些命令修改图形对象时，经常会遇到命令行提示"选择对象"，此时在命令行输入"?"，则会出现如下提示：

> 需要点或窗口(W)/最后(L)/窗交(C)/框选(B)/全部(ALL)/栏选(F)/圈围(WP)/圈交(CP)/
> 组(G)/添加(A)/删除(R)/多个(M)/上一个(P)/撤消(U)/自动(AU)/单选(SI)

几种常用的选择对象的方式说明如下：

(1) 直接选择对象方式。这是默认的选择对象方式，此时光标变为一个小方框(称拾取框)，将拾取框移至待选图形对象上单击鼠标左键，则选中该对象。重复上述操作，可依次选取多个对象。被选中的图形对象以蓝色高亮显示，以区别于其他图形。利用该方式每次只能选取一个对象，且在图形密集的地方选取对象时，往往容易选错或多选。

(2) 全部(ALL)方式。在"选择对象"提示下，键入"ALL"，或者使用快捷键"Ctrl + A"，即可选中屏幕中的所有对象。

(3) 窗口(W)方式。在"选择对象"提示下，键入"W"，中望 CAD 教育版软件会依次提示确定矩形拾取窗口内所有对象。通过光标给定一个矩形窗口，无论是从左向右还是从右向左定义窗口，所有位于这个矩形窗口内的图形对象均被选中。

(4) 圈围(WP)方式。在"选择对象"提示下，键入"WP"，用多边形窗口方式选择对象，完全包含在窗口中的图形被选中。

(5) 栏选(F)方式。在"选择对象"提示下，键入"F"，在选择图形时用鼠标指定多个点定义多段线，与多段线相交的对象都将被选中。

(6) 窗交(C)方式。该方式与用 W 方式选择对象的操作方法类似。不同点在于，在窗交方式下，所有位于矩形窗口之内或者与窗口边界相交的对象都将被选中。

(7) 圈交(CP)方式。该方式与用 WP 方式选择对象的操作方法类似。不同点在于，在圈交方式下，所有位于多边形窗口之内或者与窗口边界相交的对象都将被选中。

任务实施

1. 熟悉中望 CAD 2025 教育版的工作界面

(1) 启动中望 CAD 2025 教育版。双击中望 CAD 2025 教育版软件启动图标，即可进入工作界面。首次打开时，工作界面为 Ribbon(二维草图与注释)工作界面。

(2) 在两种工作界面间切换。两种工作界面间的切换方式有两种：一是在 Ribbon(二维草图与注释)工作界面中，单击快速访问工具栏上 ✿二维草图与注释 ▼ 右侧的下拉按钮，打开如图 1-10(a)所示的下拉菜单，通过选择不同菜单命令即可进行 Ribbon 工作界面(二维草图与注释)和经典工作界面(ZWCAD 经典)间的切换；二是在任一种工作界面中，单击软件

工作界面右下角的 ⚙ 按钮(设置工作空间按钮)，可在如图 1-10(b)所示的弹出菜单中进行切换。

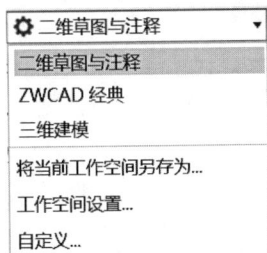

(a) 进入下拉菜单切换　　　　　　　(b) "设置工作空间"切换

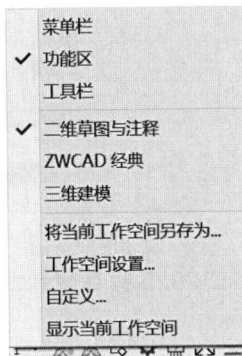

图 1-10　两种工作界面切换方法

(3) 将绘图工具栏设置成悬浮状态。进入中望 CAD 2025 教育版软件经典工作界面，拖动"绘图"工具栏，可使其处于浮动状态，如图 1-11 所示，如果想恢复到原来的状态，可进行如下操作：将鼠标放在"绘图"工具栏左端(框线位置)，按住鼠标左键并拖动鼠标，移动到绘图区合适的位置后松开鼠标。

图 1-11　浮动绘图工具栏

(4) 关闭命令栏。单击命令栏最左侧的 ✕，如图 1-12 所示，关闭"命令栏"，使用快捷键"Ctrl＋9"可恢复原来的状态。

```
✕命令: _options
　命令: *取消*
　命令: WSCURRENT
　输入 WSCURRENT 的新值 〈"ZWCAD 经典"〉: 二维草图与注释

　命令:
```

图 1-12　命令栏

(5) 关闭"特性"选项板。单击"特性"选项板最右侧的 ✕，如图 1-13 所示，关闭"特性"选项板，使用快捷键"Ctrl＋1"可恢复原来的状态。

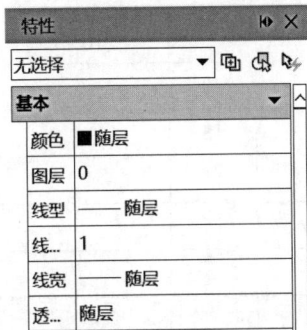

图 1-13　"特性"选项板

(6) 打开计算器。使用快捷键"Ctrl＋8"，打开"计算器"，如图 1-14 所示，单击右侧

的 ✖ 可关闭"计算器"。

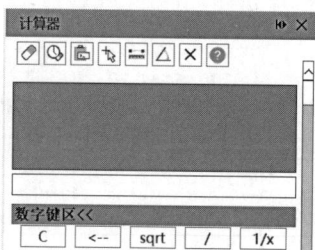

图 1-14　计算器

2. 中望 CAD 2025 教育版基本操作

(1) 打开栅格。在状态栏打开栅格，然后关闭。

(2) 执行绘图命令。打开正交模式，单击"绘图"工具栏中的"直线"按钮，观察命令行状态，命令行出现"指定第一个点"，在绘图区任选一点，然后命令行出现"指定下一点或[角度(A)/长度(L)/放弃(U)]:"，向右移动鼠标，在合适位置单击一点，就可在绘图区观察到绘制出的一条水平线段。

(3) 使用对象捕捉。打开对象捕捉，再次单击"直线"按钮，将鼠标移动到所绘制线段的两个端点，观察在两个端点处是否出现了红色的正方形框，如图 1-15 所示。

(4) 编辑对象。依次利用"选择对象""撤销""放大""缩小"和"平移"等命令，编辑该直线对象。

图 1-15　对象捕捉

任务评价

如表 1-1 所示，从认知能力和职业能力两个方面，根据学生自评、组内互评、教师综合评价将各项得分填入表 1-1 中。

表 1-1　任务 1.1 评价表

评价内容		分值	学生自评 (10%)	组内互评 (20%)	教师综合评价 (70%)
认知能力	认识工作界面	20			
	切换工作界面	15			
	命令执行方式	15			
	鼠标操作	15			
	选择对象	15			
职业能力	查阅资料　团队合作 练习态度　拓展学习	20			
总分		100			

拓展训练

1. 熟悉中望 CAD 2025 教育版软件界面(经典/Ribbon(二维草图与注释)界面)各部分功能，了解各菜单栏下对应的常用命令，并根据自身使用习惯及需要，调用当前隐藏的工具栏，并调整至合适位置。

2. 在中望 CAD 2025 教育版软件中打开任一图形文件，执行基本操作，如"选择对象""放大缩小""平移"等，并观察图形变化。

任务 1.1 训练

任务 1.2　创建图形样板

任务描述

按照国家标准要求，创建一个名为"A4 样板.dwt"的图形样板文件，要求如下：

(1) 设置绘图长度单位类型为"小数"，精确到小数点后一位；角度单位类型为十进制度数，精确到整数度。

(2) 设置绘图界限为(297，210)，并使用栅格显示图限区域。

(3) 设置图层，包括轮廓线、细实线、中心线、虚线、尺寸线、剖面线图层。

任务分析

在利用中望 CAD 教育版软件绘制图形前，要进行必要的设置，包括图形单位、图形界限、图层等。这是在绘制机械图样前应该做好的工作。通过设置，可以确保绘图过程中的精度和效率，提高整体设计的质量和一致性。

知识链接

1. 图形文件管理

1) 新建图形文件

启动中望 CAD 2025 教育版软件，可以通过以下三种方式新建图形文件：

(1) 工具栏：在快速访问工具栏中单击"新建"按钮 ■。

(2) 菜单栏：选择"文件"→"新建"。

(3) 快捷键：Ctrl + N。

在弹出的"选择样板文件"对话框中，如图 1-16 所示，选择"zwcadiso.dwt"，单击"打开"按钮，即新建了一个图形文件。

图形文件管理

❖ 注意

中望 CAD 教育版 2025 提供了两种样板文件，一种是公制，如 zwcadiso；一种是英制，如 zwcad，文件类型都是 *.dwt。

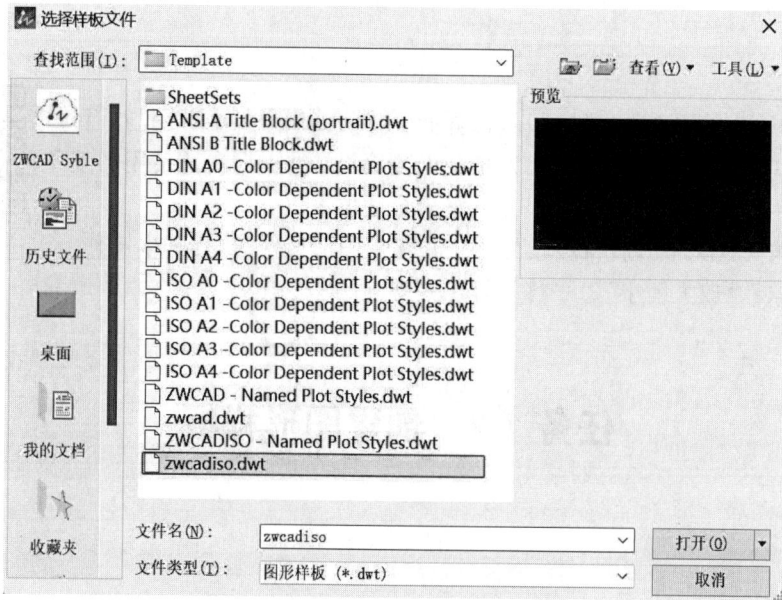

图 1-16　"选择样板文件"对话框

　　用户也可以创建适合自己需要的样板文件，创建步骤如下：在创建了合适的图层、文字样式、标注样式、图形界面后，单击"另存为"，选择"文件类型"为"*.dwt"，"文件名"为 zwcadzz。当用户再次新建图形文件时，zwcadzz 就会以样板文件的形式存在，如图 1-17 所示。中望 CAD 教育版允许用户自定义样板文件，以定制适合的工作空间，省去很多不必要的工作。

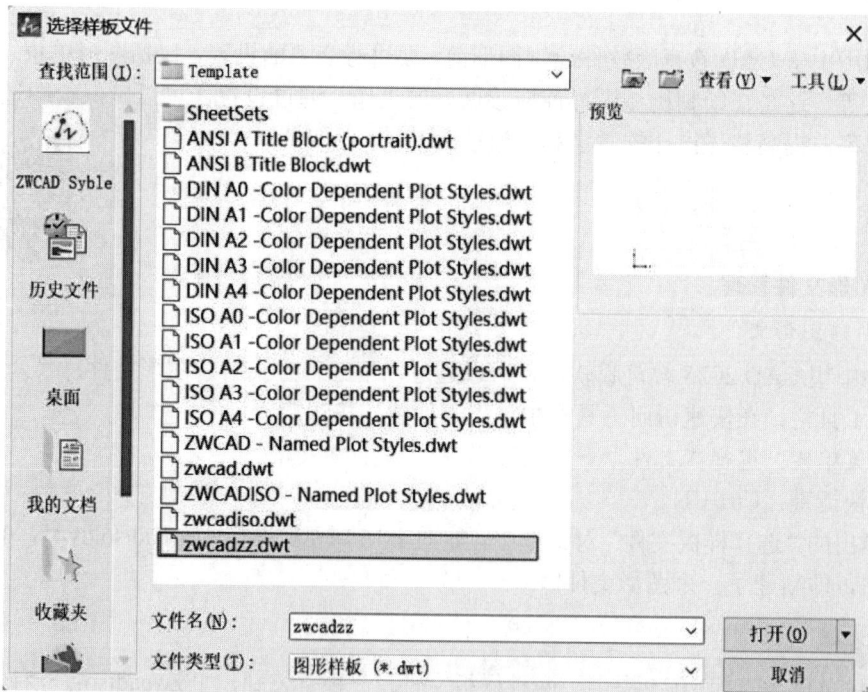

图 1-17　选择自定义样板文件

2) 保存图形文件

中望 CAD 2025 教育版默认的图形文件名称为"Drawing1.dwg"，可以该名称快速保存在默认的文件夹下，也可以自定义的名称另存至指定的文件夹下。

(1) 快速保存图形文件有以下三种方式：

① 工具栏：在快速访问工具栏中单击"保存"按钮 ⊟。

② 菜单栏：选择"文件"→"保存"。

③ 快捷键：Ctrl+S。

(2) 换名存储图形文件有以下三种方式：

① 工具栏：在快速访问工具栏中单击"另存为"按钮 ⊟。

② 菜单栏：选择"文件"→"另存为"。

③ 快捷键：Ctrl+Shift+S。

"另存为"步骤如下：在弹出的"图形另存为"对话框中，选择"文件类型"为"*.dwg"，在"文件名"文本框中输入新文件名，在"保存于"中选择文件存储目录，如选择桌面，单击"确定"按钮，即可在桌面找到保存的图形文件。

3) 打开/关闭图形文件

打开一个".dwg"格式的图形文件有以下三种方式：

(1) 工具栏：在快速访问工具栏中单击"打开"按钮 ⊟。

(2) 菜单栏：选择"文件"→"打开"。

(3) 快捷键：Ctrl+O。

在绘图区标题栏处单击 ✖ 按钮，可关闭该图形文档；在软件工作界面右上角处单击 ✖ 按钮，可关闭中望 CAD 软件。

2. 设置图层

1) 创建图层

打开工具栏"图层特性管理器"对话框，如图 1-18 所示，系统默认图层为"0"层。

设置图层

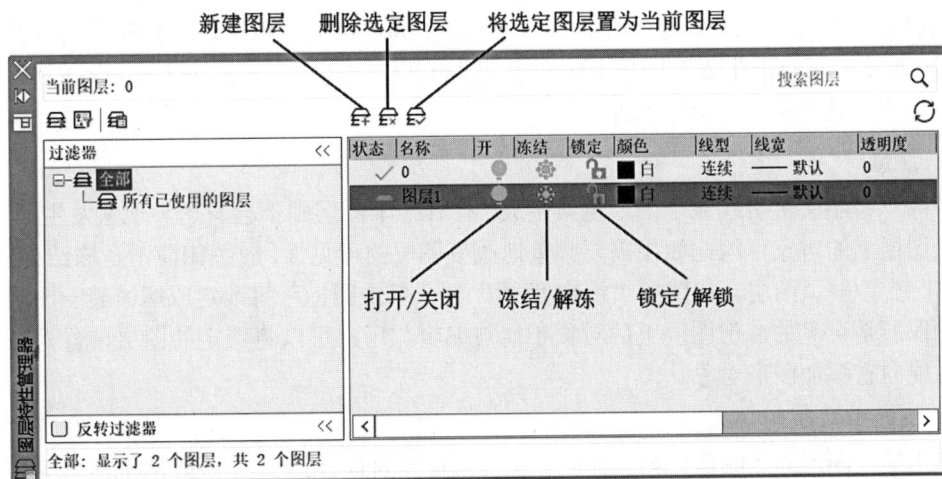

图 1-18　"图层特性管理器"对话框

(1) 新建图层。单击 按钮，在列表中显示名为"图层 1"的图层；或将鼠标放在"0"层上或者放在"0"层下方所对应的空白区域，单击右键，在弹出的快捷菜单中选择"新建图层(N)"，"名称"处显示为"图层 1"。

(2) 将选定图层置为当前图层。单击 按钮，可将选定图层设置为当前图层，如图 1-18 所示，图层 0 为当前图层，该图层前面出现标记 ✓；也可通过"图层"面板上的"图层控制"下拉列表对图层状态进行控制，如图 1-19 所示。

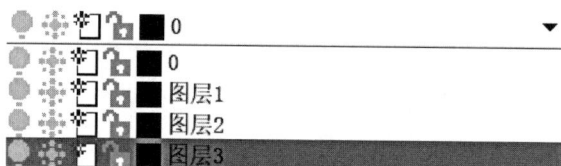

图 1-19　图层控制

(3) 删除图层。单击 按钮，即可删除选定图层。

(4) 重命名图层。选中"图层 1"，在图层名上单击，图层的名称变为可编辑状态，可以对其进行重命名。

❖ **注意**

上述创建图层操作还可以通过如下方式实现：选中某一图层，单击右键，在弹出的菜单里进行"新建图层""置为当前""删除图层""重命名图层"等操作，但是不能删除系统默认的"0"层。

2) 控制图层状态

图层状态主要包括"打开/关闭""冻结/解冻""锁定/解锁"三列，可通过"图层特性管理器(见图 1-18)"或"图层"面板上的"图层控制(见图 1-19)"下拉列表对图层状态进行控制。

(1) 打开/关闭图层。在图层"打开/关闭"列，单击图标，将关闭或打开某一图层。打开的图层是可见的，关闭的图层是不可见的，也不能被打印。当重新生成图形时，被关闭的图层将一起生成。

(2) 冻结/解冻图层。在图层"冻结/解冻"列，单击图标，将冻结或解冻某一图层。解冻的图层是可见的，若冻结某个图层，则该图层变为不可见，也不能被打印。当重新生成图形时，系统不再重新生成该图层上的对象，因而冻结一些图层后，可以加快 ZOOM、PAN 等命令和许多其他操作的运行速度。

❖ **注意**

解冻一个图层将引起整个图形重新生成，打开一个图层则不会有这种现象发生(只是重画这个图层上的对象)，因此如果需要频繁地改变图层的可见性，应关闭而不是冻结该图层。

(3) 锁定/解锁图层。在图层"锁定/解锁"列，单击图标，将锁定或解锁某一图层。被锁定的图层是可见的，但图层上的对象不能被编辑。用户可以将锁定的图层设置为当前图层，并能向它添加图形对象。

3) 设置图层颜色

单击某一图层的"颜色"列，弹出"选择颜色"对话框，如图 1-20 所示。选中某一颜色后单击"确定"按钮，颜色修改完成。

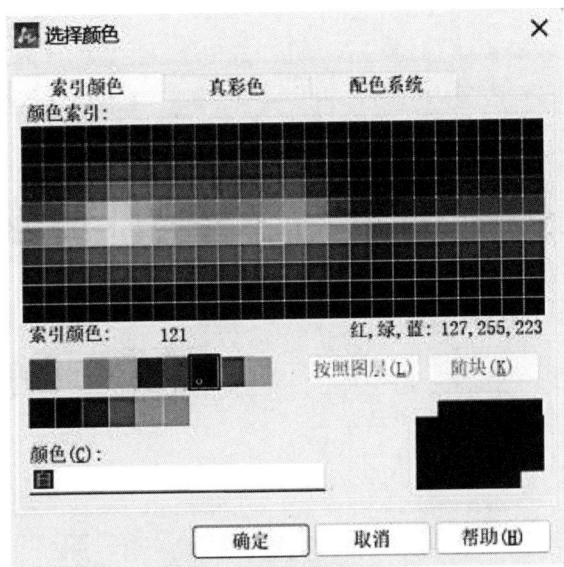

图 1-20　"选择颜色"对话框

4) 设置图层线型

系统默认只提供"连续"一种线型，如需中心线和虚线等其他线型，可进行如下操作：单击新建图层的"线型"列，弹出"线型管理器"对话框，如图 1-21 所示；单击"加载…"，弹出如图 1-22 所示的"添加线型"对话框，选中需要的线型，单击"确定"按钮，回到"线型管理器"对话框；再选中需要的线型，如图 1-23 所示，单击"确定"按钮，图层线型加载完成。

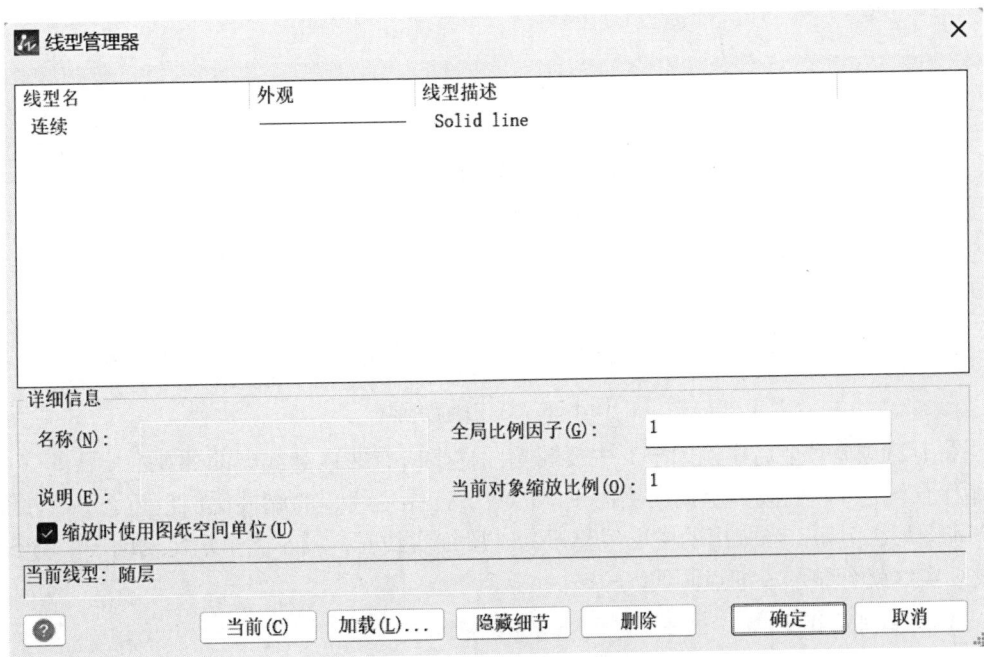

图 1-21　"线型管理器"对话框

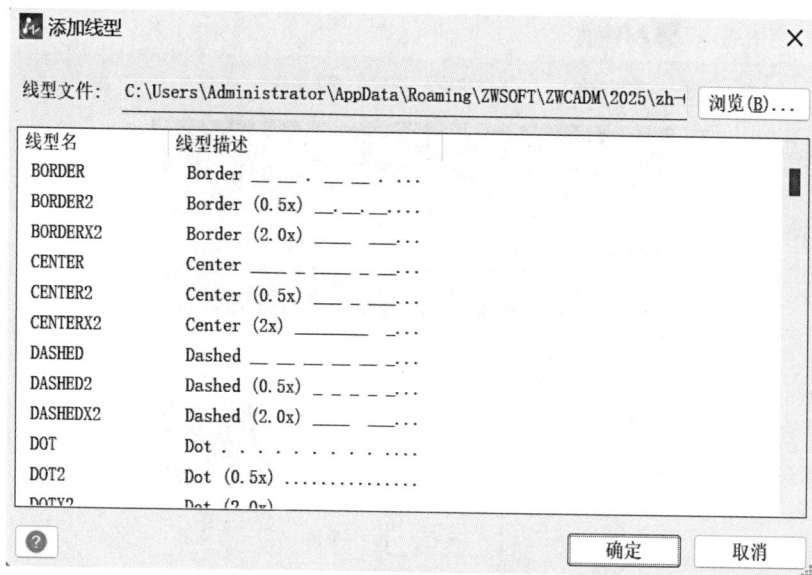

图 1-22　"添加线型"对话框

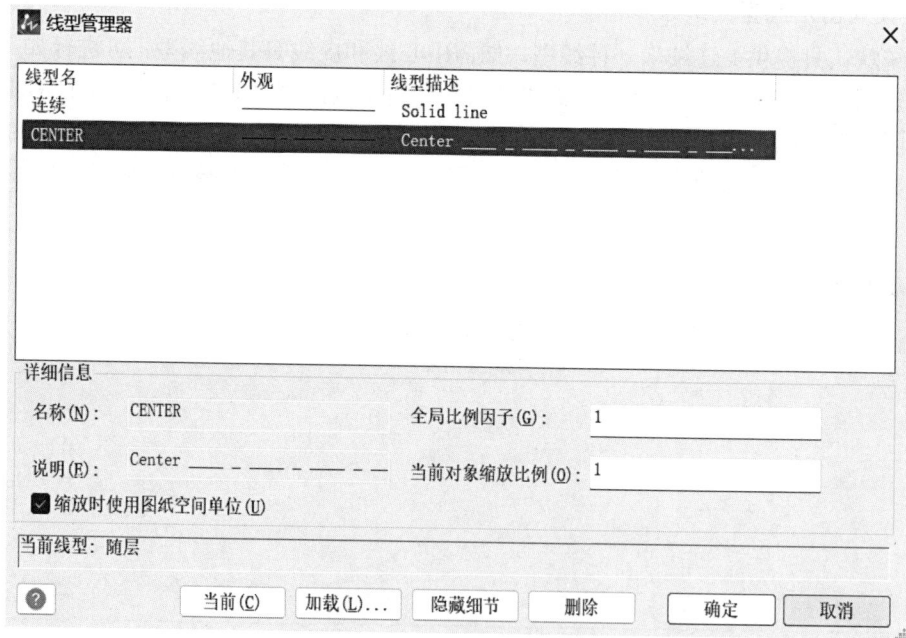

图 1-23　选中所需线型

图 1-21 中，"全局比例因子"主要影响图样中所有非连续线型的外观。默认的"全局比例因子"是 1，更改"全局比例因子"的数值，图形线型的缩放比例也随之更改，会重新生成图形。例如，当画出的中心线显示为一段细实线时，减小"全局比例因子"的数值，这段细实线就会显示成细点画线。

5）设置图层线宽

单击某一图层的"线宽"列，弹出"线宽"对话框，如图 1-24 所示。选择合适的线宽，单击"确定"按钮，完成对应图层线宽的设置。如所绘图形未按相应线宽显示，则需打开状态栏"显示/隐藏线宽"工具按钮；或者单击菜单栏"格式"→"线宽"，打开"线宽设置"对话框，如图 1-25 所示，勾选"显示线宽"。

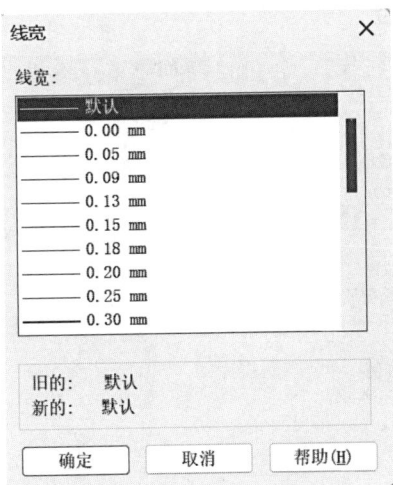

图 1-24　"线宽"对话框

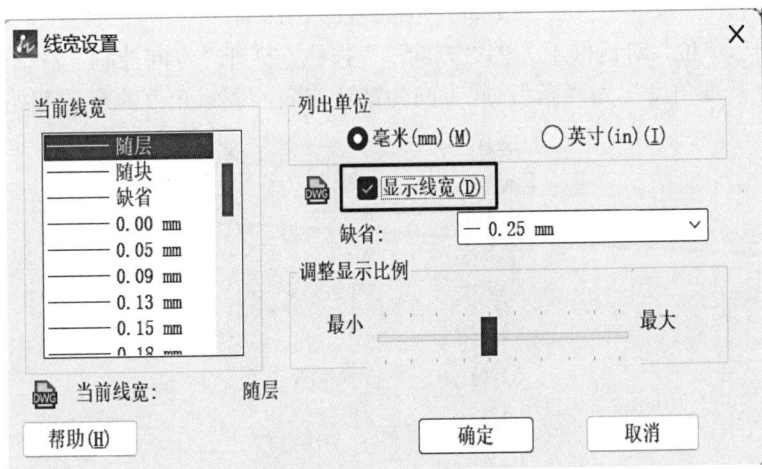

图 1-25　"线宽设置"对话框

图层设置完成后，即可选择线型进行图形的绘制，并将该线型所在图层设置为当前图层。

任务实施

1. 启动中望 CAD 教育版

启动中望 CAD 2025 教育版，进入工作界面，默认文件名为"Drawing1.dwg"。

2. 设置绘图单位

选择菜单栏的"格式"→"单位"，系统弹出"图形单位"对话框，如图 1-26 所示。

创建图形样板

设置长度单位类型为"小数",精确到小数点后一位;角度单位类型为十进制度数,精确到整数度。

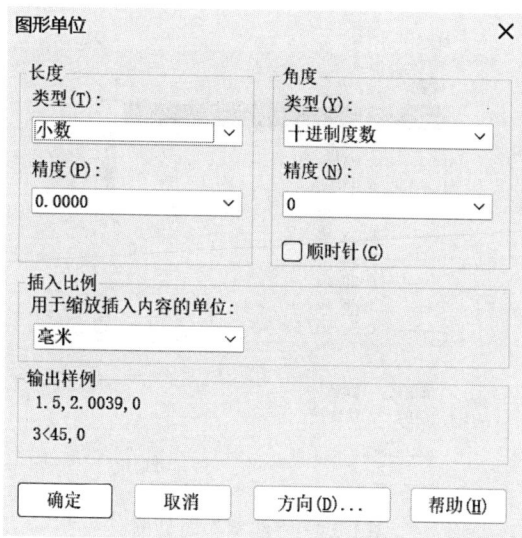

图 1-26　"图形单位"对话框

单击"图形单位"对话框下方的"方向…"按钮,打开"方向控制"对话框,如图 1-27 所示。选择"基准角度"为"东",此方向为默认方向,表示角度测量的起始方向。

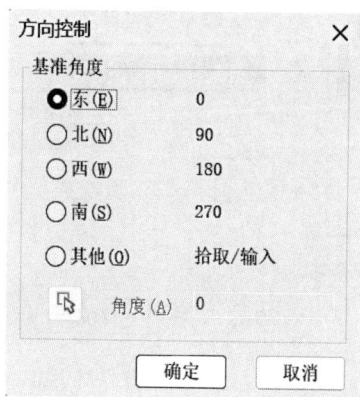

图 1-27　"方向控制"对话框

3. 设置图形界限

选择菜单栏的"格式"→"图形界限",命令行提示如下:

命令:'_limits
指定左下点或限界 [开(ON)/关(OFF)] <0,0>:(按 Enter 键,将默认(0,0)为图形界限左下角点)
指定右上点 <297,210>:(输入 297,210,为图形界限右上角点,按 Enter 键结束)

将光标移到中望 CAD 操作界面下方的状态栏上,右键单击"对象捕捉",在弹出的菜单中单击"设置",弹出"草图设置"对话框,如图 1-28 所示。在"捕捉和栅格"选项卡中,勾选"启用栅格"(此时"栅格显示"打开,或此处不勾选,直接在状态栏将"栅格显示"工具按钮打开),去掉"显示超出界限的栅格"前复选框中的对钩,从而只显示图形界限内的栅格，设置完成后的显示结果如图 1-29 所示。

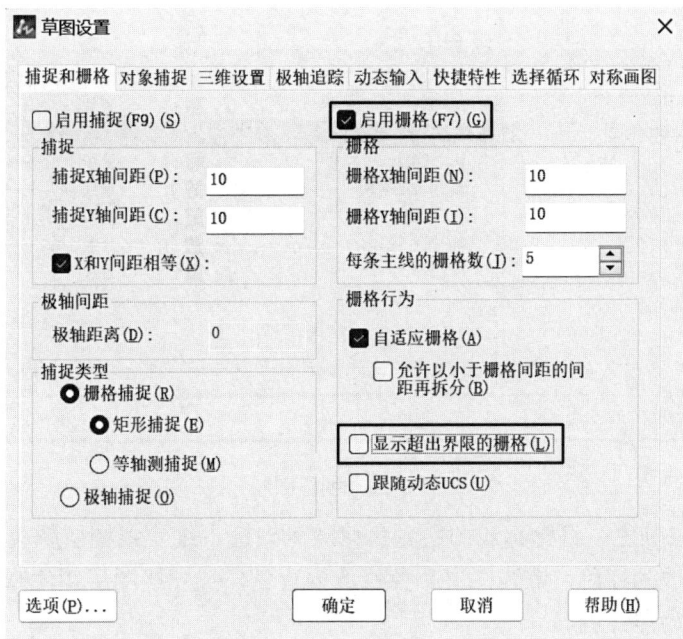

图 1-28　"草图设置"对话框

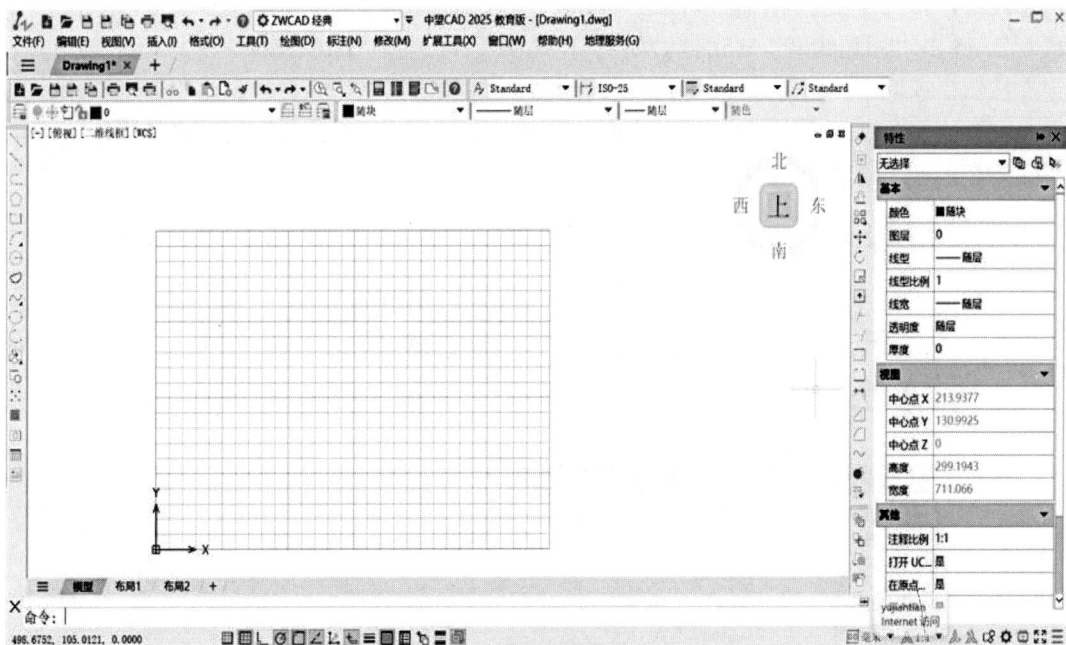

图 1-29　以栅格全屏显示 A4 图形界限

4. 设置图层

(1) 创建图层。打开工具栏"图层特性管理器"对话框，新建 6 个图层，并分别命名为轮廓线、细实线、中心线、虚线、尺寸线、剖面线，如图 1-30 所示。

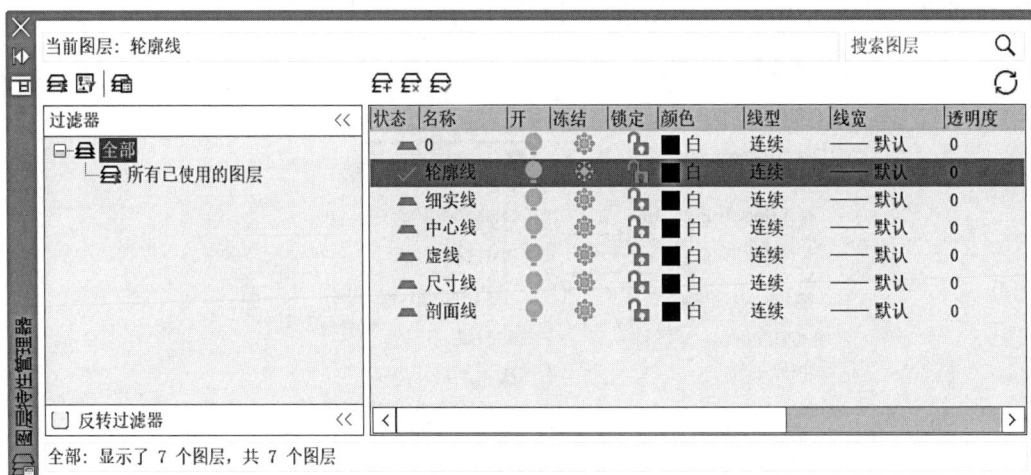

图 1-30   创建图层

(2) 设置图层颜色。将轮廓线图层颜色修改为白色，细实线图层颜色修改为绿色，中心线图层颜色修改为红色，虚线图层颜色修改为青色，尺寸线图层颜色修改为黄色，剖面线图层颜色修改为洋红色。

(3) 设置图层线型。轮廓线图层、细实线图层、尺寸线图层、剖面线图层的线型均默认为连续，保持不变。单击虚线图层"线型"列，弹出"线型管理器"对话框，单击"加载..."，弹出"添加线型"对话框，如图 1-31 所示，选择"HIDDEN"线型名；单击"确定"按钮，返回"线型管理器"对话框，如图 1-32 所示；在"线型管理器"对话框中，选择"HIDDEN"线型，单击"确定"，即可完成虚线图层的线型设置。用同样的方法设置中心线图层的线型名为"CENTER"。

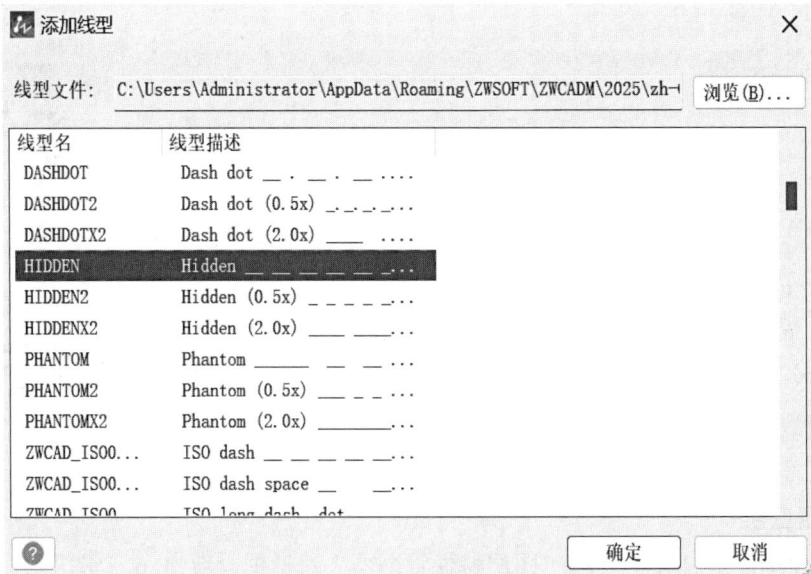

图 1-31   "添加线型"对话框

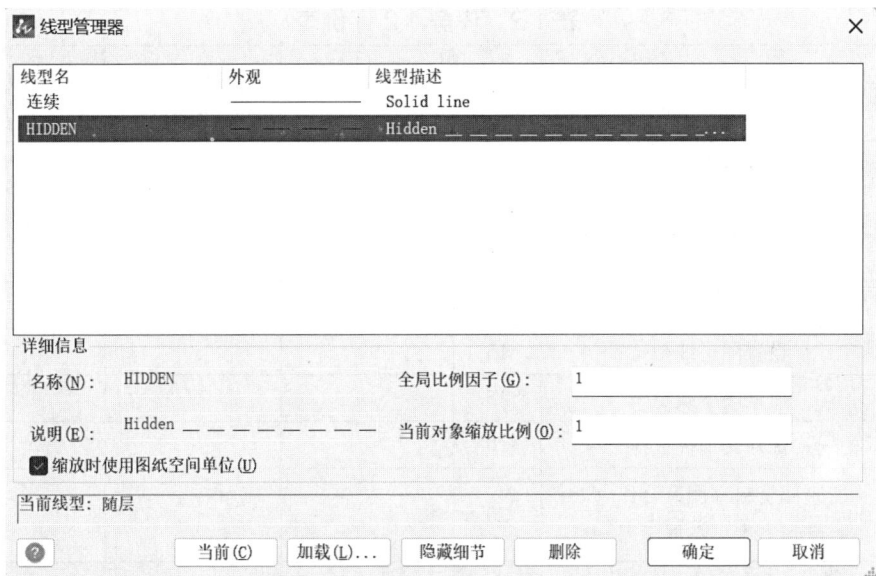

图 1-32　添加了"HIDDEN"线型的"线型管理器"对话框

(4) 设置图层线宽。设置轮廓线图层"线宽"为 0.3 mm，其余五个图层的"线宽"设置为 0.15 mm。

设置完成后的"图层特性管理器"对话框如图 1-33 所示。

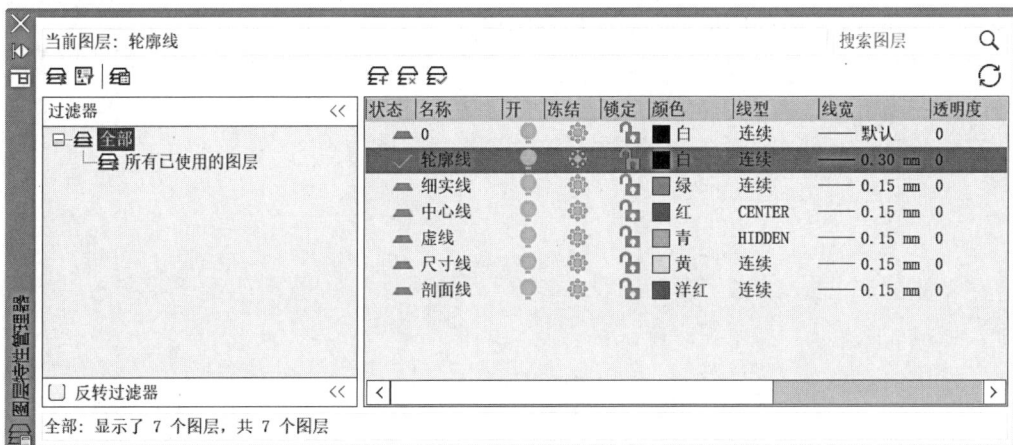

图 1-33　设置完成后的"图层线型管理器"对话框

5. 保存图形样板

完成上述设置后，选择菜单栏中的"另存为"，弹出"图形另存为"对话框；设置"文件名"为"A4 样板"，"文件类型"为".dwt"，指定文件保存位置(默认在 Template 目录下)后，单击"保存"，完成图形样板保存工作。

任务评价

如表 1-2 所示，从创建图形样板和职业能力两个方面，根据学生自评、组内互评、教师综合评价，将各项得分填入表中。

表 1-2　任务 1.2 评价表

评价内容		分值	学生自评 (10%)	组内互评 (20%)	教师综合评价 (70%)
创建图形样板	设置绘图单位	5			
	设置图形界限	5			
	创建图层	15			
	设置图层颜色	15			
	设置图层线型	15			
	设置图层线宽	15			
	保存图形样板	10			
职业能力	查阅资料　团队合作 练习态度　拓展学习	20			
总分		100			

拓展训练

　　按照国家标准要求，创建名为"A3 样板.dwt"的文件，图形样板中包含留装订线 A3 图幅的图框和相应的线型图层。

任务 1.2 训练

项目 2
二维图形绘制

项目概述

中望 CAD 教育版为用户提供了丰富的创建二维图形的工具，可以快速高效地创建、编辑和修改图形。本项目通过详细描述绘制平板、手柄、扳手、垫片、齿轮轴和棘轮的步骤，介绍中望 CAD 教育版软件常用的绘图工具和修改工具命令，以及绘制二维图形的一般方法和步骤。本项目的任务逻辑如图 2-1 所示。

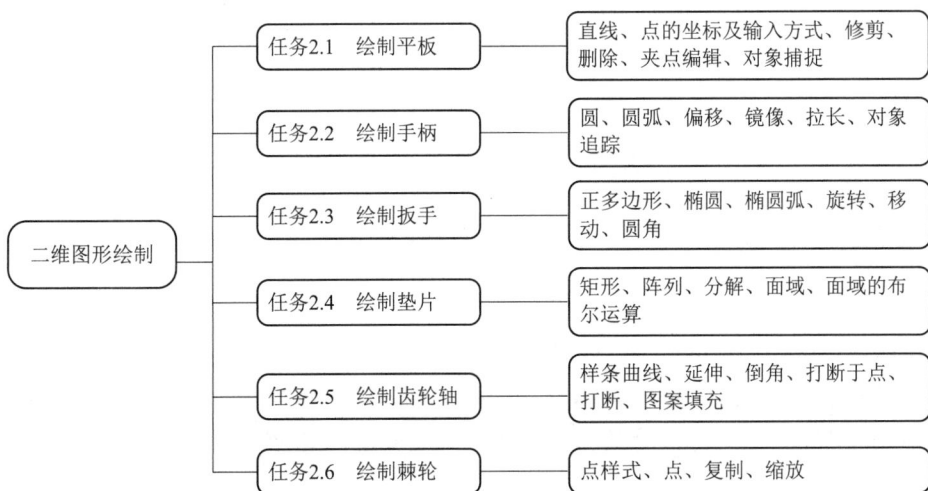

	任务2.1　绘制平板	直线、点的坐标及输入方式、修剪、删除、夹点编辑、对象捕捉
	任务2.2　绘制手柄	圆、圆弧、偏移、镜像、拉长、对象追踪
	任务2.3　绘制扳手	正多边形、椭圆、椭圆弧、旋转、移动、圆角
二维图形绘制	任务2.4　绘制垫片	矩形、阵列、分解、面域、面域的布尔运算
	任务2.5　绘制齿轮轴	样条曲线、延伸、倒角、打断于点、打断、图案填充
	任务2.6　绘制棘轮	点样式、点、复制、缩放

图 2-1　项目 2 任务逻辑

项目目标

知识目标

掌握常用绘图工具和修改工具命令的功能。

技能目标

能运用相关绘图工具和修改工具命令绘制二维平板、手柄、扳手、垫片、齿轮轴和棘轮图形。

素养目标

通过二维图形绘制，引导学生养成精益求精的学习态度，铸就工匠精神。

任务 2.1　绘 制 平 板

任务描述

运用中望 CAD 教育版绘制如图 2-2 所示的平板。

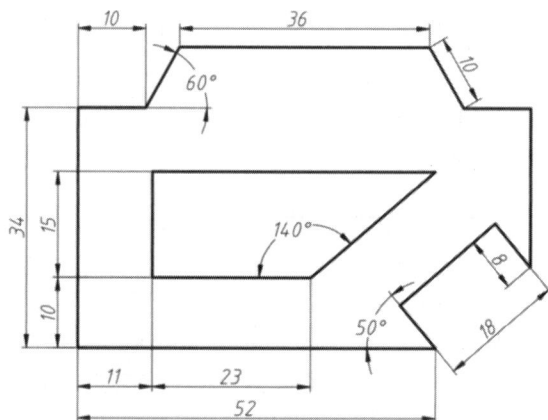

图 2-2　平板

任务分析

图 2-2 所示平板的基本轮廓为直线，可采用"直线""删除""修剪""夹点编辑"等命令，并利用"对象捕捉"和"点的坐标输入"来完成整个图形绘制。

知识链接

1. 直线命令

1) 输入命令

(1) 工具栏：在"绘图"工具栏中单击"直线"按钮 ＼。

(2) 菜单栏：选择"绘图"→"直线"命令。

直线命令

(3) 命令行：输入 line(快捷命令：L)。

2) 操作格式

用"直线"命令绘制如图 2-3 所示的图形，命令行提示如下：

命令：line

指定第一个点：(在绘图区任意单击一点 A)

指定下一点或[角度(A)/长度(L)/放弃(U)]: (打开"正交"按钮，向右移动光标，输入 30，按 Enter 键确认)

(按空格键或 Enter 键，重复"直线"命令)

指定第一个点: (拾取 A 点，状态栏上的"对象捕捉"须处于打开状态)

指定下一点或[角度(A)/长度(L)/放弃(U)]: (输入 A)

指定角度: (输入 30，按 Enter 键确认)

指定长度: (输入 30，确定 C 点，按 Enter 键确认)

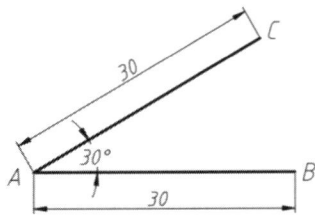

图 2-3　直线示例

❖ **注意**

(1) 输入命令时字母不区分大小写。

(2) 画水平线和垂直线时，可利用"正交"或"极轴追踪"模式，用鼠标给定下一个点的方向，直接输入直线长度值即可；也可利用"对象捕捉"和"对象捕捉追踪"确定对应点。

(3) "正交"模式和"极轴追踪"模式不能同时打开，如果打开了"正交"模式，"极轴追踪"模式将自动关闭，反之如果打开了"极轴追踪"模式，"正交"模式将被关闭。

2. 点的坐标及输入方式

中望 CAD 有两种坐标系:世界坐标系(WCS)和用户坐标系(UCS)。WCS 为固定坐标系，UCS 为可移动坐标系。在 WCS 中，X 轴是水平的，Y 轴是垂直的，Z 轴垂直于 XY 平面，符合右手法则，世界坐标系存在于任何一个图形中且不可更改。与世界坐标系不同，用户坐标系可选取任意一点为坐标原点，也可选取任意方向为 X 轴方向。

点的坐标输入

在中望 CAD 教育版软件中，点的坐标可以使用绝对直角坐标、绝对极坐标、相对直角坐标和相对极坐标 4 种表示方式。

(1) 绝对直角坐标(x, y): x、y 为指定点在 WCS 中的坐标值。如图 2-4(a)所示，A 点的绝对直角坐标为(20, 20)。

(2) 绝对极坐标$(d < a)$: d 为指定点到 WCS 坐标原点的距离，a 为指定点到原点连线与 X 轴正向的夹角。夹角有正负值，默认沿逆时针方向为正。如图 2-4(b)所示，B 点的绝对极坐标为(30 < 50)。

(3) 相对直角坐标$(@x, y)$: x 为指定点到上一点的 x 坐标差，y 为指定点到上一点的 y 坐标差，坐标差有正负值。如图 2-4(c)所示，B 点相对于 A 点的直角坐标为(@15, 20)。

(4) 相对极坐标$(@d < a)$: d 为指定点到上一点的距离，a 为指定点到上一点连线与 X 轴正向的夹角。夹角有正负值，默认沿逆时针方向为正。如图 2-4(d)所示，B 点相对于 A 点的极坐标为(@25 < 50)。

(a) A 点的绝对直角坐标

(b) B 点的绝对极坐标

(c) B 点相对于 A 点的直角坐标

(d) B 点相对于 A 点的极坐标

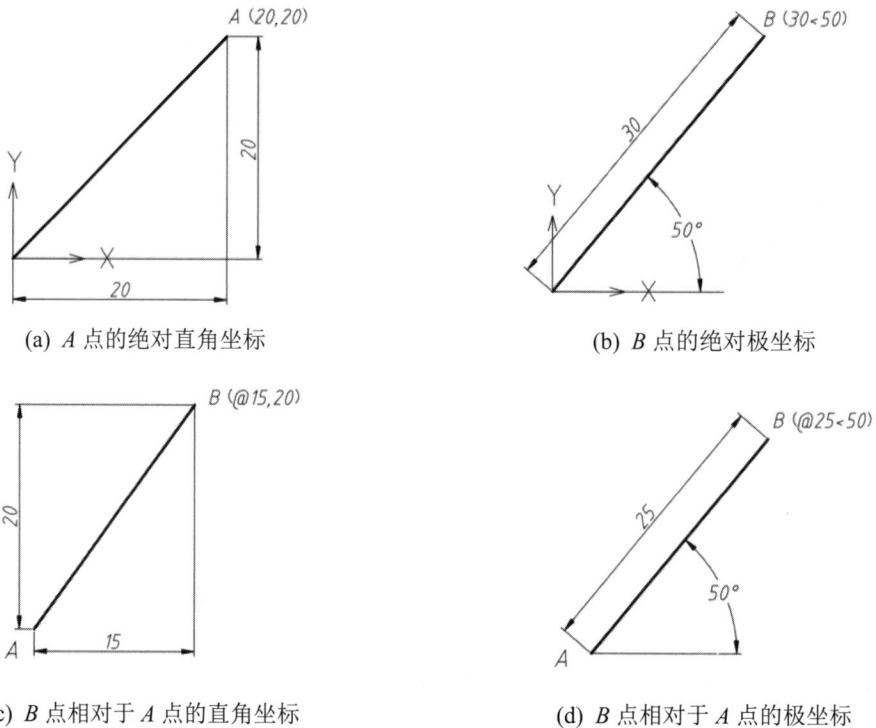

图 2-4　点的坐标及输入方式

❖ **注意**

(1) 动态输入启用时，默认是相对坐标设置；禁用时，默认是绝对坐标设置。按 F12 可以关闭或启用动态输入。

(2) 在使用绝对直角坐标和相对直角坐标时，在命令行输入时，注意两坐标值之间的逗号为英文输入下的逗号。

(3) 极坐标中输入长度与角度数字的切换可以用"Tab"键，也可用"Shift+<"输入角度值。

3. 修剪命令

修剪命令用于将对象修剪到指定的边界。

1) 输入命令

(1) 工具栏：在"修改"工具栏中单击"修剪"按钮 ┼。

(2) 菜单栏：选择"修改"→"修剪"命令。

(3) 命令行：输入 trim(快捷命令：TR)。

修剪命令

2) 操作格式

用"修剪"命令修剪如图 2-5 所示五角星图形，命令行提示如下：

命令：trim

当前设置：投影=用户坐标系，边延伸模式=不延伸(N)，模式=快速(Q)

选择要修剪的对象，或按住 Shift 键选择要延伸的对象，或[剪切边(T)/栏选(F)/窗交(C)/模式(O)/投影(P)/删除(R)/放弃(U)]：(选择五角星的第一条剪切边)

选择要修剪的对象,或按住 Shift 键选择要延伸的对象,或[剪切边(T)/栏选(F)/窗交(C)/模式(O)/投影(P)/删除(R)/放弃(U)]: (选择五角星的第二条剪切边)

选择要修剪的对象,或按住 Shift 键选择要延伸的对象,或[剪切边(T)/栏选(F)/窗交(C)/模式(O)/投影(P)/删除(R)/放弃(U)]: (选择五角星的第三条剪切边)

选择要修剪的对象,或按住 Shift 键选择要延伸的对象,或[剪切边(T)/栏选(F)/窗交(C)/模式(O)/投影(P)/删除(R)/放弃(U)]: (选择五角星的第四条剪切边)

选择要修剪的对象,或按住 Shift 键选择要延伸的对象,或[剪切边(T)/栏选(F)/窗交(C)/模式(O)/投影(P)/删除(R)/放弃(U)]: (选择五角星的第五条剪切边,按 Enter 键结束命令)

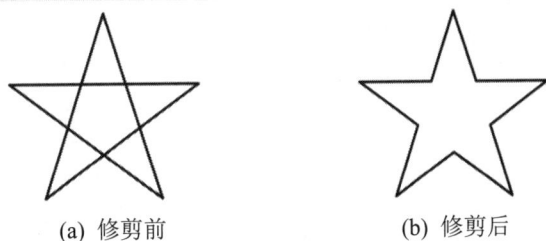

(a) 修剪前　　　　　　　(b) 修剪后

图 2-5　修剪示例

❖ **注意**

(1) 在按 Enter 键结束选择前,系统会不断提示指定要修剪的对象,所以可指定多个对象进行修剪。

(2) 当使用修剪工具时,按 Shift 键,可变成延伸工具。

4. 删除命令

删除命令用于删除指定的对象。

1) 输入命令

(1) 工具栏:在"修改"工具栏中单击"删除"按钮 。

(2) 菜单栏:选择"修改"→"删除"命令。

(3) 命令行:输入 erase(快捷命令:E)。

(4) 键盘:按 Delete 键。

2) 操作格式

执行"删除"命令,命令行提示如下:

命令:erase

选择对象: (选择要删除的对象)

选择对象: (按 Enter 键确认)

5. 夹点编辑

如果在未启动命令的情况下,单击选中某图形对象,那么被选中的图形对象就会以蓝色高亮显示,而且被选中图形的特征点(如端点、圆心、象限点等)将显示为蓝色的小方框,这样的小方框称为夹点。

夹点编辑

夹点有两种状态:未激活状态和被激活状态,选中某图形对象后出现的蓝色小方框,就是未激活状态的夹点。如果单击某个未激活夹点,该夹点将被激活,成为热夹点,以红

色小方框显示。以被激活的夹点为基点，可以对图形对象执行拉伸、平移、复制、缩放和镜像等基本修改操作。利用夹点编辑完成图 2-6 的绘制，具体绘制步骤如下：

1) 夹点平移

如图 2-6(a)所示，选中矩形，激活夹点 A，命令行提示如下：

命令：

拉伸

指定拉伸点或[基点(B)/复制(C)/放弃(U)/退出(X)]: (输入 move，切换成"平移"命令)

移动

指定移动点或[基点(B)/复制(C)/放弃(U)/退出(X)]: (拖动鼠标移动图形，将 A 点移至 C 点，按 Enter 键确认，夹点平移结果如图 2-6(b)所示)

2) 夹点旋转

如图 2-6(b)所示，选中矩形，激活夹点 C，命令行提示如下：

命令：

拉伸

指定拉伸点或[基点(B)/复制(C)/放弃(U)/退出(X)]: (输入 RO，切换成"旋转"命令)

旋转

指定旋转角度或[基点(B)/复制(C)/放弃(U)/参照(R)/退出(X)]: (输入 R，按 Enter 键确认)

指定参照角<0>: (鼠标左键单击 C 点)

请指定第二点获取角度: (鼠标左键单击 B 点)

旋转

指定新角度或[基点(B)/复制(C)/放弃(U)/参照(R)/退出(X)]: (单击 D 点，按 Enter 键确认，夹点旋转结果如图 2-6(c)所示)

3) 夹点拉伸

如图 2-6(c)所示，选中矩形，使夹点显示出来，按住 Shift 键，使 B、E 两处夹点激活；释放 Shift 键，再单击 B 点，拖动热点 B 至 D 点处单击，命令行提示如下：

命令：

拉伸

指定拉伸点或[基点(B)/复制(C)/放弃(U)/退出(X)]: (拖动热点 B 至 D 点处单击，按 Enter 键确认，夹点拉伸结果如图 2-6(d)所示)

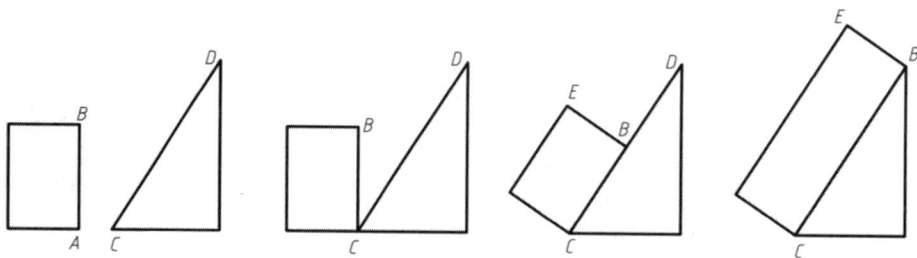

(a) 夹点编辑前　　　(b) 夹点平移　　　(c) 夹点旋转　　　(d) 夹点拉伸

图 2-6　夹点编辑示例

❖ **注意**

(1) 拉伸是夹点编辑的默认操作，不需要再输入"拉伸"命令。

(2) 执行拉伸操作的结果与所选夹点位置有关，比如对于直线，选择端点可以拉伸，选择中点则会移动；对于圆，选择圆心会移动，选择圆周夹点则会缩放。

6. 对象捕捉

对象捕捉用于绘图时指定已绘制对象上的几何特征点，利用对象捕捉功能可以快速捕捉各种特征点。对象捕捉工具栏如图 2-7 所示，包含多种目标捕捉工具。

对象捕捉

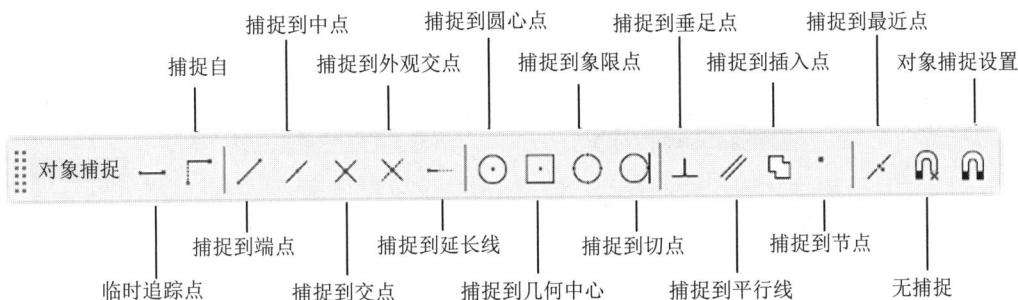

图 2-7　对象捕捉工具栏

调用对象捕捉功能的操作格式如下：

1) 打开或关闭对象捕捉

单击状态栏上的"对象捕捉"按钮□ 或按 F3 键打开或关闭"对象捕捉"。

2) 选择对象捕捉的选项

(1) 右键单击状态栏上的"对象捕捉"按钮□ ，在打开的下拉列表中，勾选需要启动的捕捉选项，如图 2-8(a)所示。

(2) 在绘图区中按住 Shift 或 Ctrl 键，同时单击鼠标右键，在弹出的快捷菜单中，单击需要启动的捕捉选项，如图 2-8(b)所示。

(3) 在菜单栏选择"工具"→"草图设置"命令，在弹出的"草图设置"对话框的"对象捕捉"选项卡中勾选"启用对象捕捉"复选框，如图 2-8(c)所示。

❖ **注意**

(1) 在命令行输入"OS"或"DS"后按 Enter 键，直接弹出"草图设置"对话框；鼠标右键单击状态栏"对象捕捉"工具按钮，在弹出的快捷菜单中选择"设置"选项也会快速弹出"草图设置"对话框。

(2) 在使用对象捕捉时，参照点不要一次性全部勾选，以免产生干扰，应以默认勾选为主，需要增加哪一个参照点时，再进行勾选。

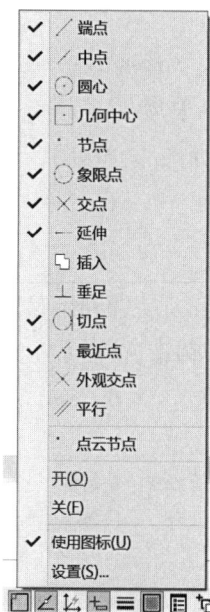

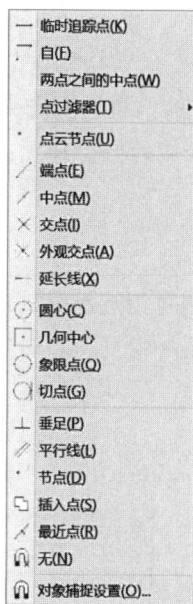

(a) 下拉列表   (b) 快捷菜单

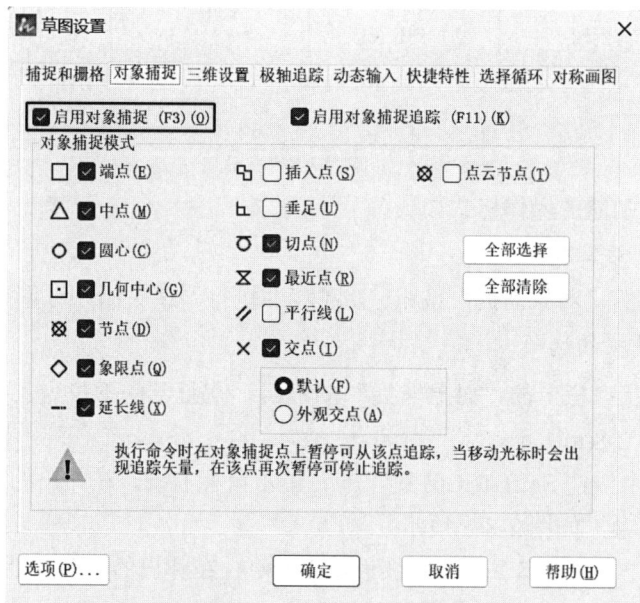

(c) "草图设置"对话框的"对象捕捉"选项卡

图 2-8　三种选择对象捕捉选项的方法

任务实施

1. 绘制外框

(1) 如图 2-9(a)所示沿 *A* 点顺时针绘制外框。

命令行提示如下：

绘制平板

命令：line

指定第一个点：(在绘图区指定一点 A)

指定下一点或[角度(A)/长度(L)/放弃(U)]：(打开"正交"按钮，向上移动光标，输入 34，按 Enter 键确认)

指定下一点或[角度(A)/长度(L)/放弃(U)]：(向右移动光标，输入 10，按 Enter 键确认)

指定下一点或[角度(A)/长度(L)/闭合(C)/放弃(U)]：(采用相对极坐标，输入@10<60，按 Enter 键确认)

指定下一点或[角度(A)/长度(L)/闭合(C)/放弃(U)]：(向右移动光标，输入 36，按 Enter 键确认)

指定下一点或[角度(A)/长度(L)/闭合(C)/放弃(U)]：(采用相对极坐标，输入@10<-60，按 Enter 键确认)

指定下一点或[角度(A)/长度(L)/闭合(C)/放弃(U)]：(向右移动光标，在适当位置处单击鼠标，按 Enter 键确认)

(2) 如图 2-9(a)所示沿 A 点逆时针绘制外框。

命令行提示如下：

(按空格键或 Enter 键，重复"直线"命令)

指定第一个点：(打开"对象捕捉"勾选"端点"，拾取 A 点)

指定下一点或[角度(A)/长度(L)/放弃(U)]：(向右移动光标，输入 52，按 Enter 键确认)

指定下一点或[角度(A)/长度(L)/放弃(U)]：(采用相对极坐标，输入@8<130，按 Enter 键确认)

指定下一点或[角度(A)/长度(L)/放弃(U)]：(采用相对极坐标，输入@18<40，按 Enter 键确认)

指定下一点或[角度(A)/长度(L)/闭合(C)/放弃(U)]：(采用相对极坐标，输入@8<-50，按 Enter 键确认)

指定下一点或[角度(A)/长度(L)/闭合(C)/放弃(U)]：(向上移动光标，在适当位置处单击鼠标，按 Enter 键确认)

(3) 修剪外框。

利用"修剪"命令修剪多余线段，完成外框绘制，修剪后的结果如图 2-9(b)所示。

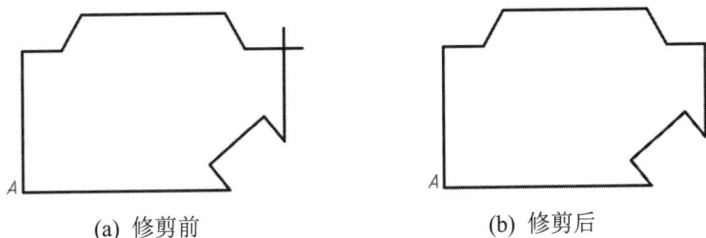

(a) 修剪前　　　　　　　　(b) 修剪后

图 2-9　绘制外框

2. 绘制内框

(1) 如图 2-10(a)所示沿 B 点顺时针绘制内框。

命令行提示如下：

命令：line

指定第一个点：(打开"对象捕捉"勾选"端点"，拾取 A 点)

指定下一点或[角度(A)/长度(L)/放弃(U)]：(采用相对直角坐标，输入@11,10，按 Enter 键确认)

指定下一点或[角度(A)/长度(L)/放弃(U)]：(打开"正交"按钮，向上移动光标，输入 15，按 Enter 键确认)

指定下一点或[角度(A)/长度(L)/闭合(C)/放弃(U)]：(向右移动光标，在适当位置处单击鼠标，按 Enter

键确认)

(2) 如图 2-10(a)所示沿 *B* 点逆时针绘制内框。

命令行提示如下：

(按空格键或 Enter 键，重复"直线"命令)

指定第一个点：(打开"对象捕捉"勾选"端点"，拾取 *B* 点)

指定下一点或[角度(A)/长度(L)/放弃(U)]：(向右移动光标，输入 23，按 Enter 键确认)

指定下一点或[角度(A)/长度(L)/放弃(U)]：(关闭"正交"按钮，输入 A，按 Enter 键确认)

指定角度：(输入 40，按 Enter 键确认)

指定长度：(拖动鼠标至合适位置，单击左键结束，按 Enter 键确认)

(3) 夹点编辑绘制内框。

利用"夹点编辑"命令缩短线段，完成内框绘制，夹点编辑后的图形如图 2-10(b)所示。

(4) 删除线段 *AB*。

如图 2-10(b)所示，选中线段 *AB*，按 Delete 键，或者在修改工具栏选择"删除"命令，删除线段，完成如图 2-2 所示的平板绘制。

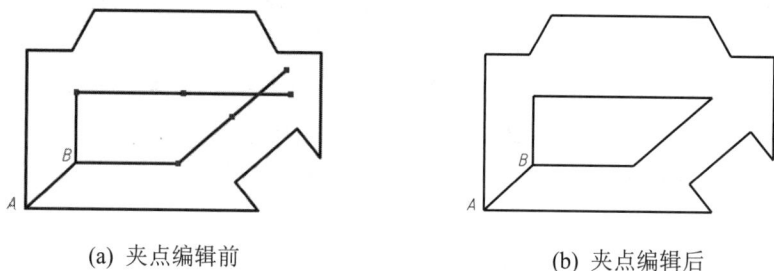

(a) 夹点编辑前　　　　　　　　(b) 夹点编辑后

图 2-10　绘制内框

任务评价

如表 2-1 所示，从绘图能力和职业能力两个方面，根据学生自评、组内互评、教师综合评价将各项得分填入表中。

表 2-1　任务 2.1 评价表

评价内容		分值	学生自评 (10%)	组内互评 (20%)	教师综合评价 (70%)
绘图能力	绘图命令	30			
	修改命令	30			
	状态栏工具按钮	10			
	成图	10			
职业能力	查阅资料　团队合作 练习态度　拓展学习	20			
总分		100			

拓展训练

绘制如图 2-11 所示的图形，不标注尺寸。

(a)

任务 2.1 训练

(b)

(c)

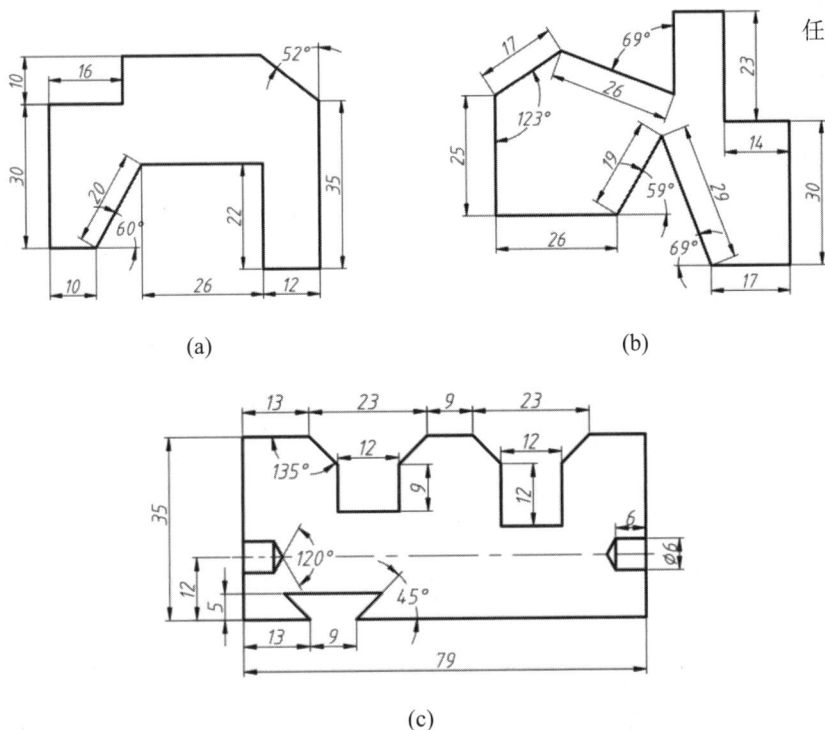

图 2-11　任务 2.1 训练

任务 2.2　绘 制 手 柄

任务描述

运用中望 CAD 教育版绘制如图 2-12 所示的手柄。

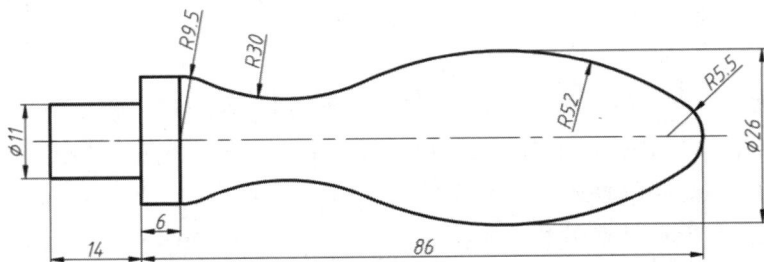

图 2-12　手柄

任务分析

图 2-12 所示的手柄由直线和圆弧构成，可采用"直线""圆""偏移""镜像"和"拉长"等命令，并利用"对象捕捉"和"对象捕捉追踪"功能完成整个图形绘制。

知识链接

1. 圆命令

圆命令用于绘制圆。中望 CAD 教育版提供了 6 种绘制圆的方法，分别为"圆心，半径""圆心，直径""两点""三点""相切，相切，半径"和"相切，相切，相切"。

圆命令

1) 输入命令

(1) 工具栏：在"绘图"工具栏中单击"圆"按钮 ⊙。

(2) 菜单栏：选择"绘图"→"圆"命令。

(3) 命令行：输入 circle(快捷命令：C)。

2) 操作格式

以如图 2-13 所示的图形为例，这里仅介绍后 4 种绘制圆的方法，命令行提示如下：

命令：circle

指定圆的圆心或[三点(3P)/两点(2P)/切点、切点、半径(T) /同心(N)]：(输入 2P，按 Enter 键确认)

指定圆的直径的第一个端点：(指定 1 点)

指定圆的直径的第二个端点：(指定 2 点)

(按空格键或 Enter 键，重复"圆"命令)

指定圆的圆心或[三点(3P)/两点(2P)/切点、切点、半径(T) /同心(N)]：(输入 3P，按 Enter 键确认)

指定圆上的第一个点：(指定 3 点)

指定圆上的第二个点：(指定 4 点)

指定圆上的第三个点：(指定 5 点)

(按空格键或 Enter 键，重复"圆"命令)

指定圆的圆心或[三点(3P)/两点(2P)/切点、切点、半径(T)/同心(N)]：(输入 T，按 Enter 键确认)

指定对象与圆的第一个切点：(打开"对象捕捉"勾选"切点"，拾取切点 6，单击左键)

指定对象与圆的第二个切点：(拾取切点 7，单击左键)

指定圆的半径：(输入 15，按 Enter 键确认)

(单击"绘图"→"圆"→"相切，相切，相切(A)"命令)**注：以菜单命令输入**

指定圆的圆心或[三点(3P)/两点(2P)/切点、切点、半径(T)]：_3p(随菜单命令出现)

指定圆上的第一个点：_tan(拾取切点 8)

指定圆上的第二个点：_tan(拾取切点 9)

指定圆上的第三个点：_tan(拾取切点 10)

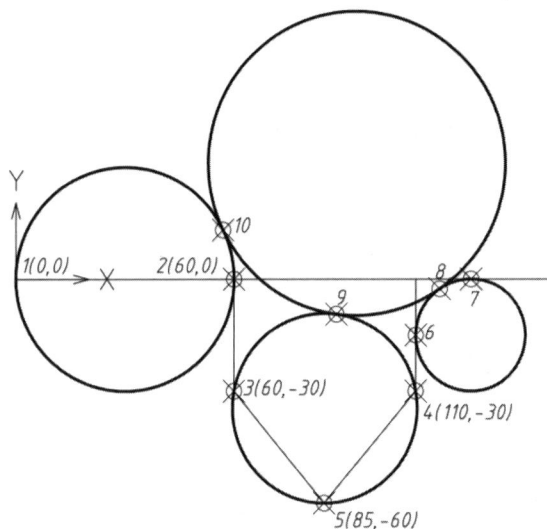

图 2-13　四种创建圆对象的方法示例

2. 圆弧命令

圆弧命令用于根据指定的命令绘制圆弧。中望 CAD 教育版软件提供了 11 种绘制圆弧的方法。

1) 输入命令

(1) 工具栏：在"绘图"工具栏中单击"圆弧"按钮。

(2) 菜单栏：选择"绘图"→"圆弧"命令。

(3) 命令行：输入 arc(快捷命令：A)。

圆弧命令

2) 操作格式

这里以"起点，圆心，端点""起点，圆心，角度"和"起点，圆心，长度"三种方法为例，绘制如图 2-14 所示的三段圆弧，命令行提示如下：

命令：arc

指定圆弧的起点或[圆心(C)]：(指定 1 点)

指定圆弧的第二个点或[圆心(C)/端点(E)]：(输入 C，设定选择"圆心"方式)

指定圆弧的圆心：(指定 2 点)

指定圆弧的端点(按住 Ctrl 键以切换方向)或[角度(A)/弦长(L)]：(指定 3 点)

(按空格键或 Enter 键，重复"圆弧"命令)

指定圆弧的起点或[圆心(C)]：(指定 4 点)

指定圆弧的第二个点或[圆心(C)/端点(E)]：(输入 C，设定选择"圆心"方式)

指定圆弧的圆心：(指定 5 点)

指定圆弧的端点(按住 Ctrl 键以切换方向)或[角度(A)/弦长(L)]：(输入 A，设定选择"角度"方式)

指定包含角(按住 Ctrl 键以切换方向)：(输入 60，按 Enter 键确认)

(按空格键或 Enter 键，重复"圆弧"命令)

指定圆弧的起点或[圆心(C)]：(指定 6 点)

指定圆弧的第二个点或[圆心(C)/端点(E)]：(输入 C，设定选择"圆心"方式)

指定圆弧的圆心：(指定 7 点)

指定圆弧的端点(按住 Ctrl 键以切换方向)或[角度(A)/弦长(L)]：(输入 L，设定选择"弦长"方式)

指定弦长(按住 Ctrl 键以切换方向)：(输入 70，按 Enter 键确认)

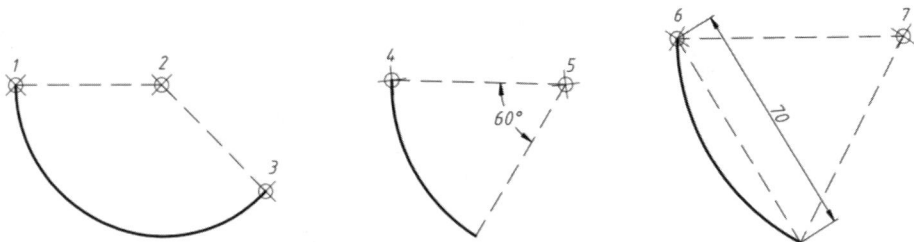

(a) "起点，圆心，端点"方式　　(b) "起点，圆心，角度"方式　　(c) "起点，圆心，长度"方式

图 2-14　圆弧示例

❖ **注意**

圆弧的角度、弦长和半径值均有正、负之分。角度值为正则逆时针绘制圆弧，角度值为负则顺时针绘制圆弧；弦长为正则逆时针绘制劣弧，弦长为负则逆时针绘制优弧；圆弧半径为正时绘制劣弧，圆弧半径为负时绘制优弧。

3. 偏移命令

偏移命令用来在距现有对象指定的距离处或通过指定点创建与原始对象平行的新对象。

1) 输入命令

(1) 工具栏：在"修改"工具栏中单击"偏移"按钮 。

(2) 菜单栏：选择"修改"→"偏移"命令。

(3) 命令行：输入 offset(快捷命令：O)。

偏移命令

2) 操作格式

下面使用"偏移"命令绘制一组同心矩形，采用通过指定偏移距离和通过指定点两种方式，如图 2-15 所示，命令行提示如下：

命令：offset

指定偏移距离或[通过(T)/擦除(E)/图层(L)]<通过>：(输入 10，按 Enter 键确认)

选择要偏移的对象或[放弃(U)/退出(E)]<退出>：(单击左键，选取要偏移的对象 A)

指定目标点或[退出(E)/多个(M)/放弃(U)]<退出>：(光标移到要偏移的一侧，单击鼠标左键)

选择要偏移的对象或[放弃(U)/退出(E)]<退出>：(单击左键，选取要偏移的对象 B)

指定目标点或[退出(E)/多个(M)/放弃(U)]<退出>：(光标移到要偏移的一侧，单击鼠标左键)

(按 Enter 键退出命令)

命令：offset

指定偏移距离或[通过(T)/擦除(E)/图层(L)]<10.0000>：(输入 T，按 Enter 键确认)

选择要偏移的对象或[放弃(U)/退出(E)]<退出>：(单击左键，选取要偏移的对象 C)

指定目标点或[退出(E)/多个(M)/放弃(U)]<退出>:	(打开"对象捕捉",拾取 1 点,单击鼠标左键)
选择要偏移的对象或[放弃(U)/退出(E)]<退出>:	(单击左键,选取要偏移的对象 D)
指定目标点或[退出(E)/多个(M)/放弃(U)]<退出>:	(打开"对象捕捉",拾取 2 点,单击鼠标左键)

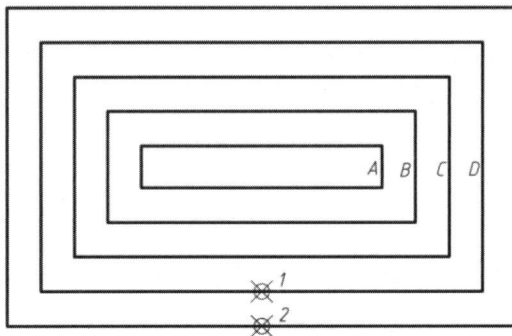

图 2-15 偏移示例

❖ **注意**

(1) "偏移"命令在选择实体时,每次只能选择一个实体。

(2) "偏移"命令中的偏移距离值,默认为上次输入的值,因此在执行命令时要注意是否需要调整。

4. 镜像命令

镜像命令用于将选择的图形以镜像线为对称线复制。

1) 输入命令

(1) 工具栏:在"修改"工具栏中单击"镜像"按钮 。

(2) 菜单栏:选择"修改"→"镜像"命令。

(3) 命令行:输入 mirror(快捷命令:MI)。

镜像命令

2) 操作格式

使用"镜像"命令绘制如图 2-16 所示的图形,命令行提示如下:

命令:mirror

选择对象: (拾取要镜像的线条,按 Enter 键确认)

指定镜像线的第一点: (拾取中心线左端点)

指定镜像线的第二点: (拾取中心线右端点)

是否删除源对象?[是(Y)/否(N)]<否(N)>: (输入 N,按 Enter 键确认)

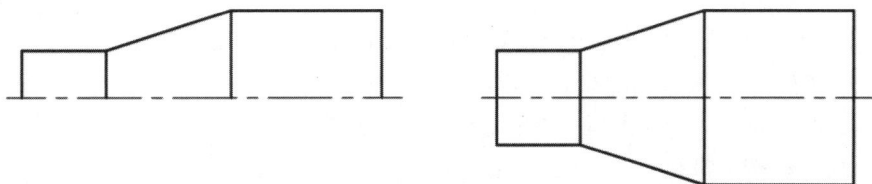

(a) 镜像前   (b) 镜像后

图 2-16 镜像示例

5. 拉长命令

拉长命令用于改变圆弧或椭圆弧的包含角，以及改变直线、圆弧和椭圆弧、开放多段线和样条曲线的长度。

1) 输入命令

(1) 菜单栏：选择"修改"→"拉长"命令。

(2) 命令行：输入 lengthen(快捷命令：LEN)。

2) 操作格式

用"拉长"命令增长如图 2-17 所示圆弧的长度，命令行提示如下：

> 命令：lengthen
>
> 选择要测量的对象或[动态(DY)/递增(DE)/百分比(P)/总计(T)] <递增>：(输入 P，按 Enter 键确认)
>
> 输入长度百分比<100.0000>：(输入 140，按 Enter 键确认)
>
> 选择要修改的对象或[栏选(F)/方式(M)/撤消(U)]：(单击圆弧右侧)
>
> 选择要修改的对象或[栏选(F)/方式(M)/撤消(U)]：(按 Enter 键确认)

| (a) 拉长前 | (b) 拉长后 |

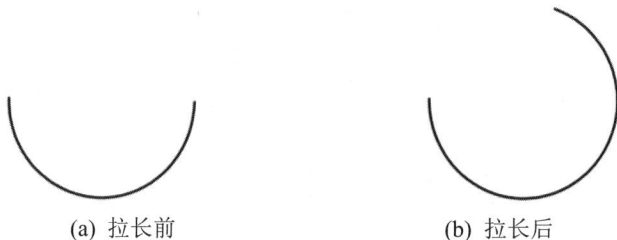

图 2-17　拉长示例

❖ **注意**

(1) 使用"拉长"命令延长或缩短对象时从被选择对象的近距离端开始。

(2) 使用"拉长"命令中"递增(DE)"选项时，延长的长度可正可负，正值时实体被拉长，负值时实体被缩短。

(3) 使用"拉长"命令中"百分比(P)"选项时，当百分数为 100 时，实体长度不发生变化；当百分数小于 100 时，实体被缩短；当百分数大于 100 时，实体被拉长。

6. 对象追踪

对象追踪是一种特殊的对象捕捉模式。追踪是指捕捉某一条直线的延伸线或对某一极轴进行精确定位。对象追踪分极轴追踪和对象捕捉追踪两种模式，是常用的辅助绘图工具。

1) 极轴追踪

极轴追踪模式是利用光标按用户指定的极轴角度增量来追踪定位点。

(1) 打开或者关闭极轴追踪模式有以下三种方式：

① 状态栏：单击"极轴追踪"按钮 ⟳ 开启极轴追踪。

② 快捷键：按 F10 键。

③ 菜单栏：选择"工具"→"草图设置"命令，在"草图设置"对话框的"极轴追踪"选项卡中勾选"启用极轴追踪"复选框，如图 2-18 所示。

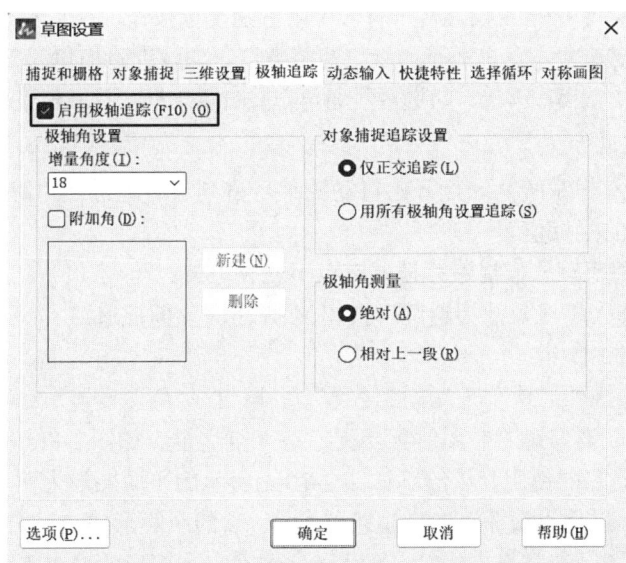

图 2-18　"草图设置"对话框的"极轴追踪"选项卡

(2) 极轴追踪模式的使用。开启极轴追踪模式后，会出现虚线延伸线，以供参考；改变增量角度，屏幕上会出现增量角度和它的整数倍，如将增量角度设置成 18°，屏幕上会出现 18° 的追踪角和它的整数倍 36°、54°、72°、90° 等，如图 2-19 所示。

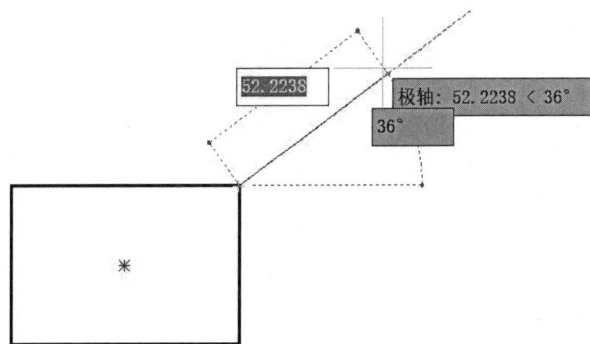

(a) 36° 增量角

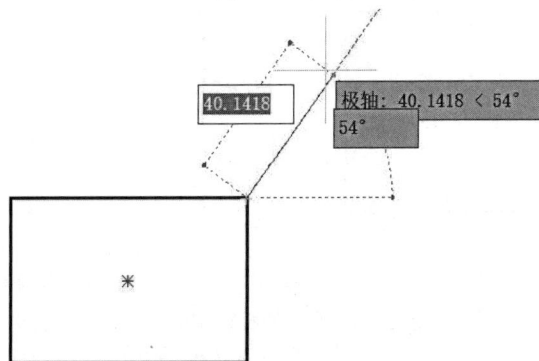

(b) 54° 增量角

图 2-19　极轴追踪示例

如图 2-18 所示，增量角度设置栏下有一个附加角复选按钮，附加角的设置是绝对的，也就是说，它只显示这个角本身，而不显示它的整数倍。如设置附加角为 20.5°，则只会显示 20.5°，不会显示 41°、61.5°等。勾选"附加角"前的复选框，附加角才被启用，否则禁用。

2) 对象捕捉追踪

对象捕捉追踪是指系统从一点开始自动沿某一方向进行追踪，追踪方向上将显示一条追踪辅助线及光标的坐标值。

(1) 打开或者关闭对象捕捉追踪模式有以下三种方式：

① 状态栏：单击"对象捕捉追踪"按钮∠开启对象捕捉追踪。

② 快捷键：按 F11 键。

③ 菜单栏：选择"工具"→"草图设置"命令，在"草图设置"对话框的"对象捕捉"选项卡中勾选或者取消勾选"启用对象捕捉追踪"复选框，如图 2-8(c)所示。

(2) 对象捕捉追踪的使用。以绘制如图 2-20(a)所示的平面图形为例，具体步骤如下：

① 单向追踪。采用直线命令单向追踪绘制 4×8 的小矩形(见图 2-20(b))，鼠标向上移动，当出现贯穿绘图区的竖直虚线时，输入 6，可确定小矩形的端点 E。

② 双向追踪。采用双向追踪绘制 φ10 的圆(见图 2-20(c))，光标移至 AD 中点，出现一条贯穿绘图区的水平虚线，再将光标移至 AB 中点，出现一条贯穿绘图区的竖直虚线，两虚线的交点即是 φ10 圆的圆心。

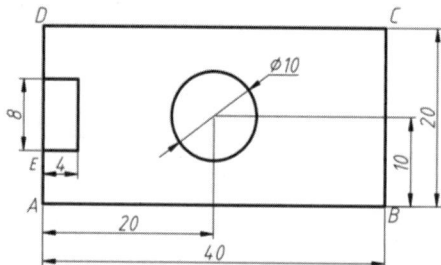

(a) 平面图形

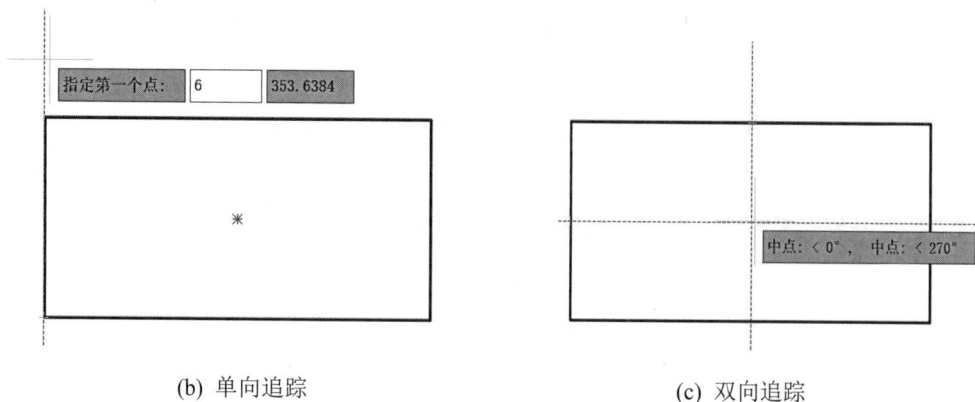

(b) 单向追踪　　　(c) 双向追踪

图 2-20　对象捕捉追踪示例

❖ 注意

在使用"对象捕捉追踪"功能时，必须打开"对象捕捉"模式。

任务实施

1. 绘制基准线和主要轮廓线

利用"直线"命令，绘制基准线和主要轮廓线(注意轮廓线图层和中心线图层的调用)，如图 2-21(a)所示。

绘制手柄

2. 绘制 R9.5 和 R5.5 的圆弧

利用"圆"命令绘制 R9.5 和 R5.5 的圆弧，命令行提示如下：

命令：circle

指定圆的圆心或[三点(3P)/两点(2P)/切点、切点、半径(T)/同心(N)]：(指定 R9.5 圆心)

指定圆的半径或[直径(D)]：(输入 9.5，按 Enter 键确认)

(按空格键或 Enter 键，重复"圆"命令)

指定圆的圆心或[三点(3P)/两点(2P)/切点、切点、半径(T) /同心(N)]：(打开"对象捕捉追踪"，光标沿 R9.5 圆心向右移动，当出现贯穿绘图区的虚线时输入 74.5，按 Enter 键确认)

指定圆的半径或[直径(D)]：(输入 5.5，按 Enter 键确认)

使用"修剪"命令修剪 R9.5 圆，修剪后的图形如图 2-21(b)所示。

3. 绘制 R52 圆弧

利用"偏移"和"圆"命令绘制 R52 圆弧，命令行提示如下：

命令：offset

指定偏移距离或[通过(T)/擦除(E)/图层(L)]：(输入 13，按 Enter 键确认)

选择要偏移的对象或[放弃(U)/退出(E)]<退出>：(单击左键，选择中心线 AB)

指定目标点或[退出(E)/多个(M)/放弃(U)]<退出>：(在中心线 AB 上方单击)

(按 Enter 键退出命令)

命令：offset

指定偏移距离或[通过(T)/擦除(E)/图层(L)]：(输入 39，按 Enter 键确认)

选择要偏移的对象或[放弃(U)/退出(E)]<退出>：(单击左键，选择中心线 AB)

指定目标点或[退出(E)/多个(M)/放弃(U)]<退出>：(在中心线 AB 下方单击)

命令：circle

指定圆的圆心或[三点(3P)/两点(2P)/切点、切点、半径(T) /同心(N)]：(捕捉 R5.5 圆心)

指定圆的半径或[直径(D)]：(输入 46.5，按 Enter 键确认)

(按空格键或 Enter 键，重复"圆"命令)

指定圆的圆心或[三点(3P)/两点(2P)/切点、切点、半径(T) /同心(N)]：(捕捉 C 点)

指定圆的半径或[直径(D)]：(输入 52，按 Enter 键确认)

修剪部分线条后的图形如图 2-21(c)所示。

4. 绘制 R30 圆弧

利用"圆"命令绘制 R30 圆弧，命令行提示如下：

命令：circle

指定圆的圆心或[三点(3P)/两点(2P)/切点、切点、半径(T) /同心(N)]：(输入 T，按 Enter 键确认)

指定对象与圆的第一个切点：(打开"对象捕捉"勾选"切点"，在 $R9.5$ 圆弧上移动鼠标出现切点标记，单击左键)

指定对象与圆的第二个切点：(在 $R52$ 圆弧上移动出现切点标记，单击左键)

指定圆的半径：(输入 30，按 Enter 键确认)

绘制完成后的图形如图 2-21(d)所示，修剪多余线条后的图形如图 2-21(e)所示。

5. 镜像完成整个图形绘制

利用"镜像"命令完成整个图形绘制，命令行提示如下：

命令：mirror

选择对象：(选择修剪好的图形，按 Enter 键确认)

指定镜像线的第一点：(选择 A 点)

指定镜像线的第二点：(选择 B 点)

是否删除源对象?[是(Y)/否(N)]<否(N)>：(输入 N，按 Enter 键确认)

镜像后的图形如图 2-21(f)所示。整理图形，可采用"拉长"或"夹点拉伸"命令使中心线超过轮廓线约 3 mm，按照以上步骤最终绘制完成如图 2-12 所示的手柄。

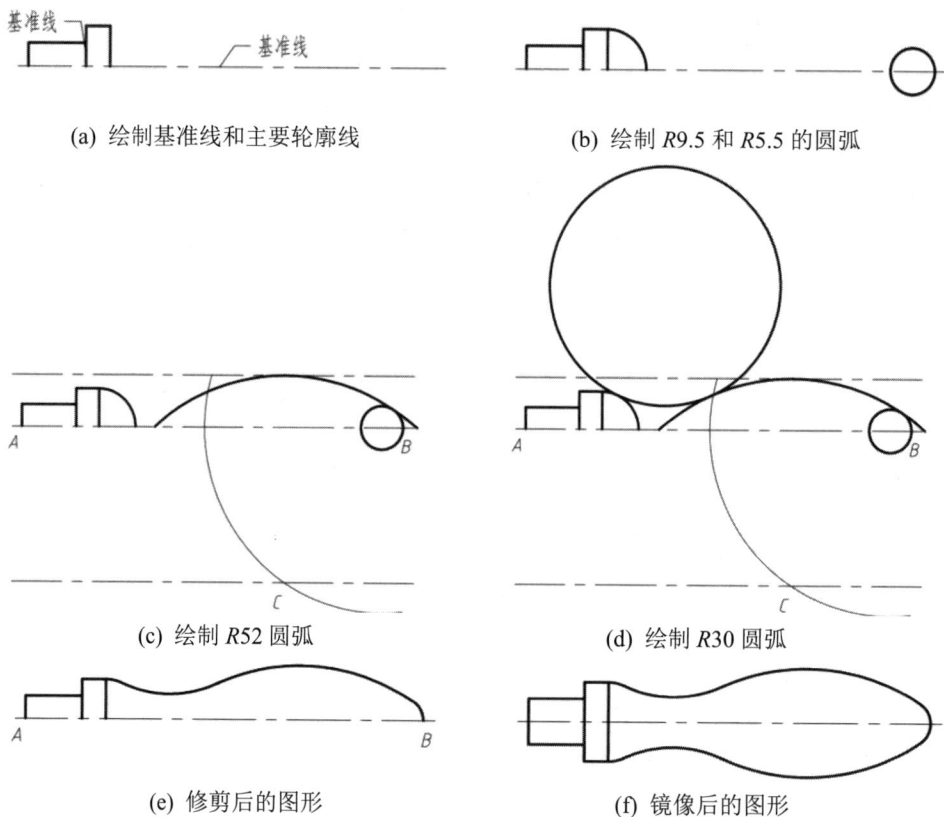

(a) 绘制基准线和主要轮廓线

(b) 绘制 $R9.5$ 和 $R5.5$ 的圆弧

(c) 绘制 $R52$ 圆弧

(d) 绘制 $R30$ 圆弧

(e) 修剪后的图形

(f) 镜像后的图形

图 2-21　手柄绘制过程

任务评价

如表 2-2 所示，从绘图能力和职业能力两个方面，根据学生自评、组内互评、教师综

合评价将各项得分填入表中。

表 2-2 任务 2.2 评价表

评价内容		分值	学生自评 (10%)	组内互评 (20%)	教师综合评价 (70%)
绘图 能力	图层调用	10			
	绘图命令	25			
	修改命令	25			
	状态栏工具按钮	10			
	成图	10			
职业 能力	查阅资料 团队合作 练习态度 拓展学习	20			
总分		100			

拓展训练

绘制如图 2-22 所示的图形，不标注尺寸。

任务 2.2 训练

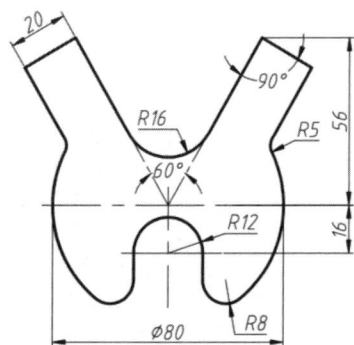

(a)

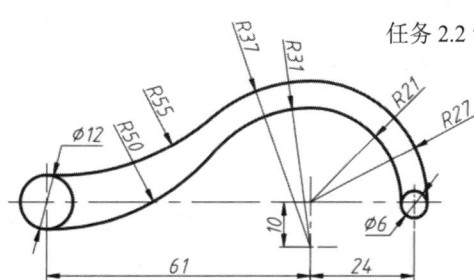

(b)

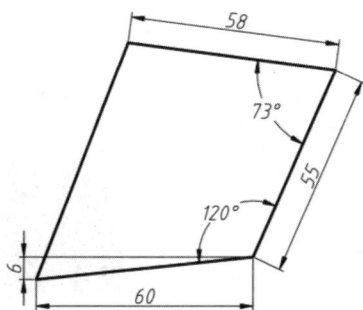

(c)

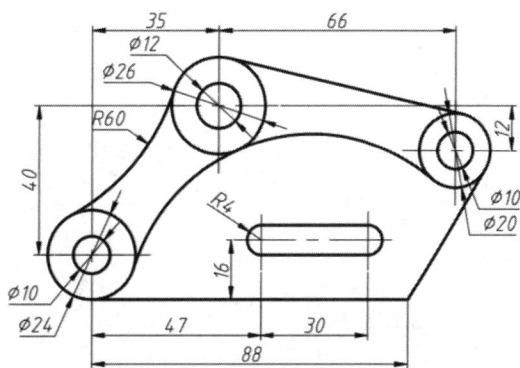

(d)

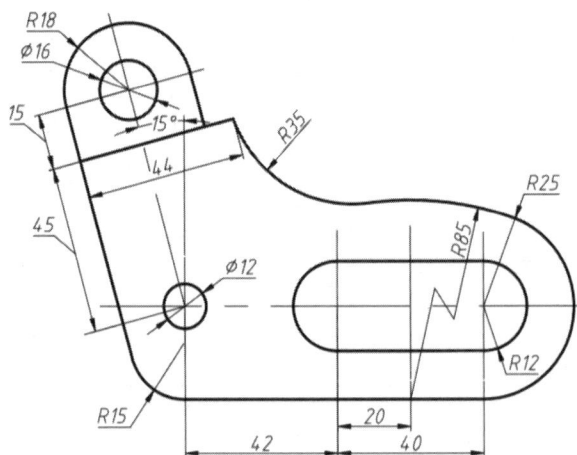

(e)

图 2-22　任务 2.2 训练

任务 2.3　绘　制　扳　手

任务描述

运用中望 CAD 教育版绘制如图 2-23 所示的扳手。

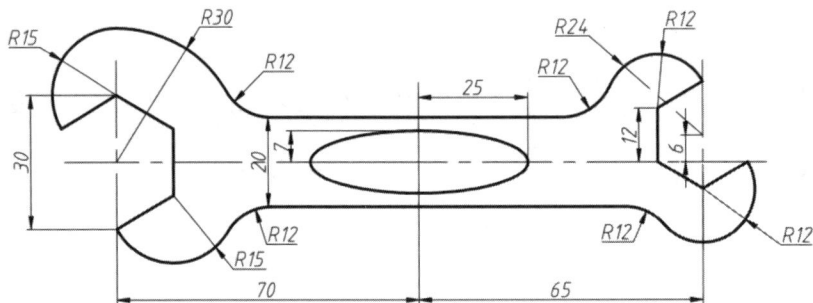

图 2-23　扳手

任务分析

图 2-23 所示扳手的基本轮廓为直线和圆弧，内部有椭圆结构，可采用"正多边形""圆""椭圆""旋转""移动"和"圆角"等命令完成整个图形绘制。

知识链接

1. 正多边形命令

1) 输入命令

(1) 工具栏：在"绘图"工具栏中单击"正多边形"按钮 ⬠。

正多边形命令

(2) 菜单栏：选择"绘图"→"正多边形"命令。

(3) 命令行：输入 polygon(快捷命令：POL)。

2) 操作格式

用"正多边形"命令绘制如图 2-24 所示的图形，命令行提示如下：

命令：polygon

输入边的数目<4>或[多个(M)/线宽(W)/同心(N)]：(输入 4，按 Enter 键确认)

指定正多边形的中心点或[边(E)]：　(在绘图区任意指定一点)

输入选项 [内接于圆(I)/外切于圆(C)] <外切于圆>：(输入 I，按 Enter 键确认)

指定圆的半径：(输入 30，按 Enter 键确认)

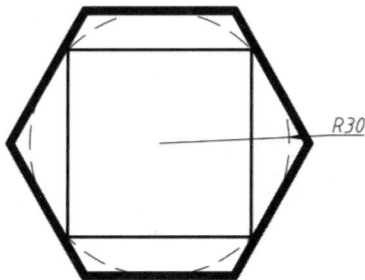

(按空格键或 Enter 键，重复"正多边形"命令)

输入边的数目<4>或[多个(M)/线宽(W)/同心(N)]：(输入 W，按 Enter 键确认)

指定多段线宽度<0>：(输入 2，按 Enter 键确认)

输入边的数目<4>或[多个(M)/线宽(W)/同心(N)]：(输入 6，按 Enter 键确认)

指定正多边形的中心点或[边(E)]：<对象捕捉 开>(拾取正四边形中心，单击左键)

输入选项[内接于圆(I)/外切于圆(C)] <外切于圆>：(输入 C，按 Enter 键确认)

指定圆的半径：(输入 30，按 Enter 键确认)

图 2-24　正多边形示例

❖ **注意**

(1) 已知边长绘制正多边形时，在提示下输入一条边的两个端点后，软件会按逆时针方向画出正多边形。

(2) 当所绘制的正多边形水平放置时，可直接输入内接或外切多边形的半径；当所绘制的正多边形不是水平放置时，则控制点用相对极坐标或对象捕捉确定比较方便。

2. 椭圆命令

中望 CAD 教育版软件提供了 2 种绘制椭圆的方法，分别为指定"中心点"和指定"轴，端点"。

1) 输入命令

(1) 工具栏：在"绘图"工具栏中单击"椭圆"按钮 ⬭。

(2) 菜单栏：选择"绘图"→"椭圆"命令。

(3) 命令行：输入 ellipse(快捷命令：EL)。

椭圆命令

2) 操作格式

用"椭圆"命令绘制如图 2-25 所示的图形，命令行提示如下：

命令：ellipse

指定椭圆的第一个端点或[弧(A)/中心(C)/同心(N)]：(输入 C，按 Enter 键确认)

指定椭圆的中心：(拾取 1 点，指定椭圆中心)

指定轴向第二端点：(指定 2 点)

指定其他轴或[旋转(R)]：(指定 3 点)

(按空格键或 Enter 键，重复"椭圆"命令)

指定椭圆的第一个端点或[弧(A)/中心(C) /同心(N)]：(指定 4 点)

指定轴向第二端点：(指定 5 点)

指定其他轴或[旋转(R)]：(输入 50，按 Enter 键确认)

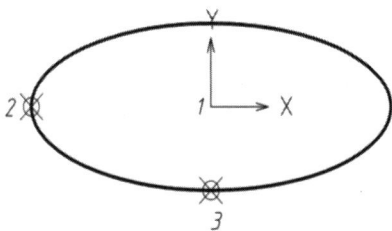

(a) 采用指定"中心点"方法绘制　　　　　(b) 采用指定"轴，端点"方法绘制

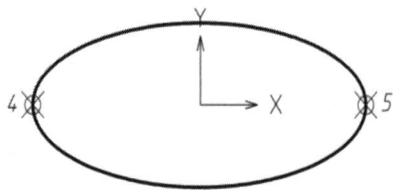

图 2-25　椭圆示例

❖ **注意**

(1) 采用"椭圆"命令绘制的椭圆同圆一样，不能用 explode、pedit 等命令修改。

(2) 指定其他轴或[旋转(R)]，"旋转"选项可输入的角度值范围为 0°～89.4°。若输入为 0，则绘制的图形为圆。输入值越大，椭圆的离心率就越大。

3. 椭圆弧命令

1) 输入命令

(1) 工具栏：在"绘图"工具栏中单击"椭圆弧"按钮 ⌒ 。

(2) 菜单栏：选择"绘图"→"椭圆"→"圆弧"命令。

(3) 命令行：输入 ellipse(快捷命令：EL)。

椭圆弧命令

2) 操作格式

用"椭圆弧"命令绘制如图 2-26 所示的图形，命令行提示如下：

命令：ellipse

指定椭圆的第一个端点或[弧(A)/中心(C)/同心(N)]：_a

指定椭圆的第一个端点或[中心(C)]：(输入 C，按 Enter 键确认)

指定椭圆的中心：(指定 1 点)

指定轴向第二端点：(指定 2 点)

指定其他轴或[旋转(R)]：(指定 3 点)

指定弧的起始角度或[参数(P)]：(指定 4 点)

指定终止角度或[参数(P)/包含(I)]：(指定 5 点)

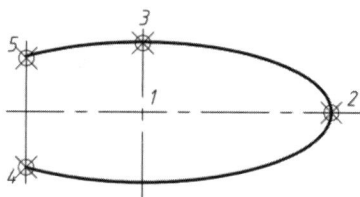

图 2-26　椭圆弧示例

❖ **注意**

绘制椭圆弧时是先绘制完整的椭圆部分，然后直接截取其中一段，其中，输入椭圆弧的起始角度和终止角度后，椭圆弧是按逆时针方向旋转画出来的。

4. 旋转命令

旋转命令用于将选定的对象围绕指定的基点旋转到一个指定的绝对角度。

1) 输入命令

(1) 工具栏：在"修改"工具栏中单击"旋转"按钮 ↻。

(2) 菜单栏：选择"修改"→"旋转"命令。

(3) 命令行：输入 rotate(快捷命令：RO)。

旋转命令

2) 操作格式

"旋转"命令有两种绘图方式：指定旋转角度和参照旋转(将图形旋转到给定位置)。用两种方法绘制如图 2-27 所示的图形，命令行提示如下：

> 命令：rotate
>
> 选择对象：(选择矩形，按 Enter 键确认)
>
> 指定基点：(拾取 A 点)
>
> 指定旋转角度或[复制(C)/参照(R)]<0>：(输入-20，按 Enter 键确认，如图 2-27(b)所示)
>
> (按空格键或 Enter 键，重复"旋转"命令)
>
> 选择对象：(选择矩形，按 Enter 键确认)
>
> 指定基点：(拾取 A 点)
>
> 指定旋转角度或[复制(C)/参照(R)]<13>：(输入 R，按 Enter 键确认)
>
> 指定参照角：(单击 A 点)
>
> 请指定第二点获取角度：(单击 B 点)
>
> 指定新角度或[点(P)]<0>：(单击 C 点或者输入 57，如图 2-27(c)所示)

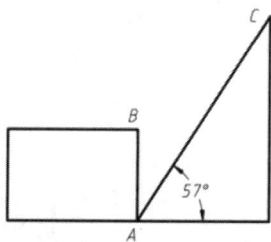
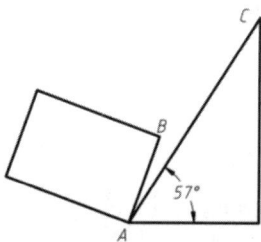
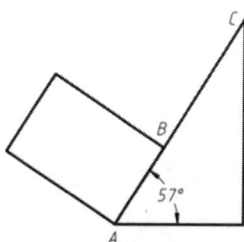

(a) 旋转前　　　　(b) 指定角度旋转　　　　(c) 参照旋转

图 2-27　旋转示例

❖ **注意**

(1) 使用指定角度旋转时，逆时针为正，顺时针为负。

(2) 使用参照旋转时，当出现最后一个提示指定新角度时，可直接输入要转到的角度，X 轴正向为 0°。

(3) 可拖动鼠标旋转对象，选中对象并指定基点后，从基点到光标位置会出现一条虚线，选中对象会动态地随虚线与水平位置发生角度变化而旋转，可输入角度并按 Enter 键确认。

5. 移动命令

移动命令可以将选定的对象移动到指定的位置、距离和角度。使用坐标、栅格捕捉、对象捕捉和其他工具可以精确移动对象。

1) 输入命令

(1) 工具栏：在"修改"工具栏中单击"移动"按钮 ✥ 。

(2) 菜单栏：选择"修改"→"移动"命令。

(3) 命令行：输入 move(快捷命令：M)。

移动命令

2) 操作格式

用"移动"命令将如图 2-28(a)所示的上方三个圆移动一定距离，命令行提示如下：

命令：move
选择对象：(窗选三个圆)
指定对角点：找到 3 个
选择对象：(按 Enter 键确认)
指定基点或[位移(D)]<位移>：(输入 D，按 Enter 键确认)
指定位移 <0.0000, 0.0000, 0.0000>：(输入 0, 20，按 Enter 键确认)

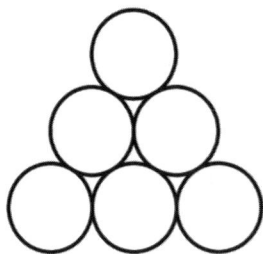

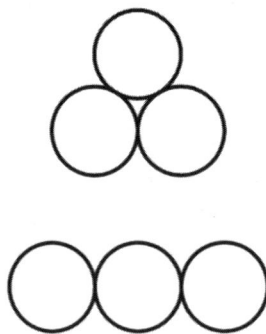

(a) 移动前　　　　　　　　　　　　　　(b) 移动后

图 2-28　移动示例

6. 圆角命令

圆角命令用于通过二维相切圆弧连接两个对象。

1) 输入命令

(1) 工具栏：在"修改"工具栏中单击"圆角"按钮 ◥ 。

圆角命令

(2) 菜单栏：选择"修改"→"圆角"命令。

(3) 命令行：输入 fillet(快捷命令：F)。

2) 操作格式

在修剪和不修剪两种模式下，用"圆角"命令对如图 2-29(a)所示垫片进行倒圆，命令行提示如下：

> 命令：fillet
>
> 当前设置：模式 = 修剪，半径 = 0.0000
>
> 选取第一个对象或[多段线(P)/半径(R)/修剪(T)/多个(M)/放弃(U)]：(输入 M，按 Enter 键确认)
>
> 选取第一个对象或[多段线(P)/半径(R)/修剪(T)/多个(M)/放弃(U)]：(输入 R，按 Enter 键确认)
>
> 圆角半径<0.0000>：(输入 38，按 Enter 键确认)
>
> 选取第一个对象或[多段线(P)/半径(R)/修剪(T)/多个(M)/放弃(U)]：(在 A 点附近单击大圆弧)
>
> 选择第二个对象或按住 Shift 键选择对象以应用角点：(在 A 点附近单击直线段)
>
> 选取第一个对象或[多段线(P)/半径(R)/修剪(T)/多个(M)/放弃(U)]：(在 B 点附近单击大圆弧)
>
> 选择第二个对象或按住 Shift 键选择对象以应用角点：(在 B 点附近单击直线段)
>
> 选取第一个对象或[多段线(P)/半径(R)/修剪(T)/多个(M)/放弃(U)]：(按 Enter 键结束)
>
> (按空格键或 Enter 键，重复"圆角"命令)
>
> 当前设置：模式=修剪，半径=38.0000
>
> 选取第一个对象或[多段线(P)/半径(R)/修剪(T)/多个(M)/放弃(U)]：(输入 T，按 Enter 键确认)
>
> 修剪模式：[修剪(T)/不修剪(N)] <修剪>：(输入 N，按 Enter 键确认)
>
> 当前设置：模式 = 不修剪，半径 = 38.0000
>
> 选取第一个对象或[多段线(P)/半径(R)/修剪(T)/多个(M)/放弃(U)]：(输入 M，按 Enter 键确认)
>
> 选取第一个对象或[多段线(P)/半径(R)/修剪(T)/多个(M)/放弃(U)]：(在 A 点附近单击大圆弧)
>
> 选择第二个对象或按住 Shift 键选择对象以应用角点：(在 A 点附近单击直线段)
>
> 选取第一个对象或[多段线(P)/半径(R)/修剪(T)/多个(M)/放弃(U)]：(在 B 点附近单击大圆弧)
>
> 选择第二个对象或按住 Shift 键选择对象以应用角点：(在 B 点附近单击直线段)
>
> 选取第一个对象或[多段线(P)/半径(R)/修剪(T)/多个(M)/放弃(U)]：(按 Enter 键结束)

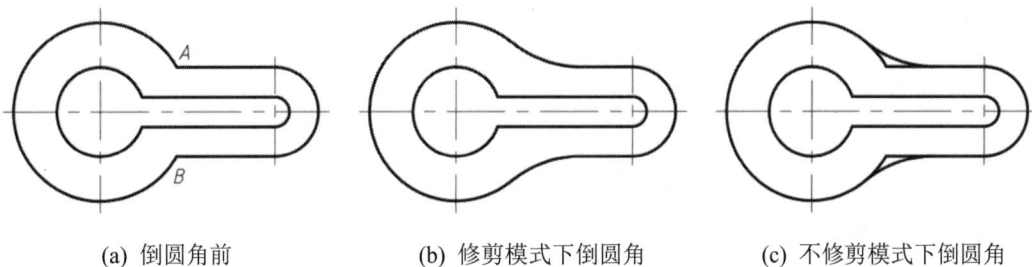

(a) 倒圆角前   (b) 修剪模式下倒圆角   (c) 不修剪模式下倒圆角

图 2-29 圆角示例

❖ 注意

(1) 在执行"圆角"命令时，要看清楚当前设置的模式和半径是否需要进行调整。

(2) 若倒圆角半径大于某一边，则圆角不能生成。

(3) "圆角"命令可以应用于圆弧连接，也可使原来不平行的两条直线相交(设置 $R = 0$)。

任务实施

1. 确定正六边形和椭圆的中心点

利用"直线"和"偏移"命令确定正六边形和椭圆的中心点(注意轮廓线图层和中心线图层的调用)，命令行提示如下：

绘制扳手

命令：line
指定第一个点：(在绘图区任意单击一点)
指定下一点或[角度(A)/长度(L)/放弃(U)]：(打开"正交"按钮，向右移动光标，在适当位置单击，按 Enter 键确认)
(按空格键或 Enter 键，重复"直线"命令)
指定第一个点：(在水平中心线左端上方指定一点)
指定下一点或[角度(A)/长度(L)/放弃(U)]：(绘制竖直中心线，在适当位置单击，按 Enter 键确认)
命令：offset
指定偏移距离或[通过(T)/擦除(E)/图层(L)]<通过>：(输入 70，按 Enter 键确认)
选择要偏移的对象或[放弃(U)/退出(E)]<退出>：(单击左键，选择竖直中心线)
指定目标点或[退出(E)/多个(M)/放弃(U)]<退出>：(向右移动光标，单击左键，按 Enter 键确认)
(按空格键或 Enter 键，重复"偏移"命令)
指定偏移距离或[通过(T)/擦除(E)/图层(L)]<70.0000>：(输入 65，按 Enter 键确认)
选择要偏移的对象或[放弃(U)/退出(E)]<退出>：(单击左键，选择第 2 条竖直中心线)
指定目标点或[退出(E)/多个(M)/放弃(U)]<退出>：(向右移动光标，单击左键，按 Enter 键确认)

如图 2-30 所示为绘制完成的正六边形和椭圆的中心点位置。

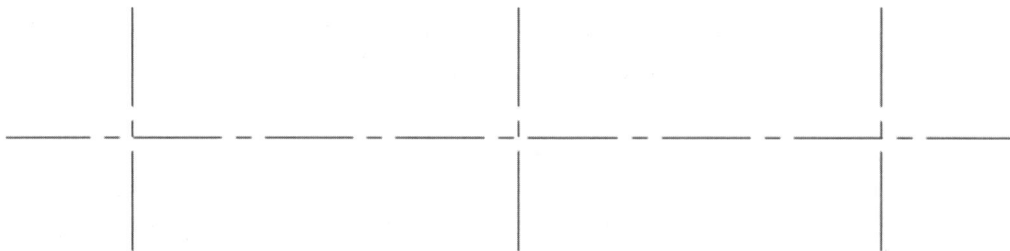

图 2-30　确定正六边形和椭圆的中心点

2. 绘制扳手内口

利用"正六边形""旋转""平移""圆"和"修剪"命令完成扳手内口绘制，具体绘制步骤如下：

1) 绘制正六边形

绘制正六边形的命令行提示如下：

命令：polygon

输入边的数目<4>或[多个(M)/线宽(W)/同心(N)]：(输入 6，按 Enter 键确认)

指定正多边形的中心点或[边(E)]：(打开"对象捕捉"勾选"交点"，拾取交点 A，单击左键)

输入选项[内接于圆(I)/外切于圆(C)]<外切于圆>：(输入 I，按 Enter 键确认)

指定圆的半径：(输入 15，按 Enter 键确认)

(按空格键或 Enter 键，重复"正多边形"命令)

输入边的数目<6>或[多个(M)/线宽(W)/同心(N)]：(输入 6，按 Enter 键确认)

指定正多边形的中心点或[边(E)]：(拾取交点 B，单击左键)

输入选项[内接于圆(I)/外切于圆(C)]<外切于圆>：(输入 I，按 Enter 键确认)

指定圆的半径：(输入 12，按 Enter 键确认)

绘制完成的两个正六边形如图 2-31(a)所示。

2) 旋转正六边形

旋转正六边形的命令行提示如下：

命令：rotate

选择对象：(选择正六边形，按 Enter 键确认)

指定基点：(拾取基点 A，单击左键)

指定旋转角度或[复制(C)/参照(R)]<90>：(输入 90，按 Enter 键确认)

(按空格键或 Enter 键，重复"旋转"命令)

选择对象：(选择正六边形，按 Enter 键确认)

指定基点：(拾取基点 B，单击左键)

指定旋转角度或[复制(C)/参照(R)]<90>：(输入 90，按 Enter 键确认)

绘制完成的图形如图 2-31(b)所示。

3) 平移正六边形

平移正六边形的命令行提示如下：

命令：move

选择对象：(选择右侧小正六边形，按 Enter 键确认)

指定基点或[位移(D)]<位移>：(拾取基点 B，单击左键)

指定第二点的位移或者<使用第一点当作位移>：(光标向上移动，输入 6，按 Enter 键确认)

平移后的图形如图 2-31(c)所示，利用"圆"命令绘制如图 2-31(d)所示的圆，修剪后的图形如图 2-31(e)所示。

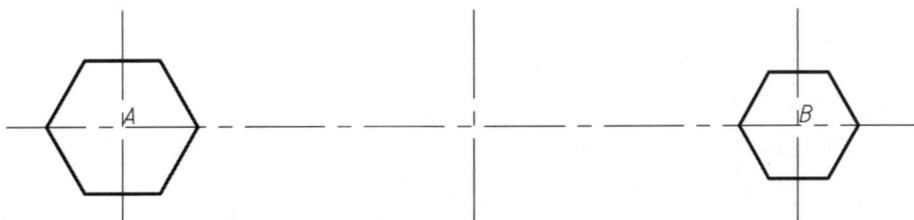

(a) 绘制正六边形

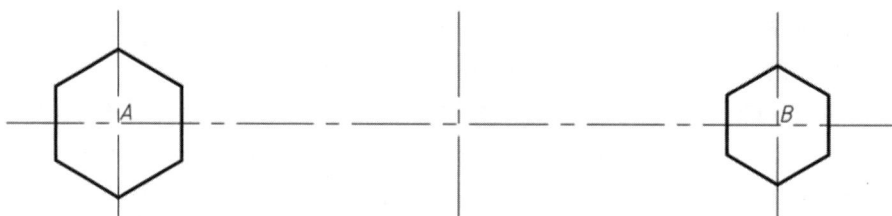

(b) 旋转正六边形

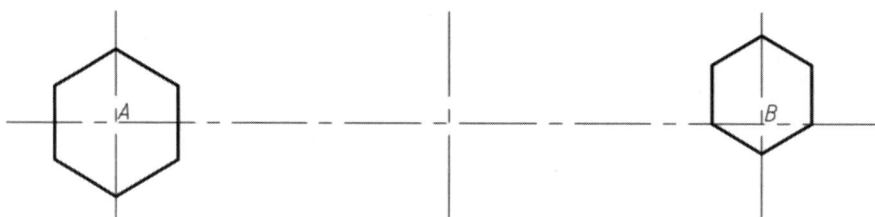

(c) 平移中心点为 B 的正六边形

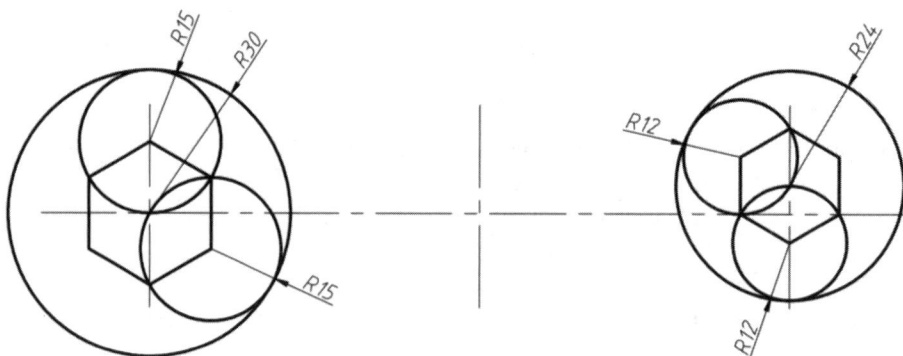

(d) 绘制圆后的图形

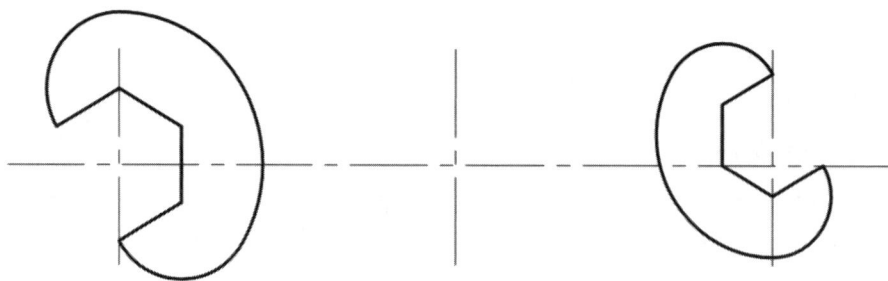

(e) 修剪后的图形

图 2-31　扳手内口绘制过程

3. 绘制扳手手柄

绘制扳手手柄的命令行提示如下：

命令：offset
指定偏移距离或[通过(T)/擦除(E)/图层(L)] <65.0000>：(输入 10，按 Enter 键确认)

选择要偏移的对象或[放弃(U)/退出(E)] <退出>:（单击左键，选择水平中心线）

指定目标点或[退出(E)/多个(M)/放弃(U)] <退出>:（向上移动光标，单击左键，按 Enter 键确认）

选择要偏移的对象或[放弃(U)/退出(E)] <退出>:　（单击左键，选择水平中心线）

指定目标点或[退出(E)/多个(M)/放弃(U)] <退出>:（向下移动光标，单击左键，按 Enter 键确认）

　　选中偏移对象，修改所在图层为轮廓线图层；在修改工具栏选择"修剪"命令，修剪后的图形如图 2-32 所示。

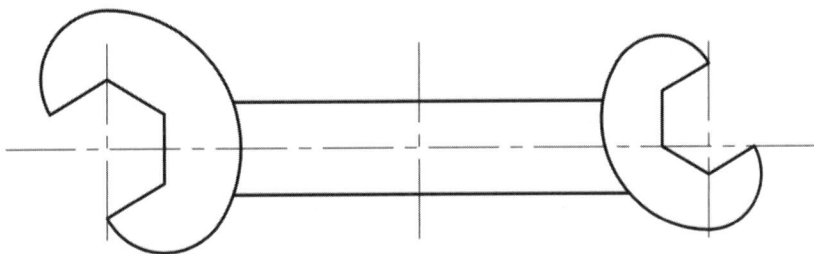

图 2-32　绘制扳手手柄

绘制手柄椭圆和 $R12$ 圆角的命令行提示如下：

命令：ellipse

指定椭圆的第一个端点或[弧(A)/中心(C)/同心(N)]:（输入 C，按 Enter 键确认）

指定椭圆的中心:（打开"对象捕捉"勾选"交点"，拾取交点 C，单击左键）

指定轴向第二端点:（打开"正交"按钮，光标向右移动，输入 25，按 Enter 键确认）

指定其他轴或[旋转(R)]:（输入 7，按 Enter 键确认，结果如图 2-33 所示）

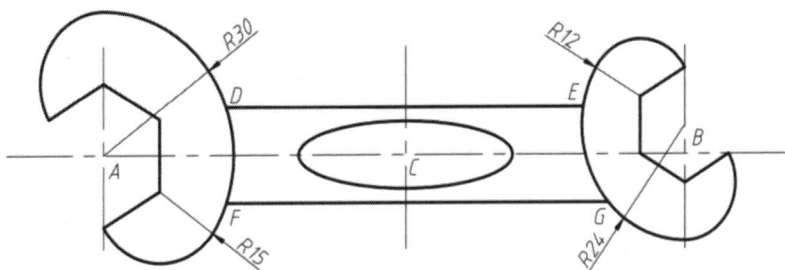

图 2-33　绘制扳手手柄椭圆

命令：fillet

当前设置：模式=修剪，半径=0.0000

选取第一个对象或[多段线(P)/半径(R)/修剪(T)/多个(M)/放弃(U)]:（输入 R，按 Enter 键确认）

圆角半径<12.0000>:（输入 12，按 Enter 键确认）

选取第一个对象或[多段线(P)/半径(R)/修剪(T)/多个(M)/放弃(U)]:（输入 M，按 Enter 键确认）

选取第一个对象或[多段线(P)/半径(R)/修剪(T)/多个(M)/放弃(U)]:（单击 $R30$ 圆弧）

选择第二个对象或按住 Shift 键选择对象以应用角点:（单击线段 DE 左端）

选取第一个对象或[多段线(P)/半径(R)/修剪(T)/多个(M)/放弃(U)]：(单击 *R*15 圆弧)

选择第二个对象或按住 Shift 键选择对象以应用角点：(单击线段 *FG* 左端)

选取第一个对象或[多段线(P)/半径(R)/修剪(T)/多个(M)/放弃(U)]：(单击 *R*30 圆弧)

选择第二个对象或按住 Shift 键选择对象以应用角点：(单击线段 *DE* 右端)

选取第一个对象或[多段线(P)/半径(R)/修剪(T)/多个(M)/放弃(U)]：(单击 *R*15 圆弧)

选择第二个对象或按住 Shift 键选择对象以应用角点：(单击线段 *FG* 右端)

整理图形，可采用"拉长"或"夹点拉伸"命令使中心线超过轮廓线约 3 mm，按照以上步骤最终绘制完成如图 2-23 所示的扳手。

任务评价

如表 2-3 所示，从绘图能力和职业能力两个方面，根据学生自评、组内互评、教师综合评价将各项得分填入表中。

表 2-3　任务 2.3 评价表

评价内容		分值	学生自评 (10%)	组内互评 (20%)	教师综合评价 (70%)
绘图能力	图层调用	10			
	绘图命令	25			
	修改命令	25			
	状态栏工具按钮	10			
	成图	10			
职业能力	查阅资料　团队合作 练习态度　拓展学习	20			
总分		100			

拓展训练

绘制如图 2-34 所示的图形，不标注尺寸。

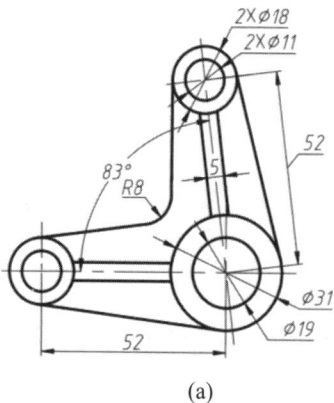

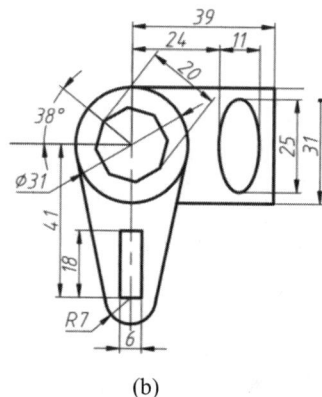

任务 2.3 训练

(a)　　　　　　　　　　　(b)

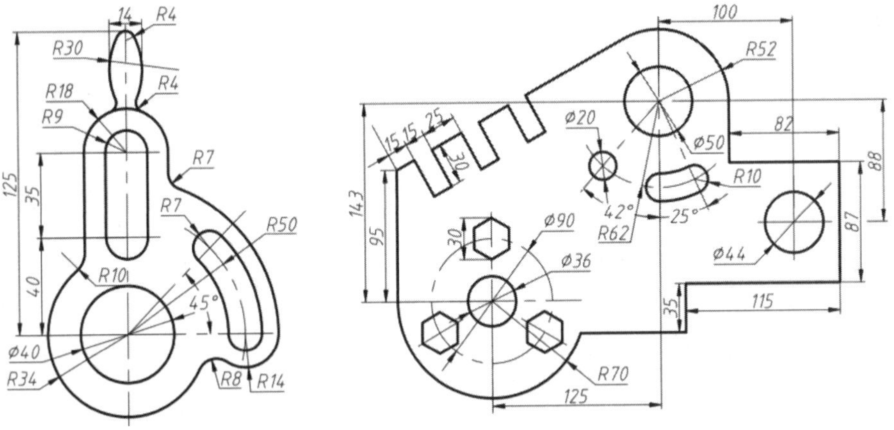

(c)   (d)

图 2-34 任务 2.3 训练

任务 2.4 绘 制 垫 片

任务描述

运用中望 CAD 教育版绘制如图 2-35 所示的垫片。

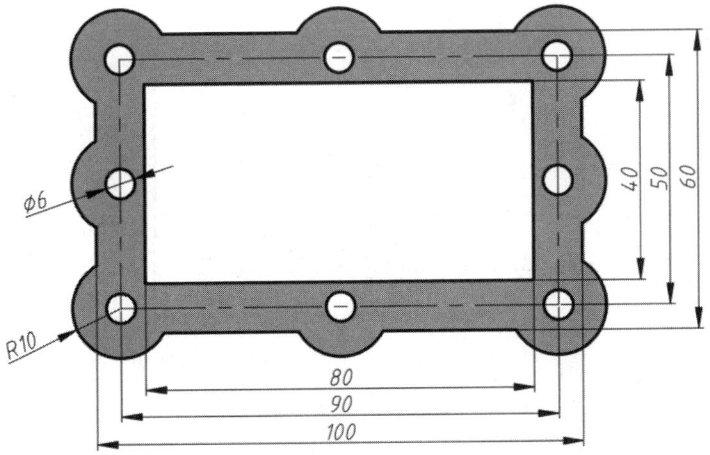

图 2-35 垫片

任务分析

图 2-35 所示垫片的基本轮廓为矩形，并包含有规律分布的圆和圆弧，可采用"矩形""圆""偏移""阵列""分解""面域"等命令绘制，并用"布尔运算并集和差集"编辑完成整个图形绘制。

知识链接

1. 矩形命令

1) 输入命令

(1) 工具栏：在"绘图"工具栏中单击"矩形"按钮□。

(2) 菜单栏：选择"绘图"→"矩形"命令。

(3) 命令行：输入 rectang(快捷命令：REC)。

矩形命令

2) 操作格式

"矩形"命令可用于绘制直角矩形、圆角矩形和倒角矩形，用此命令绘制如图 2-36 所示的图形，命令行提示如下：

命令：rectang

指定第一个角点或[倒角(C)/标高(E)/圆角(F)/正方形(S)/厚度(T)/宽度(W) /倾斜(O)/同心(N)]：(在绘图区指定一点)

指定其他的角点或[面积(A)/尺寸(D)/旋转(R)]：(输入@100, -50，按 Enter 键确认)

(按空格键或 Enter 键，重复"矩形"命令)

指定第一个角点或[倒角(C)/标高(E)/圆角(F)/正方形(S)/厚度(T)/宽度(W) /倾斜(O)/同心(N)]：(输入 F，按 Enter 键确认)

指定所有矩形的圆角距离<0.0000>：(输入 5，按 Enter 键确认)

指定第一个角点或[倒角(C)/标高(E)/圆角(F)/正方形(S)/厚度(T)/宽度(W) /倾斜(O)/同心(N)]：(拾取矩形中心点)

指定其他的角点或[面积(A)/尺寸(D)/旋转(R)]：(输入@40, -15，按 Enter 键确认)

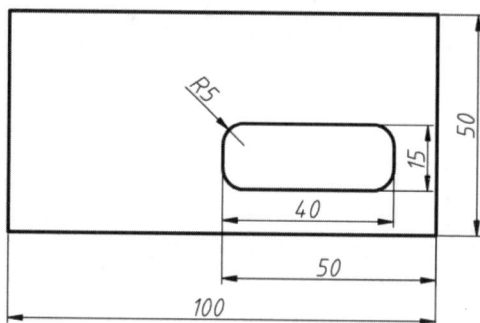

图 2-36 矩形示例

❖ 注意

(1) 绘制矩形时，可使用动态输入功能，即指定第一个点后用鼠标拖出大小，在提示的文本框中直接输入 X、Y 的长度，注意 X、Y 轴的正负方向。

(2) 绘制矩形时，先设置倒角或圆角大小，再输入 X、Y 轴的正负方向。注意：倒角和圆角设置后会成为默认值，再次绘制矩形(不带倒角和圆角的矩形)时要将设置值改为 0。

(3) 矩形的属性其实是多段线对象，可通过"分解"命令把多段线转化成多条直线段。

2. 阵列命令

绘制具有均布特征的图形时适合使用阵列命令，该命令可用于指定以矩形阵列、环形阵列或路径阵列的方式来阵列对象。

阵列命令

1) 输入命令

(1) 工具栏：在"修改"工具栏中单击"阵列"按钮品。

(2) 菜单栏：选择"修改"→"阵列"命令。

(3) 命令行：输入 array(快捷命令：AR)。

2) 操作格式

(1) 矩形阵列。用"矩形阵列"命令绘制如图 2-37 所示的图形，命令行提示如下：

命令：arrayrect

选择对象：(单击圆)

选择对象：(按 Enter 键确认)

选择夹点以编辑阵列或[关联(AS)/基点(B)/计数(COU)/间距(S)/列数(COL)/行数(R)/层数(L)/退出(X)]<退出>：(输入 COL，按 Enter 键确认)

输入列数<4>：(输入 3，按 Enter 键确认)

指定列间距或[总计(T)]<30.000000>：(输入 40，按 Enter 键确认)

选择夹点以编辑阵列或[关联(AS)/基点(B)/计数(COU)/间距(S)/列数(COL)/行数(R)/层数(L)/退出(X)]<退出>：(输入 R，按 Enter 键确认)

输入行数<3>：(输入 2，按 Enter 键确认)

指定行间距或[总计(T)]<30.000000>：(输入 30，按 Enter 键确认)

指定行之间的标高增量<0.000000>：(按 Esc 键退出)

命令：rotate

选择对象：(选择阵列对象)

选择对象：(按 Enter 键确认)

指定基点：(拾取左下角圆的圆心)

指定旋转角度或[复制(C)/参照(R)]<0>：(输入 20，按 Enter 键确认)

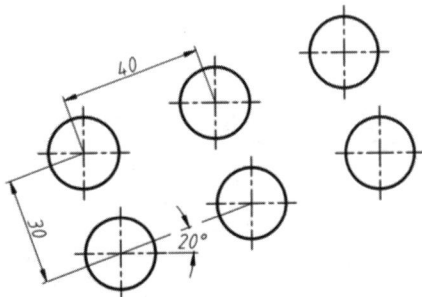

(a) 阵列前　　　　　　　　　(b) 阵列并旋转后

图 2-37　矩形阵列示例

(2) 环形阵列。用"环形阵列"命令绘制如图 2-38 所示的图形，命令行提示如下：

命令：arraypolar

选择对象：(单击正五边形)

选择对象：(按 Enter 键确认)

指定阵列的中心点或[基点(B)/旋转轴(A)]：(拾取正六边形中心)

选择夹点以编辑阵列或[关联(AS)/基点(B)/项目(I)/项目间角度(A)/填充角度(F)/行(ROW)/层(L)/旋转项目(ROT)/退出(X)]<退出>：(默认阵列数目为 6，按 Enter 键确认)

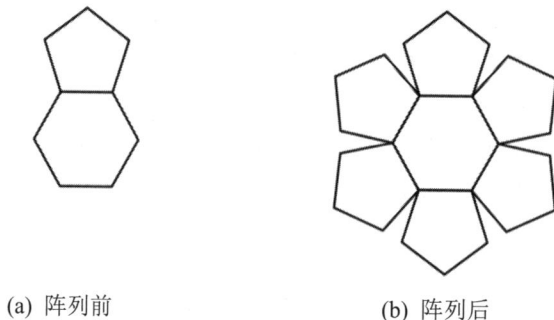

(a) 阵列前   (b) 阵列后

图 2-38   环形阵列示例

(3) 路径阵列。用"路径阵列"命令绘制如图 2-39 所示的图形，命令行提示如下：

命令：arraypath

选择对象：(单击圆)

选择对象：(按 Enter 键确认)

选择路径曲线：(单击曲线)

选择夹点以编辑阵列或[关联(AS)/方法(M)/基点(B)/项目(I)/行(R)/层(L)/对齐项目(A)/Z 方向(Z)/退出(X)]<退出>：(输入 M，按 Enter 键确认)

输入路径方法[定数等分(D)/定距等分(M)]<定距等分>：(输入 D，按 Enter 键确认)

选择夹点以编辑阵列或[关联(AS)/方法(M)/基点(B)/项目(I)/行(R)/层(L)/对齐项目(A)/Z 方向(Z)/退出(X)]<退出>：(输入 I，按 Enter 键确认)

输入沿路径的项目数<5>：(输入 6，按 Enter 键确认)

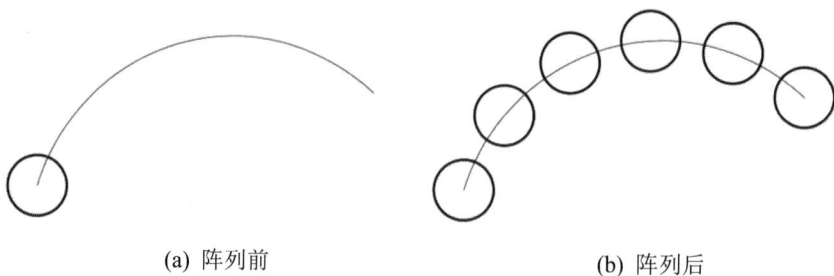

(a) 阵列前   (b) 阵列后

图 2-39   路径阵列示例

❖ 注意

(1) 矩形阵列行间距和列间距的数值可分为正、负，若是正值，则沿 X、Y 轴正方向成阵列，否则沿反方向成阵列。其正、负方向符合坐标轴的正、负方向。

(2) 环形阵列对应的圆心角可以不是 360°，阵列的包含角为正则按逆时针方向阵列，为负则按顺时针方向阵列。

(3) 命令行提示中的"关联(AS)",用于设置阵列对象是否关联。使用关联阵列,可以通过编辑特性和源对象在整个阵列中快速传递更改;如果阵列是非关联的,则每个复制的项目都将被视为一个单独的对象,编辑一个项目不会影响其他项目。

3. 分解命令

分解命令用于将由多个对象组合而成的合成对象分解为独立对象。

1) 输入命令

(1) 工具栏:在"修改"工具栏中单击"分解"按钮 。

(2) 菜单栏:选择"修改"→"分解"命令。

(3) 命令行:输入 explode(快捷命令:X)。

分解命令

2) 操作格式

用"分解"命令绘制如图 2-40 所示的图形,命令行提示如下:

命令:explode

选择对象:(选择要分解对象)

选择对象:(按 Enter 键确认)

(a) 分解前

(b) 分解后

图 2-40 分解示例

4. 面域命令

面域(REGION)是指二维的封闭图形,它可由线段、多段线、圆、圆弧和样条曲线等对象围成,创建面域时应保证相邻对象间共享连接的端点,否则将不能创建域。面域是一个单独的实体,具有面积、周长、形心等几何特征。

面域命令

1) 输入命令

(1) 工具栏:在"绘图"工具栏中单击"面域"按钮 ⊡ 。

(2) 菜单栏:选择"绘图"→"面域"命令。

(3) 命令行:输入 region(快捷命令:REG)。

2) 操作格式

用"面域"命令绘制如图 2-41 所示的图形,命令行提示如下:

命令:region

选择对象:(适当位置单击一点)

指定对角点:(窗口选中三角形和 6 个小圆)

选择对象：(按 Enter 键结束)

提取了 7 个环。

创建了 7 个面域。

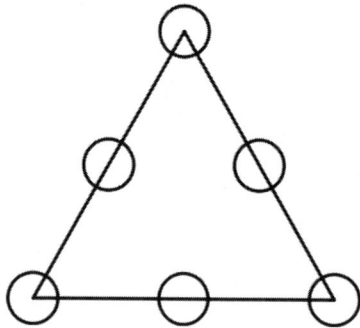

图 2-41　面域示例

5. 面域的布尔运算

使用面域作图与传统的作图方法是截然不同的，前者可采用"并""交""差"等布尔运算来构造不同形状的图形。使用并运算可将所有参与运算的面域合并为一个新面域；使用差运算可从一个面域中去掉一个或多个面域，从而形成一个新面域；使用交运算可以求出各个相交面域的公共部分。

1) 输入命令

(1) 菜单栏：选择"修改"→"实体编辑"→"并集"/"差集"/"交集"命令。

(2) 命令行：输入 union(快捷命令：UNI)(并集)

　　　　　　　输入 subtract(快捷命令：SU)(差集)

　　　　　　　输入 intersect(快捷命令：IN)(交集)

2) 操作格式

用"并集""差集""交集"命令分别对图 2-41 的图形(已创建面域)进行编辑，执行相应命令后得到的图形如图 2-42 所示，命令行提示如下：

命令：union

选择对象求和：(适当位置单击一点)

指定对角点：(拖动鼠标，窗口选中三角形和 6 个小圆)

找到 7 个

选择对象求和：(按 Enter 键确认)

命令：subtract

选择要从中减去的实体、曲面和面域：(单击三角形)

找到 1 个

选择要从中减去的实体、曲面和面域：(按 Enter 键确认)

选择要减去的实体、曲面和面域：(选择 6 个小圆)

总计 6 个

选择要减去的实体、曲面和面域：(按 Enter 键结束)

命令：intersect

选取要相交的对象：(单击三角形顶点的圆)

找到 1 个

选取要相交的对象：(单击三角形)

找到 1 个，总计 2 个

选取要相交的对象：(按 Enter 键结束)

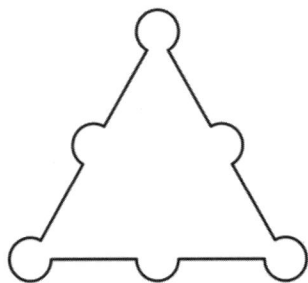

(a) 执行并集

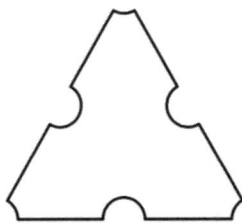

(b) 执行差集

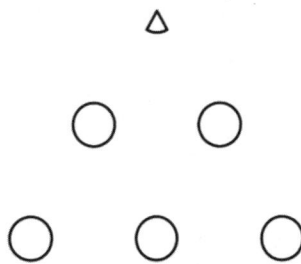

(c) 执行交集

图 2-42　面域的布尔运算示例

任务实施

1. 绘制垫片外部轮廓

利用"矩形""圆""偏移"命令绘制图 2-43(a)，注意对轮廓线图层和中心线图层的调用。

绘制垫片

1) 创建面域

创建面域的命令行提示如下：

命令：region

选择对象：(单击圆和大矩形)

找到 1 个，总计 2 个

选择对象：(按 Enter 键结束)

提取了 2 个环。

创建了 2 个面域。

2) 使用"矩形阵列"命令绘制外轮廓

绘制外轮廓的命令行提示如下：

命令：arrayrect

选择对象：(选择圆)

选择对象：(按 Enter 键确认)

选择夹点以编辑阵列或[关联(AS)/基点(B)/计数(COU)/间距(S)/列数(COL)/行数(R)/层数(L)/退出(X)]<退出>：(输入 COL，按 Enter 键确认)

输入列数<4>：(输入 3，按 Enter 键确认)

指定列间距或[总计(T)]<30.000000>：(输入 45，按 Enter 键确认)

选择夹点以编辑阵列或[关联(AS)/基点(B)/计数(COU)/间距(S)/列数(COL)/行数(R)/层数(L)/退出(X)]<退出>：(输入 R，按 Enter 键确认)

输入行数<3>：(输入 3，按 Enter 键确认)

指定行间距或[总计(T)]<30.000000>：(输入 25，按 Enter 键确认)

矩形阵列后的图形如图 2-43(b)所示。

3) 使用"分解"命令分解阵列对象

分解阵列对象的命令行提示如下：

命令：explode

选择对象：(选择阵列对象)

选择对象：(按 Enter 键确认)

删除矩形中心的圆，如图 2-43(c)所示。

4) 运用布尔运算完成外部轮廓绘制

运用布尔运算完成外部轮廓绘制的命令行提示如下：

命令：union

选择对象求和：(适当位置单击一点)

指定对角点：(拖动鼠标，窗口选中大矩形和 8 个圆)

找到 9 个，已过滤 1 个

选择对象求和：(按 Enter 键确认)

使用"并集"命令完成外部轮廓绘制，绘制结果如图 2-43(d)所示。

2. 绘制垫片内部轮廓

(1) 利用"圆"命令绘制 $\phi6$ 小圆，利用"偏移"命令绘制 80×40 矩形(注意图层调用)；利用"面域"命令将 $\phi6$ 小圆和 80×40 矩形创建面域；利用"矩形阵列"命令将 $\phi6$ 小圆进行阵列，利用"分解"命令分解阵列对象，删除矩形中心处 $\phi6$ 小圆，绘制结果如图 2-43(e)所示。

(2) 运用布尔运算求差集，完成内部轮廓绘制。其命令行提示如下：

命令：subtract

选择要从中减去的实体、曲面和面域：(选择垫片外轮廓)

找到 1 个

选择要减去的实体、曲面和面域：(按 Enter 键确认)

选择要减去的实体、曲面和面域：(输入 C，窗交选择模式)

指定第一个角点：(适当位置单击一点)

指定对角点：(拖动鼠标，窗口选中最小矩形和 8 个 $\phi6$ 小圆)

找到 9 个，已过滤 1 个

选择要减去的实体、曲面和面域：(按 Enter 键确认)

3. 面域着色

在菜单栏里选择"视图"→"视觉样式"→"着色"命令，执行差集后着色的结果如图 2-43(f)所示。

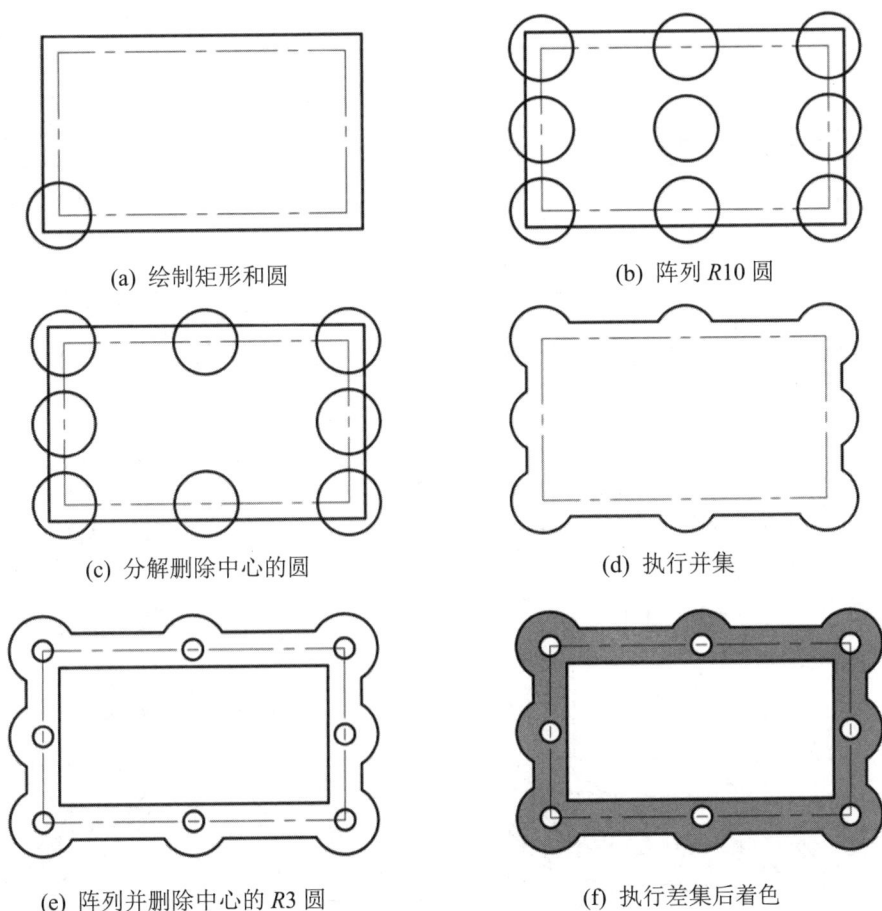

(a) 绘制矩形和圆

(b) 阵列 $R10$ 圆

(c) 分解删除中心的圆

(d) 执行并集

(e) 阵列并删除中心的 $R3$ 圆

(f) 执行差集后着色

图 2-43 垫片绘制过程

任务评价

如表 2-4 所示，从绘图能力和职业能力两个方面，根据学生自评、组内互评、教师综合评价将各项得分填入表中。

表 2-4 任务 2.4 评价表

评价内容		分值	学生自评 (10%)	组内互评 (20%)	教师综合评价 (70%)
绘图能力	图层调用	10			
	绘图命令	25			
	修改命令	25			
	状态栏工具按钮	10			
	成图	10			
职业能力	查阅资料 团队合作 练习态度 拓展学习	20			
总分		100			

拓展训练

绘制如图 2-44 所示的图形，不标注尺寸。

任务 2.4 训练

(a)

(b)

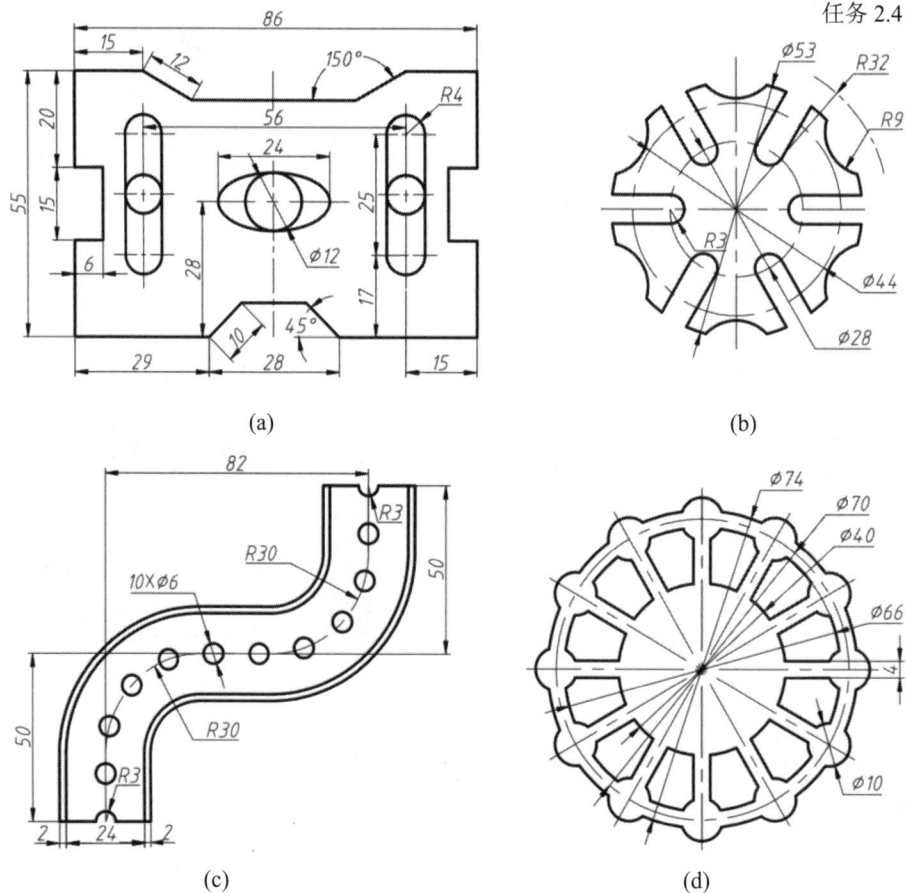

(c)

(d)

图 2-44　任务 2.4 训练

任务 2.5　绘制齿轮轴

任务描述

运用中望 CAD 教育版绘制如图 2-45 所示的齿轮轴(模数 $m = 3$，齿数 $z = 11$)。

任务分析

图 2-45 所示齿轮轴整体轮廓可采用"直线""延伸""偏移""镜像"和"倒角"等命

令绘制，局部剖部分可采用"样条曲线""打断于点""打断"和"图案填充"等命令完成绘制。

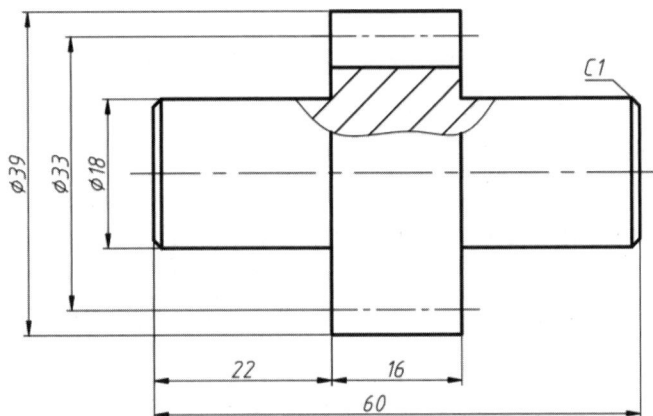

图 2-45　齿轮轴

知识链接

1. 样条曲线命令

样条曲线是经过或接近一系列给定点的光滑曲线。在中望 CAD 教育版软件中，绘制样条曲线可利用拟合点绘制，也可利用控制点绘制。该命令常用于绘制波浪线、折断线等。

样条曲线命令

1) 输入命令

(1) 工具栏：在"绘图"工具栏中单击"样条曲线"按钮 。

(2) 菜单栏：选择"绘图"→"样条曲线"命令。

(3) 命令行：输入 spline(快捷命令：SPL)。

2) 操作格式

用"样条曲线"命令绘制如图 2-46 所示的图形，命令行提示如下：

命令：spline

当前设置：方式=拟合　　节点=弦

指定第一个点或[方式(M)/节点(K)/对象(O)]：_m

输入样条曲线创建方式 [拟合(F)/控制点(CV)] <拟合>：_f

当前设置：方式=拟合　　节点=弦

指定第一个点或[方式(M)/节点(K)/对象(O)]：(拾取第 1 点)

指定下一点：(拾取第 2 点)

指定下一点或[闭合(C)/拟合公差(F)/放弃(U)] <起点切向>：(拾取第 3 点)

指定下一点或[闭合(C)/拟合公差(F)/放弃(U)] <起点切向>：(拾取第 4 点)

指定下一点或[闭合(C)/拟合公差(F)/放弃(U)] <起点切向>：(按 Enter 键确认)

指定起点切向：(单击鼠标右键)

指定端点切向：(单击鼠标右键)

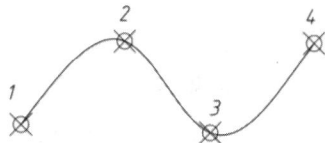

图 2-46　样条曲线示例

2. 延伸命令

使用延伸命令可以将图形对象延伸到指定的边界。

1) 输入命令

(1) 工具栏：在"修改"工具栏中单击"延伸"按钮-⁄。

(2) 菜单栏：选择"修改"→"延伸"命令。

(3) 命令行：输入 extend(快捷命令：EX)。

延伸命令

2) 操作格式

用"延伸"命令绘制如图 2-47 所示的图形，命令行提示如下：

命令：extend

当前设置：投影＝用户坐标系，边延伸模式＝不延伸(N)，模式＝快速(Q)

选择要延伸的对象，或按住 Shift 键选择要修剪的对象，或

[边界边(B)/栏选(F)/窗交(C)/模式(O)/投影(P)/放弃(U)]：(输入 B，按 Enter 键确认)

选取边界对象作延伸或[模式(O)] <全选>：(选择中心线)

找到 1 个

选取边界对象作延伸或[模式(O)] <全选>：(按 Enter 键确认)

选择要延伸的对象，或按住 Shift 键选择要修剪的对象，或[边界边(B)/栏选(F)/窗交(C)/模式(O)/投影(P)/放弃(U)]：(单击第一条线段)

选择要延伸的对象，或按住 Shift 键选择要修剪的对象，或[边界边(B)/栏选(F)/窗交(C)/模式(O)/投影(P)/放弃(U)]：(单击第二条线段，按 Enter 键结束命令)

(a) 延伸前　　　　　　　　　　　　(b) 延伸后

图 2-47　延伸示例

3. 倒角命令

倒角命令用于实现使用一条线段连接两个非平行的图线，用于倒角的图线一般有直线、多段线、矩形、多边形等，不能使用倒角的有圆、圆弧、椭圆和椭圆弧。

1) 输入命令

(1) 工具栏：在"修改"工具栏中单击"倒角"按钮◿。

(2) 菜单栏：选择"修改"→"倒角"命令。

(3) 命令行：输入 chamfer。

倒角命令

2) 操作格式

用"倒角"命令绘制如图 2-48 所示的图形，命令行提示如下：

命令：chamfer

当前设置：模式＝修剪，距离 1＝0.0000，距离 2＝0.0000

选择第一条直线或[多段线(P)/距离(D)/角度(A)/方式(E)/修剪(T)/多个(M)/放弃(U)]：(输入 M，按 Enter

键确认)

选择第一条直线或[多段线(P)/距离(D)/角度(A)/方式(E)/修剪(T)/多个(M)/放弃(U)]: (输入 D，按 Enter 键确认)

设置距离方式的倒角方式。

指定基准对象的倒角距离<15.0000>: (输入 15)

指定另一个对象的倒角距离<30.0000>: (输入 20)

选择第一条直线或[多段线(P)/距离(D)/角度(A)/方式(E)/修剪(T)/多个(M)/放弃(U)]: (单击线段 A)

选择第二个对象或按住 Shift 键选择对象以应用角点: (单击线段 B)

当前设置: 模式=修剪，距离 1=15.0000，距离 2=20.0000

选择第一条直线或[多段线(P)/距离(D)/角度(A)/方式(E)/修剪(T)/多个(M)/放弃(U)]: (输入 D，按 Enter 键确认)

设置距离方式的倒角方式。

指定基准对象的倒角距离<15.0000>: (输入 15)

指定另一个对象的倒角距离<20.0000>: (输入 30)

选择第一条直线或[多段线(P)/距离(D)/角度(A)/方式(E)/修剪(T)/多个(M)/放弃(U)]: (单击线段 B)

选择第二个对象或按住 Shift 键选择对象以应用角点: (单击线段 C)

选择第一条直线或[多段线(P)/距离(D)/角度(A)/方式(E)/修剪(T)/多个(M)/放弃(U)]: (单击线段 C)

选择第二个对象或按住 Shift 键选择对象以应用角点: (按住 Shift 键，单击线段 D)

选择第一条直线或[多段线(P)/距离(D)/角度(A)/方式(E)/修剪(T)/多个(M)/放弃(U)]: (单击线段 D)

选择第二个对象或按住 Shift 键选择对象以应用角点: (按住 Shift 键，单击线段 A)

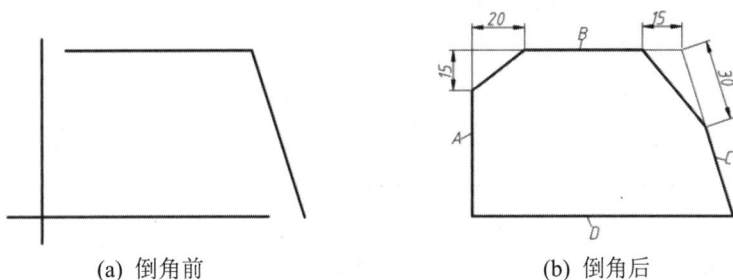

(a) 倒角前　　　　　　　　(b) 倒角后

图 2-48　倒角示例

❖ 注意

(1) 执行"倒角"命令时，要看清楚当前设置的模式和半径是否需要进行调整。

(2) 执行"倒角"命令时，当两个倒角的距离不同时，要注意两条线的选中顺序。

(3) "倒角"命令在倒角距离 D 的值为零时，可使原来不平行的两条直线相交。

4. 打断于点命令

打断于点命令可以将对象断开，分成两部分，需要输入的参数有打断对象和一个打断点。

1) 输入命令

(1) 工具栏: 在"修改"工具栏中单击"打断于点"按钮□。

(2) 命令行: 输入 breakpoint。

打断于点命令

2) 操作格式

用"打断于点"命令修改图 2-49(a)，命令行提示如下：

命令：breakpoint

选取切断对象：(选择虚线正方形)

指定切断点：(单击 1 点)

(按空格键或 Enter 键，重复"打断于点"命令)

选取切断对象：(选择虚线正方形)

指定切断点：(单击 2 点)

修改波浪线右侧虚线部分图层为轮廓线图层，修改后的结果如图 2-49(b)所示。

5. 打断命令

打断命令是在线条上创建两个点，从而将线条打断。

1) 输入命令

(1) 工具栏：在"修改"工具栏中单击"打断"按钮 ␣。

(2) 菜单栏：选择"修改"→"打断"命令。

(3) 命令行：输入 break(快捷命令：BR)。

打断命令

2) 操作格式

用"打断"命令修改图 2-49(b)，命令行提示如下：

命令：break

选取切断对象：(选择波浪线)

指定第二切断点或[第一切断点(F)]：(输入 F)

指定第一切断点：(选择 3 点)

指定第二切断点：(选择 4 点，3 和 4 点之间的波浪线被删除)

用同样的方法可以将两个圆在与波浪线交点处打断，执行打断后的结果如图 2-49(c)所示。

(a) 平面图形　　　　　　　(b) 执行打断于点　　　　　　(c) 执行打断

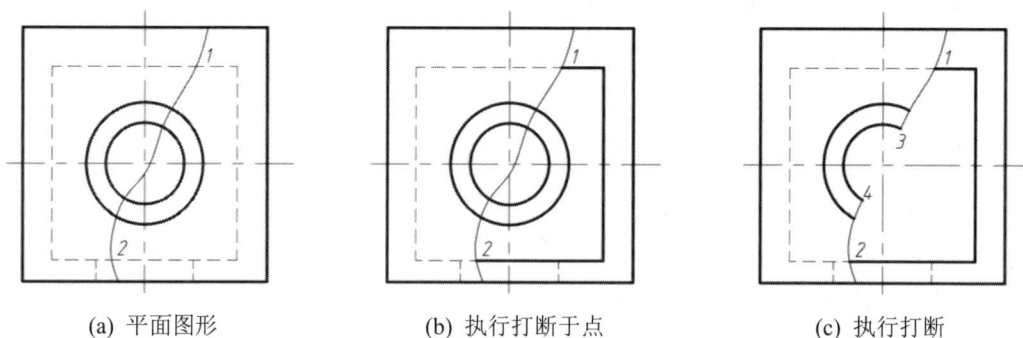

图 2-49　打断于点和打断示例

❖ 注意

(1) 使用"打断于点"命令可在单个点处打断选定对象。有效对象包括直线、开放的多段线和圆弧。

(2) 打断圆或椭圆时，是有方向的，默认打断的圆弧为第一个和第二个打断点之间的逆时针方向部分。一个完整的圆或椭圆不能在同一点被打断。

6. 图案填充命令

图案填充命令用于填充封闭区域或对指定边界内进行填充。

1) 输入命令

(1) 工具栏：在"绘图"工具栏中单击"图案填充"按钮▦。

(2) 菜单栏：选择"绘图"→"图案填充"命令。

(3) 命令行：输入 bhatch/hatch(快捷命令：H)。

图案填充命令

2) 操作格式

(1) 填充封闭区域。使用"图案填充"命令将图 2-50(a)填充成如图 2-50(b)所示的效果。

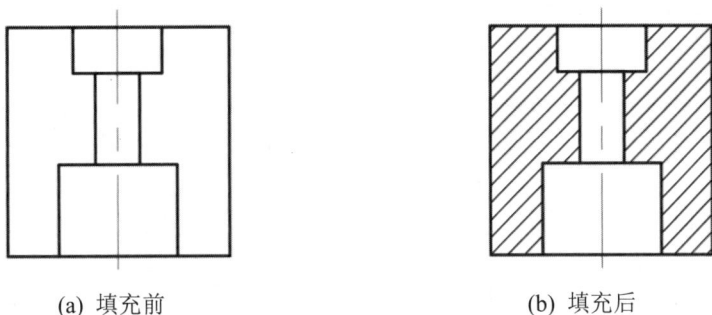

(a) 填充前   (b) 填充后

图 2-50 填充封闭区域示例

操作步骤如下：

① 执行 bhatch 命令，系统弹出"填充"对话框，如图 2-51 所示。单击对话框"边界"区域的"拾取点"按钮▦，系统返回绘图区，在想要填充的区域内选定一点，此时系统会自动寻找一个闭合的边界。

图 2-51 "填充"对话框

② 按 Enter 键返回"填充"对话框,在"图案"下拉列表中选择剖面图案"ANSI31",或单击图案右侧按钮,打开"填充图案选项板"对话框,选择剖面图案"ANSI31"。

③ 在"角度和比例"区域中,把"角度"设为 0,"比例"设为 1。勾选"动态预览"复选框,可以实时预览填充效果。

④ 如果对选中的填充效果不满意,可重新设定有关参数,如将"角度"设为 45,"比例"设为 2。观察填充效果,得到满意效果后,按 Enter 键,完成封闭区域填充。

(2) 填充不封闭区域。使用"图案填充"命令将图 2-52(a)填充成如图 2-52(b)所示的效果。在"填充"对话框的"允许的间隙"区域中,修改允许的间隙不为 0,例如,修改公差为 10(见图 2-51);再次选择要填充的区域时,系统会弹出"开放边界警告"对话框,单击"是"继续填充此区域,完成不封闭区域填充。

(a) 填充前　　　　　　　　　　　　　　(b) 填充后

图 2-52　填充不封闭区域示例

"填充"对话框中常用选项功能说明如下:

① 类型和图案。

类型:单击下拉列表框可进行选择,分别是预定义、用户定义和自定义,默认选择为预定义方式。

图案:显示填充图案文件的名称,用来选择填充图案。单击下拉列表框选择填充图案,也可以单击列表后面的按钮,开启"填充图案选项板"对话框,选择需要的图案进行填充。

颜色:可修改填充图案的颜色。

样例:显示当前选中的图案样式。单击所选的图案样式,也可以打开"填充图案选项板"对话框。

② 角度和比例。

角度:设置图样中剖面线的倾斜角度。默认值是 0°,可以输入值改变角度。

比例:图案填充时的比例因子。中望 CAD 教育版软件提供的各图案都有默认的比例,如果此比例不合适(太密或太稀),可以通过输入值给出新比例。

③ 图案填充原点。

图案填充原点用于控制图案填充原点的位置,也就是生成图案填充的起点位置。

④ 边界。

拾取点:单击需要填充区域内的一点,系统将寻找包含该点的封闭区域进行填充。

选择对象:用鼠标选择要填充的对象,常用于多个或多重嵌套的图形。

⑤ 孤岛。

封闭区域内的填充边界称为孤岛。可以指定填充对象的显示样式，有普通、外部和忽略三种样式。

孤岛检测：用于确定是否需要检测内部闭合边界。

⑥ 预览。

预览：可以在应用填充之前查看效果。单击"填充"对话框左下角的"预览"按钮，将临时关闭对话框，在绘图区域预先浏览边界填充的结果，单击图形或按 Esc 键返回对话框，单击鼠标右键或按 Enter 键接受填充。

动态预览：可以在不关闭"填充"对话框的情况下预览填充效果，以便动态地查看并及时修改填充图案。"动态预览"和"预览"选项不能同时选中，只能选择其中一种预览方法。

⑦ 其他高级选项。

允许的间隙：一幅图形中有些边界区域并不是严格封闭的，接口处存在一定空隙，而且空隙往往比较小，不易观察到，造成边界计算异常。考虑到这种情况，中望 CAD 教育版软件设计了此选项，使得在可控制的范围内，即使边界不封闭也能够完成填充操作。

关联：确定填充图案与边界的关系。若选中此项，填充图案将与填充边界保持关联关系，当填充边界被缩放或移动时，填充图案也相应地随之变化，系统默认关联。

❖ **注意**

(1) 图案填充的边界最好是封闭的区域。

(2) 在选择填充区域时，一般选择"添加：拾取点"方式，"添加：选择对象"方式只是作为补充手段。

(3) 尽量不要对填充的图案使用"分解"命令，尤其是关联的图案填充。

(4) 关联与不关联的修改是单向的，只有关联可以修改为不关联，不能将不关联修改为关联。

任务实施

1. 绘制齿轮轴基本轮廓

利用"直线""延伸"和"偏移"命令绘制图 2-53(a)，注意不同线型图层的调用；利用"倒角"命令对齿轮轴两端倒角，命令行提示如下：

绘制齿轮轴

命令：chamfer

当前设置：模式＝修剪，距离 1＝0.0000，距离 2＝0.0000

选择第一条直线或[多段线(P)/距离(D)/角度(A)/方式(E)/修剪(T)/多个(M)/放弃(U)]：(输入 D，按 Enter 键确认)

设置距离方式的倒角方式。

指定基准对象的倒角距离<0.0000>：(输入 1，按 Enter 键确认)

指定另一个对象的倒角距离<1.0000>：(输入 1，按 Enter 键确认)

选择第一条直线或[多段线(P)/距离(D)/角度(A)/方式(E)/修剪(T)/多个(M)/放弃(U)]：(输入 M，按 Enter 键确认)

选择第一条直线或[多段线(P)/距离(D)/角度(A)/方式(E)/修剪(T)/多个(M)/放弃(U)]:(选择轴左端倒角的第 1 条直线)

选择第二个对象或按住 Shift 键选择对象以应用角点:(选择轴左端倒角的第 2 条直线)

当前设置: 模式＝修剪，距离 1＝1.0000，距离 2＝1.0000

选择第一条直线或[多段线(P)/距离(D)/角度(A)/方式(E)/修剪(T)/多个(M)/放弃(U)]:(选择轴右端倒角的第 1 条直线)

选择第二个对象或按住 Shift 键选择对象以应用角点:(选择轴右端倒角的第 2 条直线)

倒角后的结果如图 2-53(b)所示，利用"直线"和"镜像"命令完成齿轮轴的基本轮廓绘制，如图 2-53(c)所示。

2. 绘制齿轮轴局部剖结构

(1) 绘制局部剖分界线，命令行提示如下:

命令: spline

当前设置: 方式＝拟合　　　节点＝弦

指定第一个点或[方式(M)/节点(K)/对象(O)]:　_m

输入样条曲线创建方式 [拟合(F)/控制点(CV)] <拟合>:　_f

当前设置: 方式＝拟合　　　节点＝弦

指定第一个点或[对象(O)]:(拾取第 1 个点)

指定下一点:(拾取第 2 个点)

指定下一点或[闭合(C)/拟合公差(F)/放弃(U)]<起点切向>:(拾取第 3 个点)

…

指定下一点或[闭合(C)/拟合公差(F)/放弃(U)]<起点切向>:(拾取第 n 个点，自定)

指定起点切向:(单击鼠标右键)

指定端点切向:(单击鼠标右键)

绘制结果如图 2-53(d)所示。接着，利用"打断于点"和"打断"命令将齿形部分在波浪线处打断，命令行提示如下:

命令: breakpoint

选取切断对象:(选择线段 AB)

指定切断点:(单击 A 点)

(按空格键或 Enter 键，重复"打断于点"命令)

选取切断对象:(选择线段 AB)

指定切断点:(单击 B 点)

命令: break

选取切断对象:(选择线段 CD)

指定第二切断点或[第一切断点(F)]:(输入 F，按 Enter 键确认)

指定第一切断点:(选择 C 点)

指定第二切断点:(选择 D 点，C、D 之间的线段被删除)

删除多余线段 AB(利用"打断"命令，线段 CD 自动删除)，绘制完成的图形如图 2-53(e)所示。

(2) 绘制齿根圆。

利用"偏移"和"修剪"命令绘制图 2-53(f)，并注意图层的调用。(注：中心线偏移量为 12.75，根据齿根圆直径 $d_f = m(z - 2h_a^* - 2c^*) = 3 \times (11 - 2 \times 1 - 2 \times 0.25) = 25.5$ 而得。)

(3) 局部剖处图案填充，命令行提示如下：

命令：bhatch

拾取内部点或[选择对象(S)/删除边界(B)]：(拾取填充部位)

正在选择所有可见对象...

正在分析所选数据...

拾取内部点或[选择对象(S)/删除边界(B)/放弃(U)]：(按 Enter 键确认)

图案填充后，处理中心线，可选择"拉长"或"夹点编辑"命令使中心线超出轮廓 3 mm，整理图形即可完成图 2-45 的绘制。

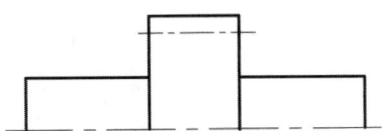

(a) 绘制齿轮轴基本轮廓

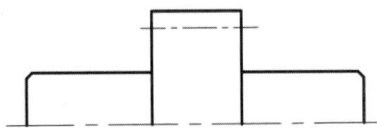

(b) 齿轮轴两端倒角

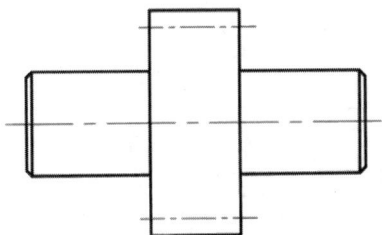

(c) 镜像后的图形

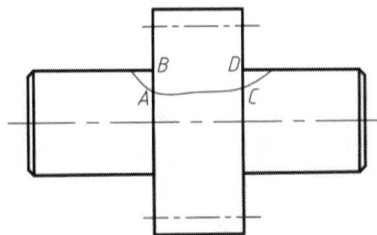

(d) 绘制局部剖分界线

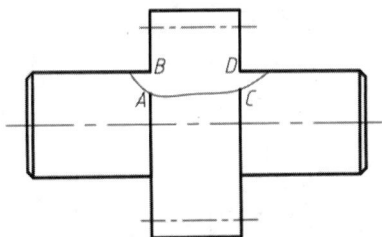

(e) 打断后的图形

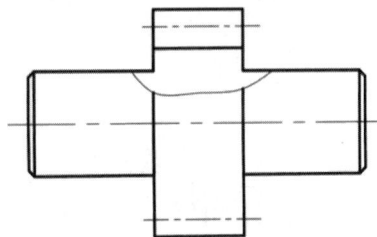

(f) 绘制齿根圆

图 2-53 齿轮轴绘制过程

任务评价

如表 2-5 所示，从绘图能力和职业能力两个方面，根据学生自评、组内互评、教师综合评价将各项得分填入表中。

表 2-5　任务 2.5 评价表

评价内容		分值	学生自评 (10%)	组内互评 (20%)	教师综合评价 (70%)
绘图 能力	图层调用	10			
	绘图命令	25			
	修改命令	25			
	状态栏工具按钮	10			
	成图	10			
职业 能力	查阅资料　团队合作 练习态度　拓展学习	20			
总分		100			

拓展训练

绘制如图 2-54 所示的图形，不标注尺寸。

任务 2.5 训练

(a)

(b)

(c)

(d)

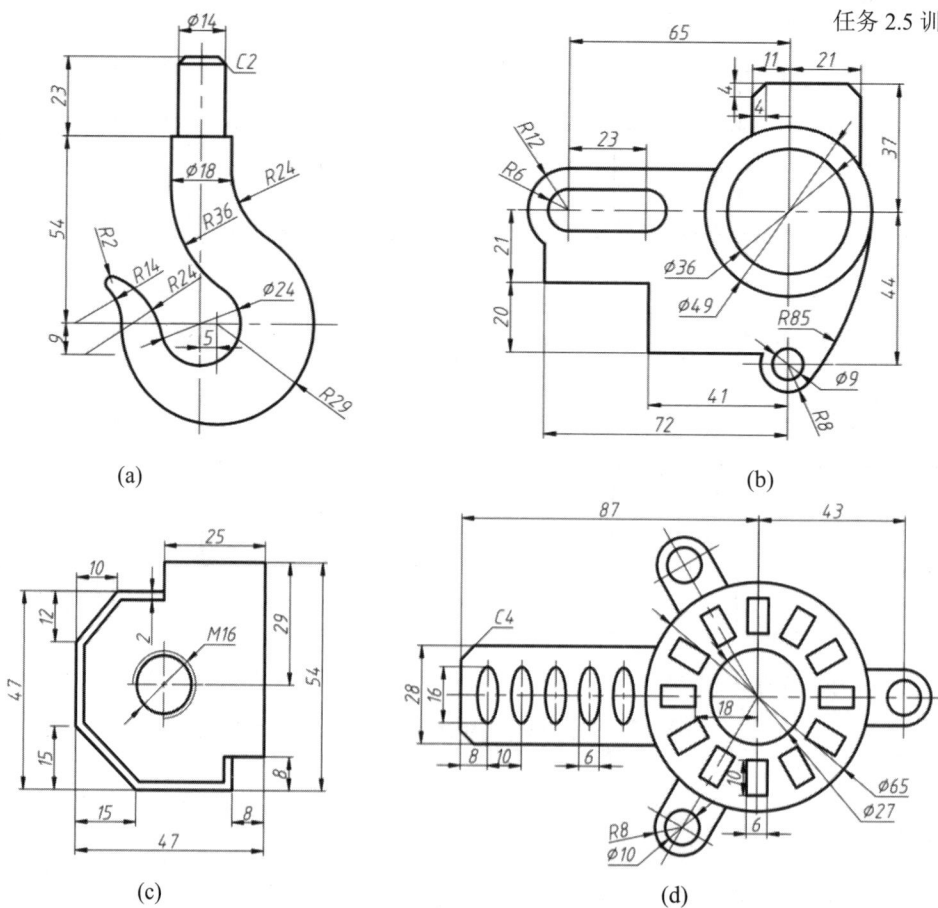

图 2-54　任务 2.5 训练

任务 2.6 绘 制 棘 轮

任务描述

运用中望 CAD 教育版绘制如图 2-55 所示的棘轮。

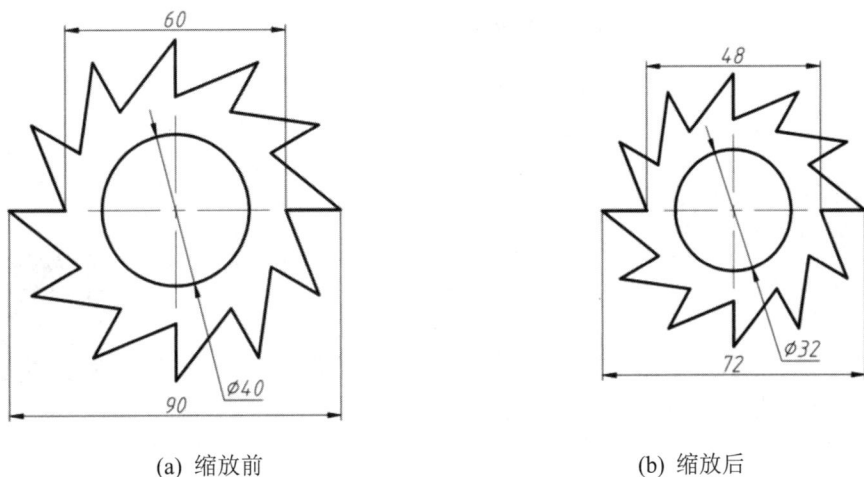

(a) 缩放前   (b) 缩放后

图 2-55 棘轮

任务分析

图 2-55 所示棘轮可采用"圆""定数等分圆""直线""环形阵列""复制"和"缩放"等命令完成绘制。

知识链接

1. 点样式

1) 输入命令

(1) 菜单栏：选择"格式"→"点样式"命令。

(2) 命令行：输入 ddptype。

2) 操作格式

中望 CAD 教育版提供了 20 种不同样式的点，可以根据任务需要进行设置。执行"点样式"命令后，系统自动打开"点样式"对话框，如图 2-56 所示。此外，还能通过"点大小"文本框指定点的大小，点的大小既可以相对于屏幕大小来设置，也可直接输入点的绝对尺寸。

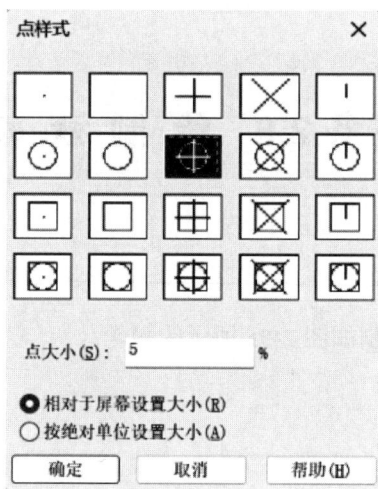

图 2-56　"点样式"对话框

2. 点命令

1) 单点和多点

(1) 输入命令。

① 工具栏：在"绘图"工具栏中单击"点"按钮 :: 。

② 菜单栏：选择"绘图"→"点"→"单点/多点"命令。

③ 命令行：输入 point。

点命令

(2) 操作格式。

为圆创建象限点，如图 2-57 所示，执行"多点"命令后，命令行提示如下：

命令：point

指定点定位或[设置(S)/多次(M)]：_m

指定点定位或[设置(S)]：(打开"对象捕捉"勾选"象限点"，拾取左象限点)

指定点定位或[设置(S)]：(拾取右象限点)

指定点定位或[设置(S)]：(拾取上象限点)

指定点定位或[设置(S)]：(拾取下象限点)

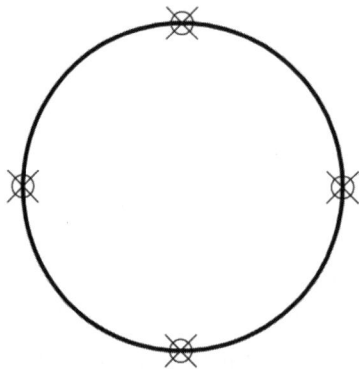

图 2-57　点命令示例

2) 定数等分

定数等分命令用于按照指定的等分数目等分对象，对象被等分的结果仅仅是在等分点处放置了点的标记符号，而源对象并没有被等分为多个对象。

(1) 输入命令。

① 菜单栏：选择"绘图"→"点"→"定数等分"命令。

② 命令行：输入 divide(快捷命令：DIV)。

(2) 操作格式。将长度为 100 的线段定数等分为 5 等份，如图 2-58(a)所示，执行"定数等分"命令后，命令行提示如下：

命令：divide

选取分割对象：(单击线段)

输入分段数或[块(B)]：(输入 5，按 Enter 键确认)

3) 定距等分

定距等分命令用于按照指定的等分距离等分对象，对象被等分的结果仅仅是在等分点处放置了点的标记符号，而源对象并没有被等分为多个对象。

(1) 输入命令。

① 菜单栏：选择"绘图"→"点"→"定距等分"命令。

② 命令行：输入 measure(快捷命令：ME)。

(2) 操作格式。将长度为 100 的线段以长度为 30 的距离进行定距等分，如图 2-58(b)所示，执行"定距等分"命令后，命令行提示如下：

命令：measure

选取量测对象：(单击线段)

指定分段长度或[块(B)]：(输入 30，按 Enter 键确认)

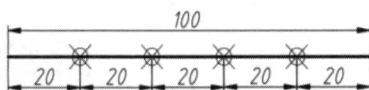

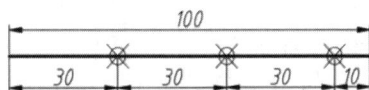

(a) 定数等分　　　　　　　　　　　　　　　　(b) 定距等分

图 2-58　定数等分和定距等分示例

3. 复制命令

复制命令用于复制单个或多个相同对象。

1) 输入命令

(1) 工具栏：在"修改"工具栏中单击"复制"按钮 。

(2) 菜单栏：选择"修改"→"复制"命令。

(3) 命令行：输入 copy(快捷命令：CO/CP)。

复制命令

2) 操作格式

用"复制"命令创建如图 2-59 所示的矩形线性阵列，命令行提示如下：

命令：copy

选择对象：(选择矩形)

指定对角点：找到 3 个

选择对象：(按 Enter 键确认)

当前设置：复制模式＝多个

指定基点或[位移(D)/模式(O)] <位移>：(单击矩形中心点)

指定第二个点或[阵列(A)/等距(E)/等分(I)/沿线(P)] <使用第一点当做位移>：(输入 E，按 Enter 键确认)

指定需要复制的数量：(输入 3，按 Enter 键确认)

指定第二个点或[调整复制数量(N)]：(输入 40，按 Enter 键确认)

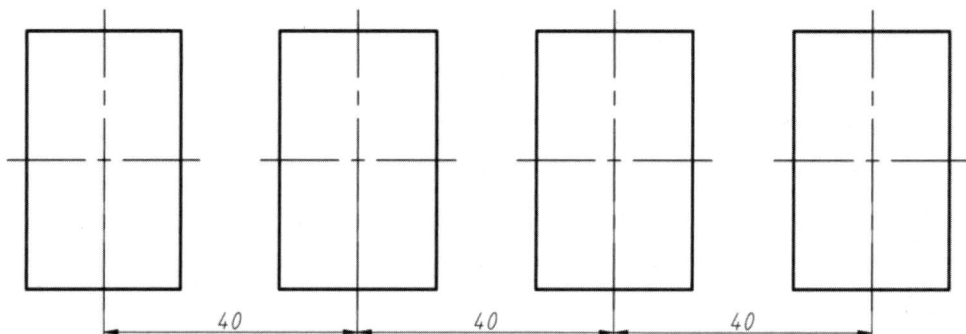

图 2-59　复制示例

❖ **注意**

(1) "复制"命令支持对简单的单一对象(集)的复制，如直线、圆、圆弧、多段线、样条曲线和单行文字等，同时也支持对复杂对象(集)的复制，如关联填充、块/多重插入块、多行文字、外部参照、组对象等。

(2) 使用"复制"命令可在一个图样文件中进行多次复制。如果要在不同图样文件之间进行复制，应采用"Ctrl＋C"和"Ctrl＋V"，将对象复制粘贴到图样中。

4. 缩放命令

缩放命令用于将对象进行等比例放大或缩小，使用此命令可以创建形状相同、大小不同的图形结构。

缩放命令

1) 输入命令

(1) 工具栏：在"修改"工具栏中单击"缩放"按钮 ⬚。

(2) 菜单栏：选择"修改"→"缩放"命令。

(3) 命令行：输入 scale(快捷命令：SC)。

2) 操作格式

用"缩放"命令完成如图 2-60 所示的图形，命令行提示如下：

命令：scale

选择对象：(选择矩形)

选择对象：(按 Enter 键确认)

指定基点：(单击 A 点)

指定缩放比例或[复制(C)/参照(R)] <0.8>：(输入 R，按 Enter 键确认)

指定参照长度 <1>：（单击 *A* 点）

请指定第二点获取距离：（单击 *B* 点）

指定新长度或[点(P)]<1>：（单击 *C* 点）

(a) 缩放前　　　　　　　　　　　　　(b) 缩放后

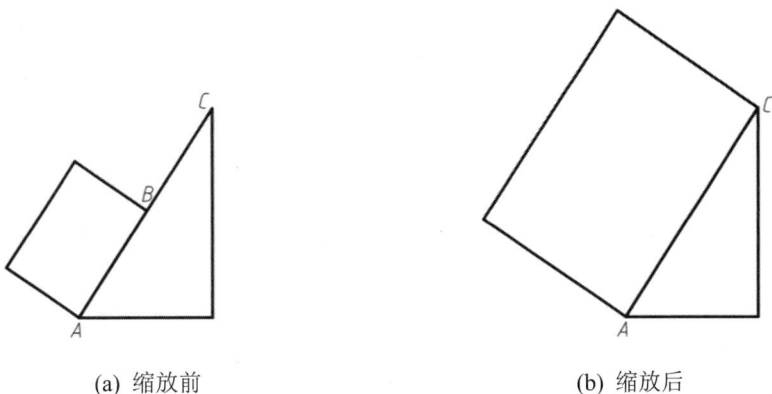

图 2-60　缩放示例

❖ **注意**

(1) "缩放"命令真正改变了图形的大小，和图形显示中"缩放(ZOOM)"命令的缩放不同，图形显示中的缩放命令只改变图形在屏幕上的显示大小，图形本身大小没有任何变化。

(2) 采用比例因子缩放时，比例因子为 1 时，图形大小不变；小于 1 时，图形将缩小；大于 1 时，图形将会放大。

任务实施

1. 绘制棘轮

(1) 利用"圆"命令，绘制ϕ40、ϕ60、ϕ90 的同心圆。

绘制棘轮

(2) 利用"定数等分"命令等分圆，如图 2-61(a)所示，命令行提示如下：

命令：divide

选取分割对象：（单击ϕ60 圆）

输入分段数或[块(B)]：（输入 12，按 Enter 键确认）

(按空格键或 Enter 键，重复"定数等分"命令)

选取分割对象：（单击ϕ90 圆）

输入分段数或[块(B)]：（输入 12，按 Enter 键确认）

(3) 使用"直线"命令完成一个轮齿的连接，如图 2-61(b)所示。执行"环形阵列"命令，完成棘轮轮齿的完整绘制，如图 2-61(c)所示，命令行提示如下：

命令：arraypolar

选择对象：（选择绘制好的轮齿）

选择对象：（按 Enter 键确认）

选择对象：类型=环形　关联=是

指定阵列的中心点或[基点(B)/旋转轴(A)]：（单击鼠标左键拾取圆心）

选择夹点以编辑阵列或[关联(AS)/基点(B)/项目(I)/项目间角度(A)/填充角度(F)/行(ROW)/层(L)/旋转项目(ROT)/退出(X)] <退出>：(输入 I，按 Enter 键完成阵列)

输入项目数<6>：(输入 12，按 Enter 键确认)

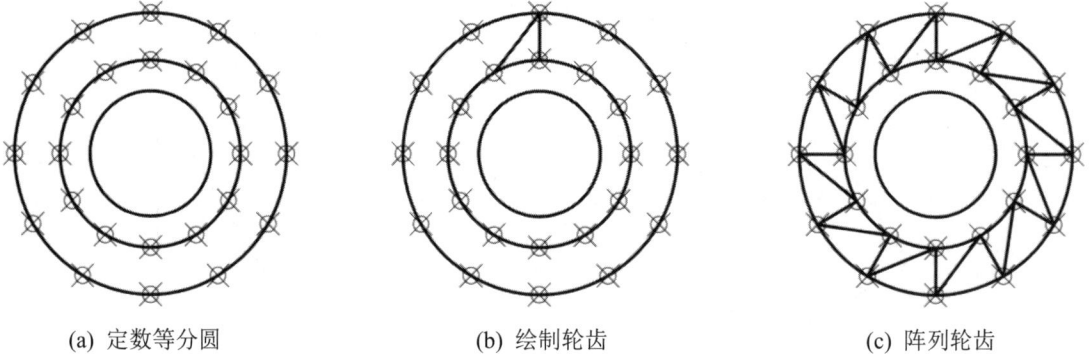

(a) 定数等分圆　　　　　　　(b) 绘制轮齿　　　　　　　(c) 阵列轮齿

图 2-61　棘轮绘制过程

阵列的项目数也可采用下列方法修改：选中阵列对象，弹出"特性"选项板，在"其他"特性中选择"项数"，将默认的项数 6 改为 12，如图 2-62 所示。

在菜单栏单击"格式"，选择"点样式"命令，系统自动打开"点样式"对话框，选择"空"样式，如图 2-63 所示。删除多余线条即可完成图 2-55(a)的绘制。

图 2-62　"特性"选项板的"其他"特性　　　图 2-63　"点样式"对话框

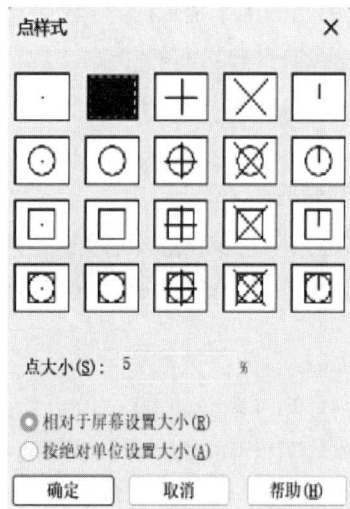

2. 缩放棘轮

缩放棘轮的命令行提示如下：

命令：copy

选择对象：(选中棘轮)

指定对角点：找到 27 个

选择对象：(按 Enter 键确认)

指定基点或[位移(D)/模式(O)]<位移>：(单击棘轮中心点)

指定第二个点或[阵列(A)/等距(E)/等分(I)/沿线(P)]<使用第一点当作位移>：(光标向右移动，单击一点确定)

命令：scale

选择对象：(选中棘轮)

选择对象：(按 Enter 键确认)

指定基点：(单击棘轮中心点)

指定缩放比例或[复制(C)/参照(R)]<1>：(输入 0.8，按 Enter 键确认)

　　按照上述步骤即可完成如图 2-55(b)棘轮的绘制。

任务评价

　　如表 2-6 所示，从绘图能力和职业能力两个方面，根据学生自评、组内互评、教师综合评价将各项得分填入表中。

表 2-6　任务 2.6 评价表

	评价内容	分值	学生自评 (10%)	组内互评 (20%)	教师综合评价 (70%)
绘图能力	绘图命令	30			
	修改命令	30			
	状态栏工具按钮	10			
	成图	10			
职业能力	查阅资料　团队合作 练习态度　拓展学习	20			
	总分	100			

拓展训练

　　绘制如图 2-64 所示的图形，不标注尺寸。

任务 2.6 训练

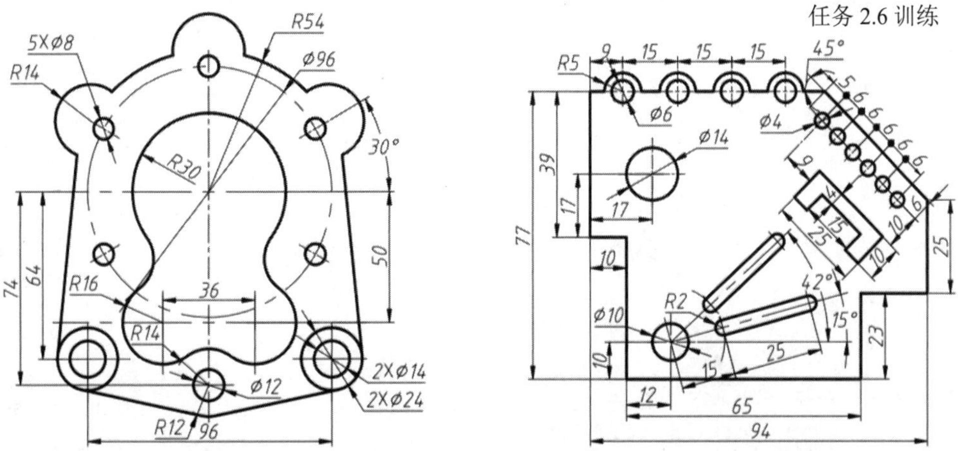

(a)　　　　　　　　　　　(b)

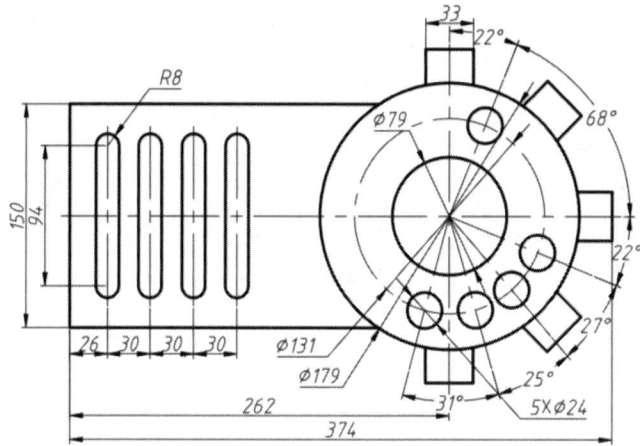

(c)

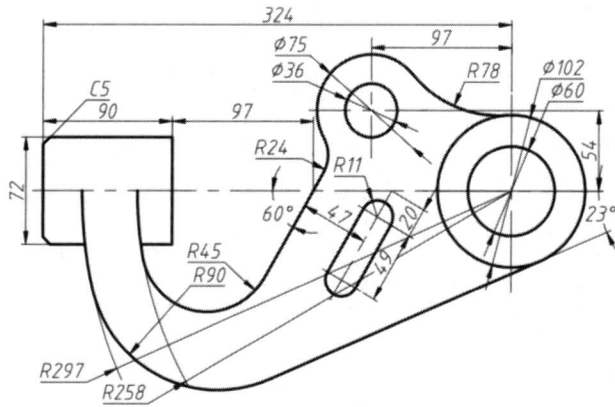

(d)

图 2-64 任务 2.6 训练

项目 3

视 图 绘 制

项目概述

中望 CAD 教育版不仅为用户提供了丰富的创建二维图形的工具,使用户可以快速高效创建、编辑和修改图形,而且提供了灵活方便的尺寸标注样式。本项目以轴承座、法兰、底座和支架为例,介绍三视图、半剖视图、旋转剖视图、断面图等的绘制方法和尺寸标注方法,提高综合运用绘图、修改和尺寸标注命令的能力。

本项目的任务逻辑如图 3-1 所示。

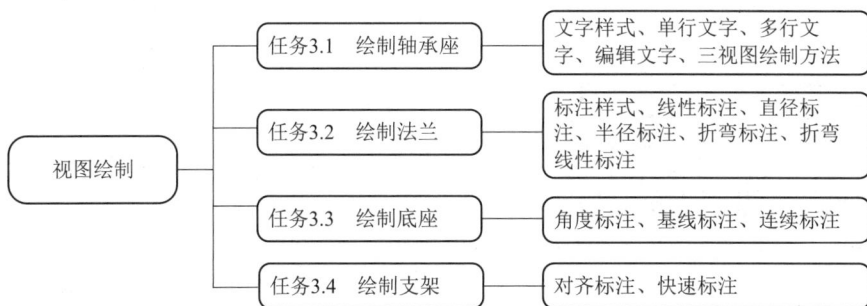

```
                    ┌─ 任务3.1  绘制轴承座 ──  文字样式、单行文字、多行文
                    │                         字、编辑文字、三视图绘制方法
                    │
                    │                         标注样式、线性标注、直径标
                    ├─ 任务3.2  绘制法兰 ───  注、半径标注、折弯标注、折弯
   视图绘制 ─────────┤                         线性标注
                    │
                    ├─ 任务3.3  绘制底座 ───  角度标注、基线标注、连续标注
                    │
                    └─ 任务3.4  绘制支架 ───  对齐标注、快速标注
```

图 3-1　项目 3 任务逻辑

项目目标

知识目标

1. 掌握状态栏常用工具按钮的功能、三视图的绘制方法。
2. 掌握文字样式和标注样式的设置方法及各类尺寸的标注方法。

技能目标

能综合并灵活运用相关绘图、修改命令绘制轴承座、法兰、底座和支架视图,并熟练运用标注命令进行视图尺寸标注。

素养目标

通过视图绘制,进一步强化绘图技能,不断实现自我提升、自我完善的能力。

任务 3.1　绘 制 轴 承 座

任务描述

运用中望 CAD 教育版绘制如图 3-2 所示的轴承座三视图。

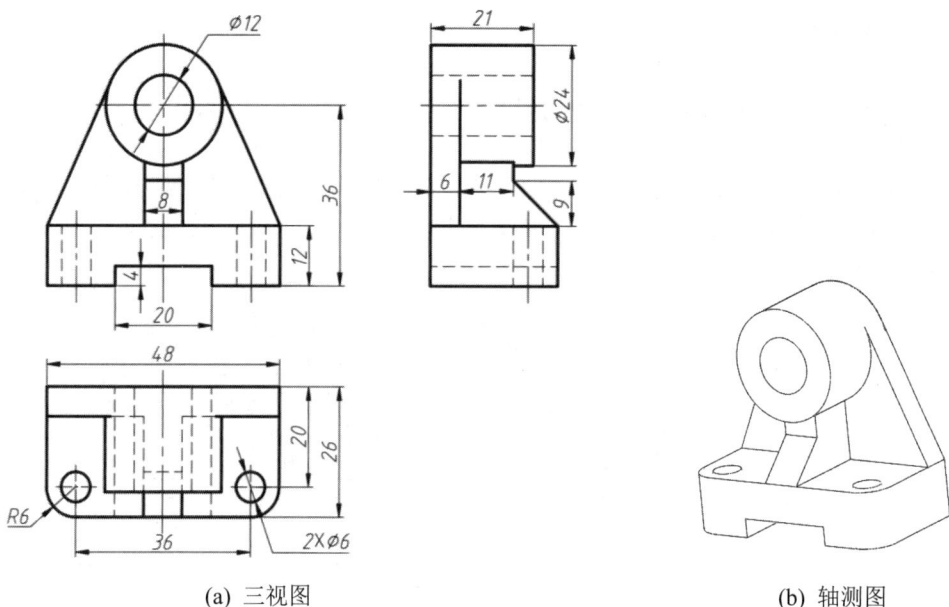

(a) 三视图

(b) 轴测图

图 3-2　轴承座

任务分析

图 3-2 所示轴承座由上面的空心圆柱体、下面的底板、中间的支承板和筋板四部分构成，可采用"直线""圆""圆弧""圆角""修剪""偏移"等命令，根据三视图三等关系采用正交模式，并利用"对象捕捉""对象捕捉追踪"完成三视图绘制。

知识链接

1. 文字样式

文字样式是对同一类文字格式设置的集合，包括字体、高度等。在标注文字前，应首先设置文字样式，指定字体的样式、字高等，然后用定义好的文字样式来书写文字。

1) 输入命令

(1) 工具栏：在"文字"工具栏中单击"文字样式"按钮 A。

文字样式

(2) 菜单栏：选择"格式"→"文字样式"命令。

(3) 命令行：输入 style(快捷命令：ST)。

2) 操作格式

按照机械制图关于文字书写的国标要求，设置文字样式，具体步骤如下：

(1) 在"文字"工具栏中单击"文字样式"按钮，系统弹出"文字样式管理器"对话框，如图 3-3 所示。

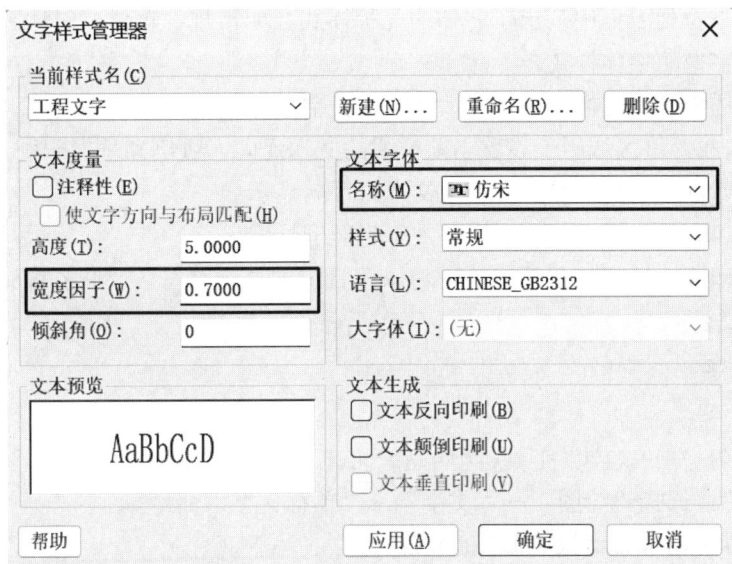

图 3-3 "文字样式管理器"对话框

(2) 单击"新建"按钮，系统打开"新建文字样式"对话框，输入样式名字如"工程文字"，单击"确定"按钮退出，如图 3-4 所示。

(3) 系统返回"文字样式管理器"对话框，在"文本字体"区域"名称"下拉列表框中选择"仿宋"选项，在"文本度量"区域"高度"文本框中设置文字高度为 5，在"宽度因子"文本框中将宽度比例设置为 0.7，单击"应用"按钮，再单击"确定"按钮，完成新样式设置，如图 3-3 所示。

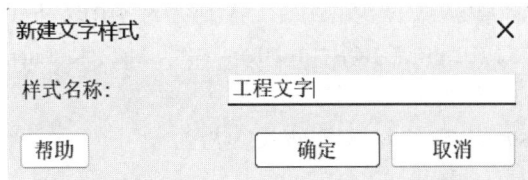

图 3-4 "新建文字样式"对话框

"文字样式管理器"对话框中各选项功能：

① 当前样式名。该区域用于设定样式名称，在下拉列表中可以显示文件样式的名称、创建新的文字样式、删除文件样式和已有文字样式的重命名等选项。

② 文本度量。该区域用于设置当前样式的文本高度、宽度因子、倾斜角。

高度：该文本框用于设置当前字型的字符高度。

宽度因子：该文本框用于设置字符的宽度因子，即字符宽度与高度之比。

倾斜角：该文本框用于设置文本的倾斜角度。

③ 文本预览。该区域用于预览当前字型的文本效果。

④ 文本字体。该区域用于设置当前样式的字体、字体格式、字体高度。

名称：该下拉列表框中列出了 Windows 系统的 TrueType(TTF)字体与中望 CAD 系统库里的字体。可在此选一种需要的字体作为当前样式的字体。

样式：该下拉列表框中列出了字体的几种样式，如常规、粗体、斜体等，可任选一种样式作为当前字型的字体样式。

大字体：选中该复选框，可使用大字体定义字型。

⑤ 文本生成。该区域用于设置当前样式的文本反向、颠倒和垂直印刷。

文本反向印刷：选择该复选框后，文本将反向显示。

文本颠倒印刷：选择该复选框后，文本将颠倒显示。

文本垂直印刷：选择该复选框后，将以垂直方式显示字符。"TrueType"字体不能设置为垂直书写方式。

2. 单行文字

1) 输入命令

(1) 工具栏：在"文字"工具栏中单击"单行文字"按钮 A-| 。

(2) 菜单栏：选择"绘图"→"文字"→"单行文字"命令。

(3) 命令行：输入 text(快捷命令：DT)。

单行文字

2) 操作格式

用"单行文字"命令创建"中望 CAD 项目教程"，如图 3-5 所示，命令行提示如下：

命令：text

当前文字样式："Standard"　文字高度：2.5 注释性：否

指定文字的起点或[对正(J)/样式(S)]：(输入 S，按 Enter 键确认)

输入文字样式或[?] <Standard>：(输入"工程文字(见文字样式设置)，按 Enter 键确认)

指定文字的起点或[对正(J)/样式(S)]：(输入 J，按 Enter 键确认)

输入选项 [对齐(A)/布满(F)/居中(C)/中间(M)/左对齐(L)/右对齐(R)/左上(TL)/中上(TC)/右上(TR)/左中(ML)/正中(MC)/右中(MR)/左下(BL)/中下(BC)/右下(BR)]：(输入 MC，按 Enter 键确认)

指定文字中心点：(拾取矩形中心)

指定文字的旋转角度 <0>：　(输入 0，按 Enter 键确认)

输入文字：中望 CAD 项目教程

中望CAD项目教程

图 3-5　单行文字示例

3. 多行文字

1) 输入命令

(1) 工具栏：在"绘图"/"文字"工具栏中单击"多行文字"按钮。

(2) 菜单栏：选择"绘图"→"文字"→"多行文字"命令。

(3) 命令行：输入 mtext(快捷命令：MT、T)。

多行文字

2) 操作格式

利用"多行文字"命令创建如图 3-6 所示的多行文字，命令行提示如下：

命令：mtext

当前文字样式："Standard"　文字高度：2.5　注释性：否

指定第一个角点：(在绘图区合适位置单击一点)

指定对角点或[对齐方式(J)/行距(L)/旋转(R)/样式(S)/字高(H)/方向(D)/字宽(W)/栏(C)]：(输入 S，选择文字样式，按 Enter 键确认)

输入文字样式或[?] < Standard >：(输入"工程文字"(见文字样式设置)，按 Enter 键确认)

指定对角点或[对齐方式(J)/行距(L)/旋转(R)/样式(S)/字高(H)/方向(D)/字宽(W)/栏(C)]：(拾取另一点)

系统打开多行文字编辑器，在"文字高度"文本框中输入数值 5，然后输入文字；选中文字"技术要求"，然后在"文字高度"文本框中输入数值 7，按 Enter 键确定，结果如图 3-6 所示。

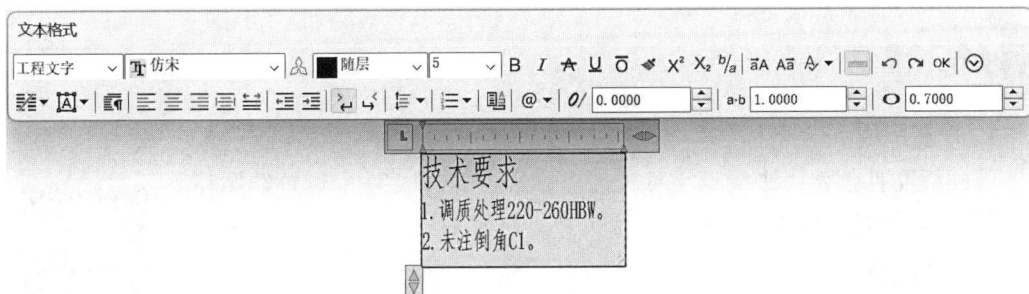

图 3-6　多行文字示例

❖ 注意

(1) mtext 命令与 text 命令有所不同。使用 mtext 命令输入的多行段落文本是一个实体，只能对其进行整体选择、编辑；text 命令也可以输入多行文本，但每一行文本单独作为一个实体，可以分别对每一行进行选择、编辑。mtext 命令标注的文本可以忽略字型的设置，只要在文本格式中选择了某种字体，那么不管当前的字型设置采用何种字体，标注文本都将采用所选择的字体。

(2) 若要修改已标注的 mtext 文本，可在选取该文本后单击鼠标右键，在弹出的快捷菜单中选择"快捷特性"项，即弹出"多行文字"对话框，在此可进行文本修改。

(3) 输入文本的过程中，可对单个或多个字符进行不同的字体、高度、加粗、倾斜、下划线、上划线等设置，这点与一般字处理软件相同。

4. 编辑文字

1) 输入命令

(1) 工具栏：在"文字"工具栏中单击"编辑文字"按钮  。

(2) 菜单栏：选择"修改"→"对象"→"文字编辑"命令。

(3) 命令行：输入 ddedit(快捷命令：ED)。

(4) 鼠标：双击文字。

编辑文字

2) 操作格式

利用"编辑文字"命令编辑文本，命令行提示如下：

> 命令：ddedit
>
> 选择注释对象或[放弃(U)/模式(M)]：(选择要编辑的文本)

选择要编辑的文本时，如果选择的是单行文字，则先选择该文本，再对其进行修改；如果选择的是多行文字，则选择对象后，系统会自动打开文字编辑器，进行修改。

5. 三视图绘制方法

(1) 三视图对应关系一定要保证三等关系：长对正、高平齐、宽相等。

(2) 为了实现三视图的三等关系，在中望 CAD 教育版中就要灵活运用"对象捕捉"和"对象捕捉追踪"(尤其是临时追踪点)功能和辅助的构造线。

(3) 除可以使用绘制辅助线的方法外，对于有些三视图，还可以根据物体的所有形状特征，首先绘制两个视图，再使用"复制"后"旋转"的方法，绘制第三视图。

任务实施

1. 设置图层

用样板文件创建一个图形文件或者新建一个绘图文件，设置绘图环境，包括图层的颜色、线型、线宽等。

2. 绘制视图

在状态栏打开正交模式(快捷键 F8)、对象捕捉(快捷键 F3)、对象捕捉追踪(快捷键 F11)，显示线宽。同时，设置对象捕捉类型为端点、圆心、交点、延伸、切点。

绘制轴承座

1) 绘制主要基准线

将中心线图层置为当前图层，利用"直线""偏移""夹点编辑"命令绘制三视图的主要基准线，主要包括长度、宽度和高度方向的基准线，上部空心圆柱体的中心线，两个 $\phi 6$ 圆柱孔的中心线，如图 3-7(a)所示。

2) 绘制底板三视图

(1) 底板主视图绘制。将轮廓线图层置为当前图层，利用"对象捕捉""对象捕捉追踪"及"矩形"命令绘制 48×12 矩形，在底板底面处绘制 20×4 矩形，利用"修剪"命令修剪掉 20×4 矩形底边。

(2) 底板俯视图绘制。在俯视图上绘制 48×26 矩形，利用"圆角"命令绘制 2 个 R6

圆角，利用"圆"命令绘制 2 个 $\phi6$ 圆；将虚线图层置为当前图层，根据三等关系(长对正)在俯视图上利用"对象捕捉""对象捕捉追踪"及"直线"命令绘制底板 20×4 凹槽的两条虚线(水平面投影)。

(3) 底板左视图绘制。根据三等关系(高平齐)在左视图上利用"矩形"命令绘制 26×12 矩形；将虚线图层置为当前图层，利用"偏移""修剪"命令绘制 $\phi6$ 圆柱孔的左视图投影，根据三等关系(高平齐)在左视图上利用"直线"命令绘制底板 20×4 凹槽的投影(水平虚线)，如图 3-7(b)所示。

3) 绘制空心圆柱体三视图

(1) 圆柱体主视图绘制。将轮廓线图层置为当前图层，在主视图上利用"对象捕捉"和"圆"命令绘制 $\phi12$ 及 $\phi24$ 圆。

(2) 圆柱体俯视图绘制。根据三等关系(长对正)在俯视图上利用"对象捕捉追踪""对象捕捉"及"直线"命令绘制 $\phi24$ 圆柱体投影；将虚线图层置为当前图层，根据三等关系(长对正)在俯视图上绘制截面为 $\phi12$ 圆柱的投影(虚线)。

(3) 圆柱体左视图绘制。根据三等关系(高平齐)在左视图上利用"对象捕捉""对象捕捉追踪""矩形"命令绘制 21×24 矩形；将虚线图层置为当前图层，根据三等关系(高平齐)在左视图上利用"对象捕捉""直线"命令绘制横截面为 $\phi12$ 圆柱的投影(虚线)，如图 3-7(c)所示。

4) 绘制支承板三视图

(1) 支承板主视图绘制。将轮廓线图层置为当前图层，在主视图上利用"对象捕捉"和"直线"命令绘制支承板的正面投影。

(2) 支承板俯视图绘制。根据三等关系(长对正)在俯视图上利用"对象捕捉追踪""对象捕捉"及"直线""修剪"命令绘制支承板的水平面投影。

(3) 支承板左视图绘制。根据三等关系(高平齐)在左视图上利用"对象捕捉""对象捕捉追踪""直线""修剪"命令绘制支承板的投影，如图 3-7(d)所示。

5) 绘制筋板三视图

(1) 筋板主视图绘制。将轮廓线图层置为当前图层，在主视图上利用"对象捕捉""直线"和"镜像"命令绘制筋板的正面投影。

(2) 筋板俯视图绘制。根据三等关系(长对正)在俯视图上利用"对象捕捉追踪""对象捕捉"及"直线""修剪""镜像"和"打断于点"命令绘制筋板的水平面投影。

(3) 筋板左视图绘制。根据三等关系(高平齐)在左视图上利用"对象捕捉""对象捕捉追踪""直线"和"修剪"命令绘制筋板的投影，如图 3-7(e)所示。

绘制完成后，检查整理图线，删除多余辅助线，如图 3-7(f)所示。

❖ **注意**

使用"对象捕捉追踪""对象捕捉"命令绘制三视图时，由于要保证长对正、高平齐，画直线前需要先确保"正交模式"处于打开状态，或者在绘制过程中发现直线不是水平、垂直的，可使用快捷键 F8 打开正交模式。

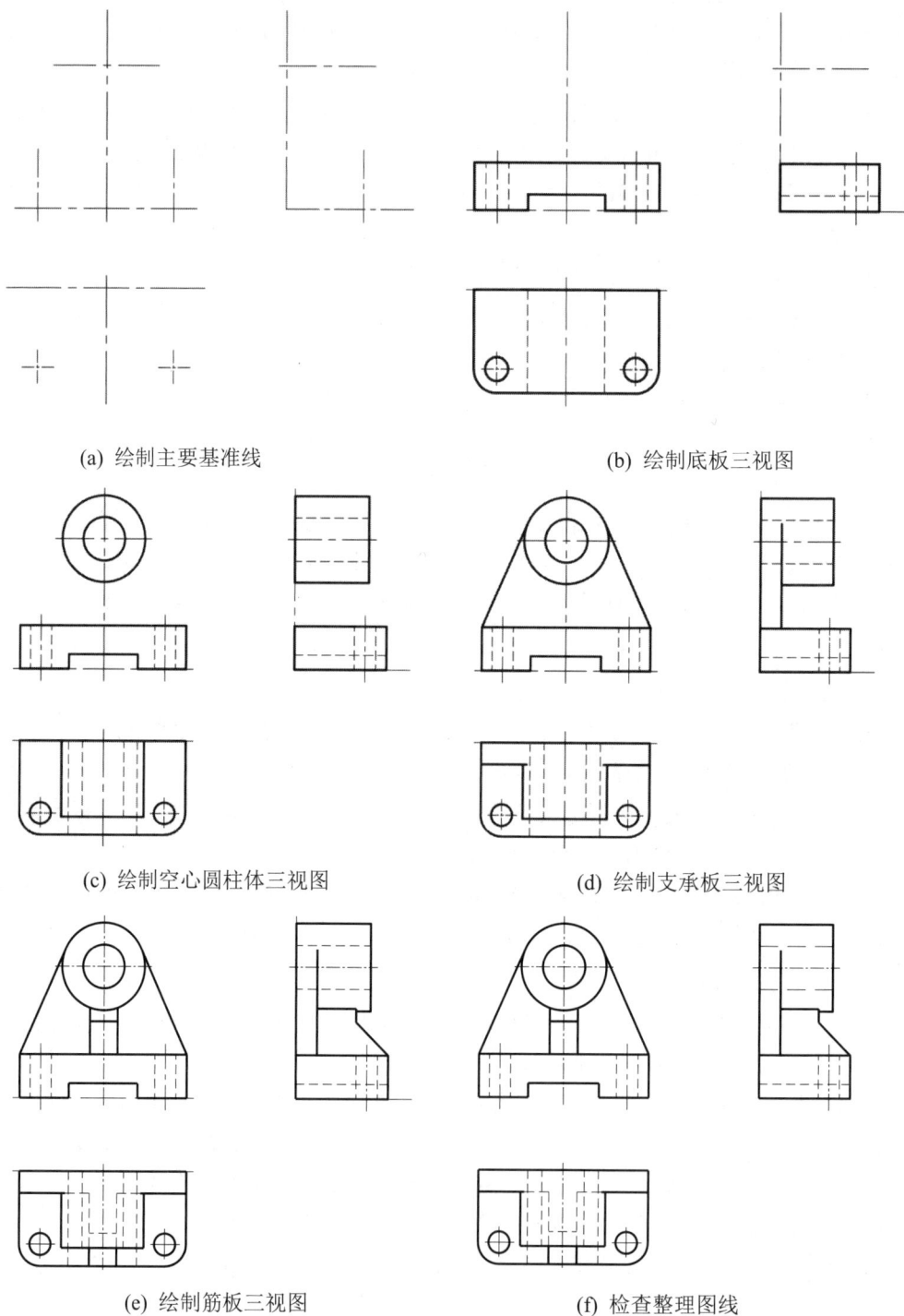

(a) 绘制主要基准线　　　　　　　　　　　　　(b) 绘制底板三视图

(c) 绘制空心圆柱体三视图　　　　　　　　　　(d) 绘制支承板三视图

(e) 绘制筋板三视图　　　　　　　　　　　　　(f) 检查整理图线

图 3-7　轴承座绘制过程

任务评价

　　如表 3-1 所示，从绘图能力和职业能力两个方面，根据学生自评、组内互评、教师综

合评价，将各项得分填入表中。

表 3-1 任务 3.1 评价表

评价内容		分值	学生自评 (10%)	组内互评 (20%)	教师综合评价 (70%)
绘图 能力	图层设置	10			
	主视图绘制	20			
	俯视图绘制	20			
	左视图绘制	20			
	成图	10			
职业 能力	查阅资料 团队合作 练习态度 拓展学习	20			
总 分		100			

拓展训练

绘制如图 3-8 所示的图形，不标注尺寸。

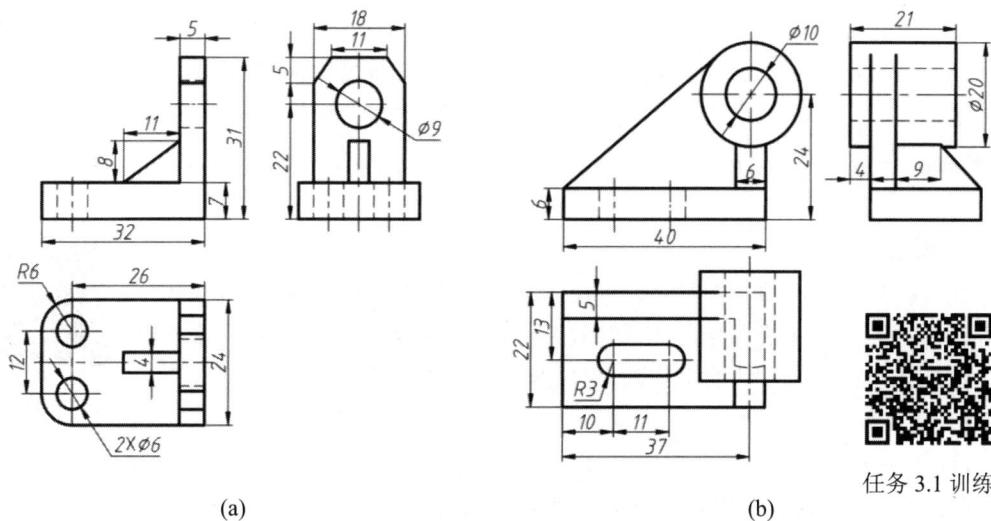

(a)   (b)

任务 3.1 训练

图 3-8 任务 3.1 训练

任务 3.2 绘 制 法 兰

任务描述

运用中望 CAD 教育版绘制如图 3-9 所示的法兰视图，并标注尺寸。

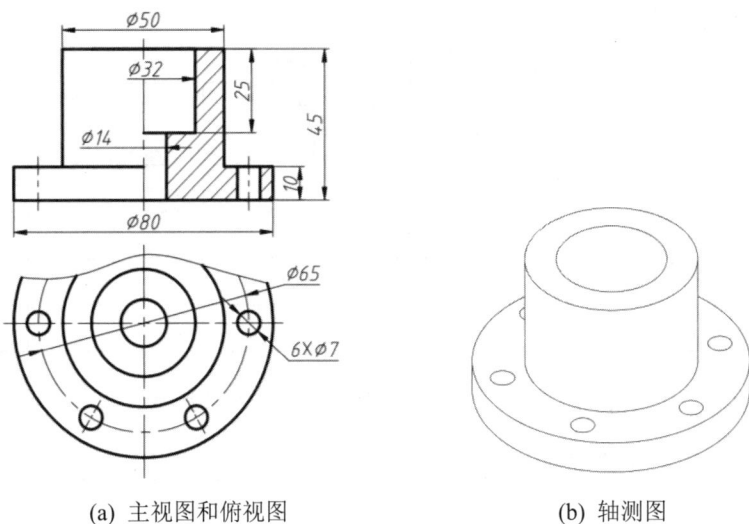

(a) 主视图和俯视图　　　　　　　　(b) 轴测图

图 3-9　法兰

任务分析

图 3-9(a)所示的法兰视图由两个基本视图构成,主视图采用半剖视图,俯视图采用局部视图。主视图可采用"直线""偏移""镜像""修改""延伸"等命令绘制,用"图案填充"命令绘制剖面线;俯视图可采用"圆""样条曲线""修剪""环形阵列"等命令绘制,最后,用"线性""直径"标注命令完成视图尺寸标注。

知识链接

1. 标注样式

在进行尺寸标注前,应首先设置尺寸标注的格式,然后再用这种格式进行标注,这样才能获得令人满意的效果。如果开始绘制新的图形时未设置标注样式,则系统默认的格式为 ISO-25(国际标准组织)。

标注样式

1) 输入命令

(1) 工具栏:在"标注"工具栏中单击"标注样式"按钮┝┓。

(2) 菜单栏:选择"格式"/"标注"→"标注样式"命令。

(3) 命令行:输入 dimstyle(快捷命令:DDIM/DST)。

2) 操作格式

(1) 在菜单栏中单击"格式"→"标注样式",系统弹出"标注样式管理器"对话框,如图 3-10 所示。

(2) 单击"新建..."按钮,出现"新建标注样式"对话框,如图 3-11 所示,将新样式名更改为"国标标注",单击"继续"按钮,弹出"新建标注样式:国标标注"对话框,该对话框中共有 7 个选项卡,各选项卡含义如下:

① "标注线"选项卡用于设置尺寸线、尺寸界线和尺寸界线偏移的格式和属性,如图 3-12 所示。

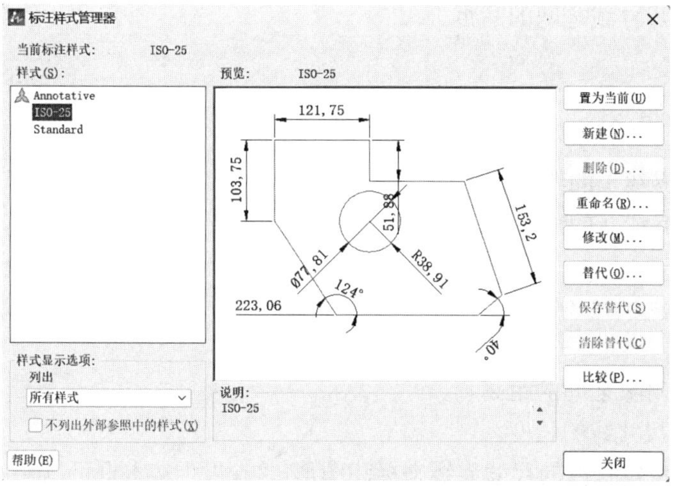

图 3-10　"标注样式管理器"对话框

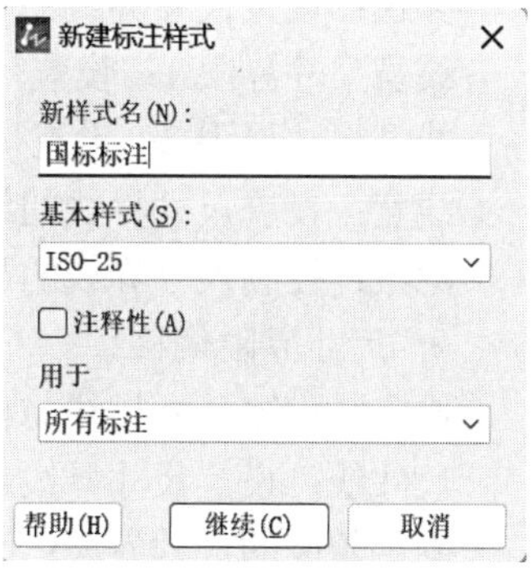

图 3-11　"新建标注样式"对话框

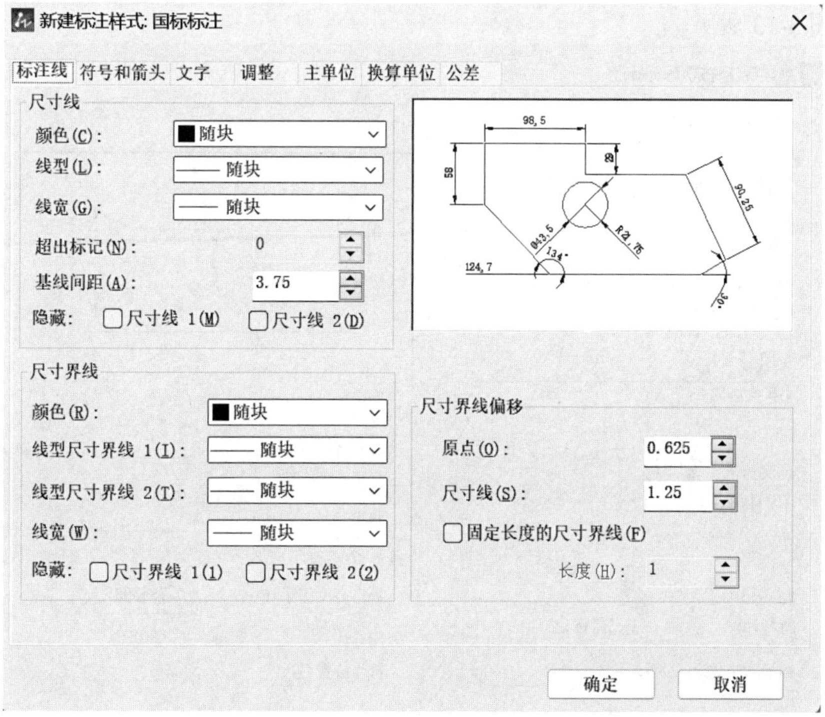

图 3-12　"标注线"选项卡

- 尺寸线。

颜色：设置标注线的颜色。

线型：设置标注线的线型。

线宽：设置尺寸线的线宽。

超出标记：在使用箭头倾斜、建筑标记等尺寸箭头时，控制尺寸线超过尺寸界线的长度。

基线间距：设置基线标注中尺寸线之间的间距。

隐藏：控制尺寸线的显示。

· 尺寸界限。

颜色：设置尺寸界线的颜色。

线型尺寸界限 1：设置尺寸界线 1 的线型。

线型尺寸界限 2：设置尺寸界线 2 的线型。

线宽：设置尺寸界线的线宽。

隐藏：控制尺寸界线的显示。

· 尺寸界限偏移。

原点：设置尺寸界线与标注对象之间的距离。

尺寸线：设置尺寸界线超出尺寸线的长度。

固定长度的尺寸界线：使用特定长度的尺寸界线来标注图形。"长度"文本框可以输入尺寸界线的数值。

②　"符号和箭头"选项卡用于设置箭头、斜叉标记、圆心标记、折断标注等的格式与位置，如图 3-13 所示。

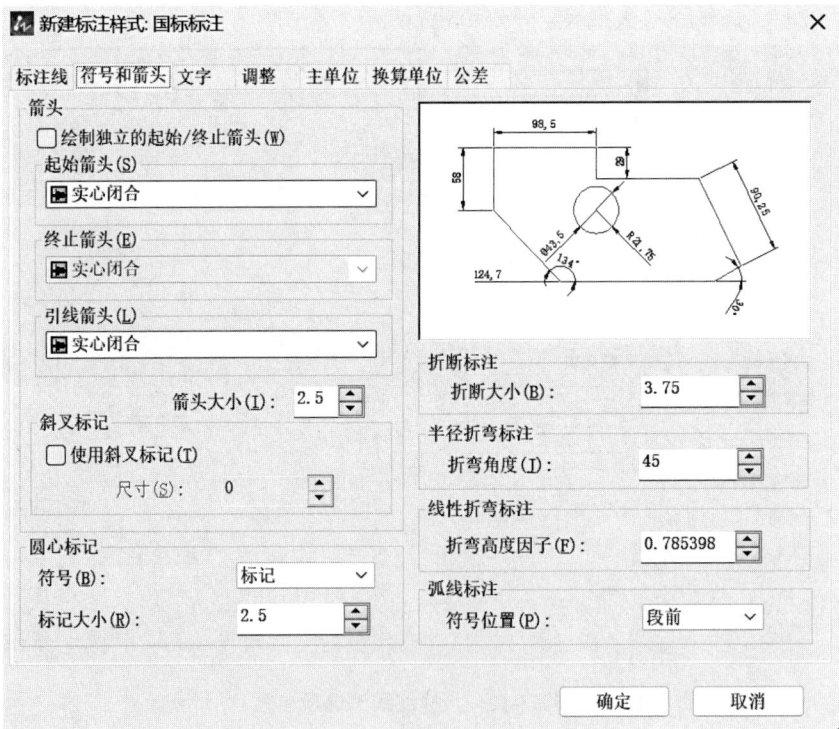

图 3-13　"符号和箭头"选项卡

· 箭头。

起始箭头：设置第一尺寸箭头的样式。

终止箭头：设置第二尺寸箭头的样式。

引线箭头：设置引线标注时引线箭头的样式。

箭头大小：设置箭头的大小。

- 斜叉标记。

斜叉标记用于选择是否使用斜叉标记。

- 圆心标记。

符号：设置圆心标记类型。

标记大小：设置圆心标记大小。

- 折断标注。

折断大小：设置标注折断时标注线的长度大小。

- 半径折弯标注。

折弯角度：设置标注圆弧半径时，标注线折弯角度大小。

- 线性折弯标注。

折弯高度因子：设置折弯标注打断时折弯线的高度大小。

- 弧线标注。

符号位置：设置弧长符号显示的位置，包括"段前""上方"和"隐藏"3 种方式。

③ "文字"选项卡用于设置尺寸文字的外观、位置及其对齐方式等，如图 3-14 所示。

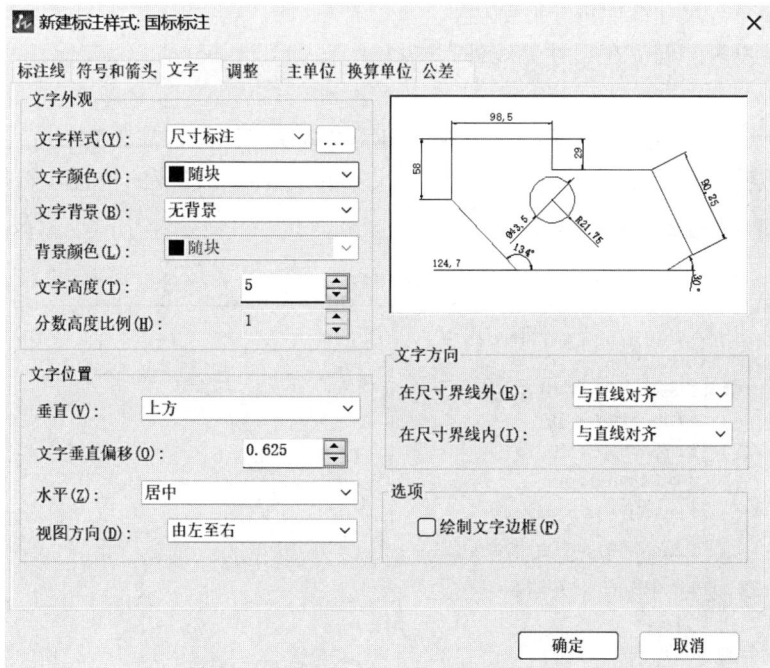

图 3-14　"文字"选项卡

- 文字外观。

文字样式：选择尺寸数字的样式。在下拉列表中选择设置好的文字样式，如"尺寸标注"，也可单击右侧按钮，在弹出的"文字样式"对话框中设置尺寸标注对应的文字样式为"gbeitc.shx"，宽度因子为"1"。

文字颜色：设置尺寸数字颜色。

文字背景：设置尺寸数字背景。

背景颜色：设置背景颜色。

文字高度：设置尺寸数字高度。

分数高度比例：设置基本尺寸中分数数字的高度。在分数高度比例文本框中输入一个数值，系统用该数值与尺寸数字高度的乘积来指定基本尺寸中分数数值高度。

• 文字位置。

垂直：设置尺寸数字相对于尺寸线垂直方向上的位置。有"置中""上方""外部""JIS"和"下方"5 个选项。

文字垂直偏移：设置尺寸数字与尺寸线之间的距离。

水平：设置尺寸数字相对于尺寸线水平方向上的位置。有"居中""第一条尺寸界线""第二条尺寸界线""第一条尺寸界线上方"和"第二条尺寸界线上方"5 个选项。

视图方向：控制标注文字的观察方向，包括"从左向右"和"从右向左"两个选项。"从左向右"即以从左向右的阅读方式放置文字，"从右向左"即以从右向左的阅读方式放置文字。

• 文字方向。

在尺寸界线外："水平"用于确定尺寸数字始终沿水平方向放置，"与直线对齐"用于确定尺寸数字与尺寸线始终平行放置。

在尺寸界线内：同"在尺寸界线外"。

• 选项。

绘制文字边框：给尺寸数字绘制边框，如尺寸数字"30"，注为 30。

④ "调整"选项卡用于设置尺寸数字、尺寸界线和尺寸箭头的位置，如图 3-15 所示。

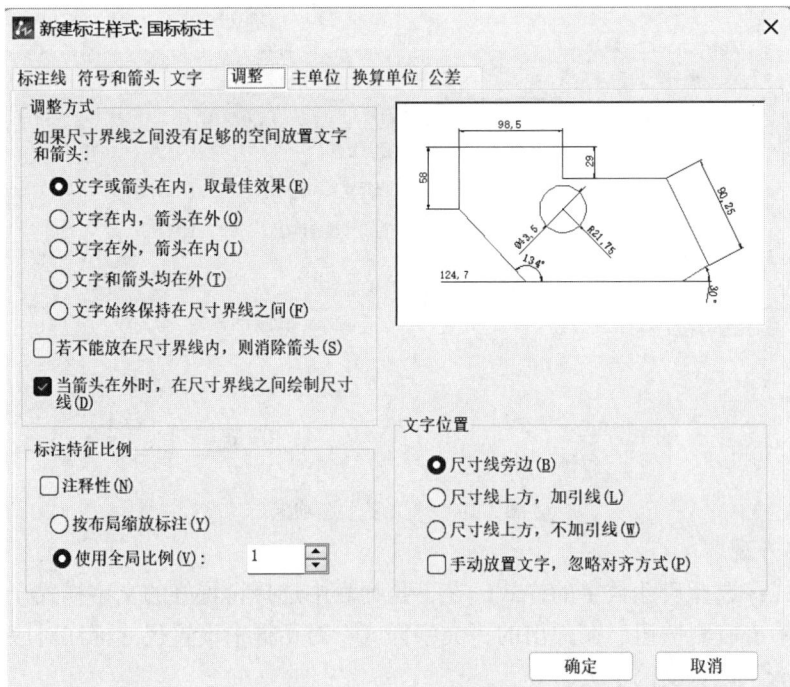

图 3-15 "调整"选项卡

- 调整方式。

调整方式区域用于调整尺寸界线、尺寸文本与尺寸箭头之间的相互位置关系。

文字或箭头在内，取最佳效果：选择一种最佳方式来安排尺寸文本和尺寸箭头的位置。

文字在内，箭头在外：当两条尺寸界线间的距离不够同时容纳文字和箭头时，首先从尺寸界线间移出箭头。

文字在外，箭头在内：当两条尺寸界线间的距离不够同时容纳文字和箭头时，首先从尺寸界线间移出文字。

文字和箭头均在外：当两条尺寸界线间的距离不够同时容纳文字和箭头时，将文字和箭头都放置在尺寸界线外。

文字始终保持在尺寸界线之间：确定文字始终放置在尺寸界线之间。

- 标注特征比例。

标注特征比例区域用于设置尺寸特征的缩放关系。

注释性：可以将标注定义成注释性对象。

按布局缩放标注：可以根据当前模型空间视口与图样之间的缩放关系设置比例。

使用全局比例：设置全部尺寸样式的比例系数，该比例不会改变标注尺寸的尺寸测量值。

- 文字位置。

文字位置区域用于设置标注文字的放置位置。

尺寸线旁边：将尺寸数字放在尺寸线旁边。

尺寸线上方，加引线：将尺寸数字放在尺寸线上方，并用引出线将文字与尺寸线相连。

尺寸线上方，不加引线：将尺寸数字放在尺寸线上方，不用引出线与尺寸线相连。

手动放置文字，忽略对齐方式：忽略尺寸数字的水平放置，将尺寸放置在指定的位置。

⑤ "主单位"选项卡用于设置标注尺寸的主单位格式，如图 3-16 所示。

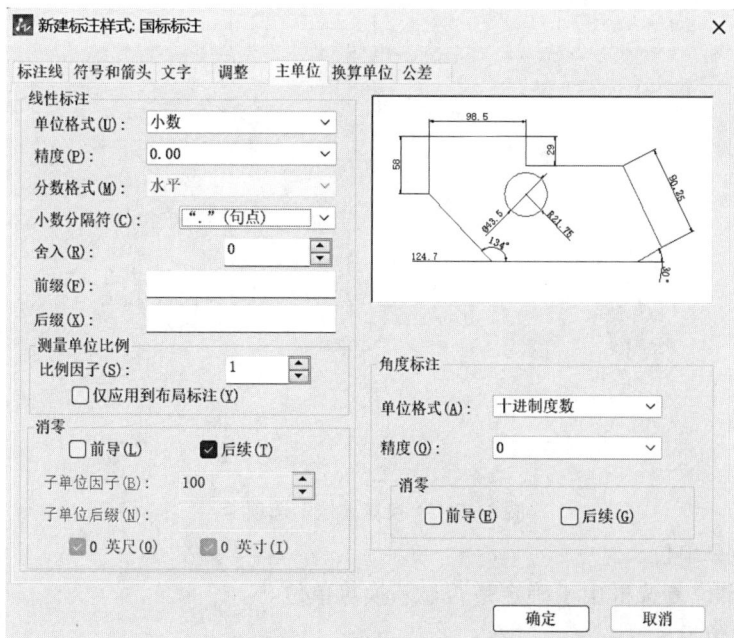

图 3-16　"主单位"选项卡

- 线性标注。

单位格式：设置线性尺寸标注的单位，默认为"小数"单位格式。

精度：设置线性尺寸标注的精度，即保留小数点后的位数。

分数格式：确定分数形式标注尺寸时的标注格式。

小数分隔符：确定小数形式标注尺寸时的分隔符形式。其中包括"句点""逗号"和"空格"3种选项，通常使用"句点"作为小数分隔符。

舍入：设置测量尺寸的舍入值。

前缀：设置尺寸数字的前缀，如标注直径，"90"加前缀"%%"后变为"ϕ90"。

后缀：设置尺寸数字的后缀，如标注公差，"ϕ30"加后缀变为"ϕ30h6"。

- 测量单位比例。

比例因子：设置尺寸测量值的比例。

仅应用到布局标注：确定是否把现行比例系数仅应用到布局标注。

- 消零。

前导：确定尺寸小数点前面的零是否显示。

后续：确定尺寸小数点后面的零是否显示。

- 角度标注。

单位格式：设置角度标注的尺寸单位，默认为"十进制度数"单位格式。

精度：设置角度标注尺寸的精度，即保留小数点后的位数。

前导/后续：确定尺寸小数点前、后的零是否显示。

⑥ "换算单位"选项卡用于设置线性标注和角度标注换算单位格式，如图3-17所示。

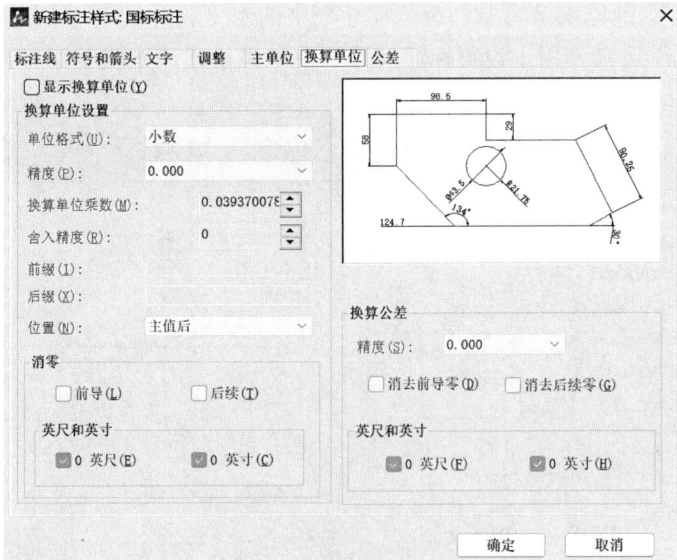

图3-17 "换算单位"选项卡

- 显示换算单位。

显示换算单位复选框用于确定是否显示换算单位。

- 换算单位设置。

换算单位设置区域用于显示换算单位时，确定换算单位的单位格式、精度、换算单位乘数、舍入精度及前缀、后缀等。

　　• 消零。

消零区域用于设置前导零和后续零以及零英尺和零英寸的显示。

　　• 换算公差。

换算公差区域用于设置换算单位的公差样式。

　　⑦ "公差"选项卡用于设置尺寸公差格式、公差值的高度和位置等，如图 3-18 所示。

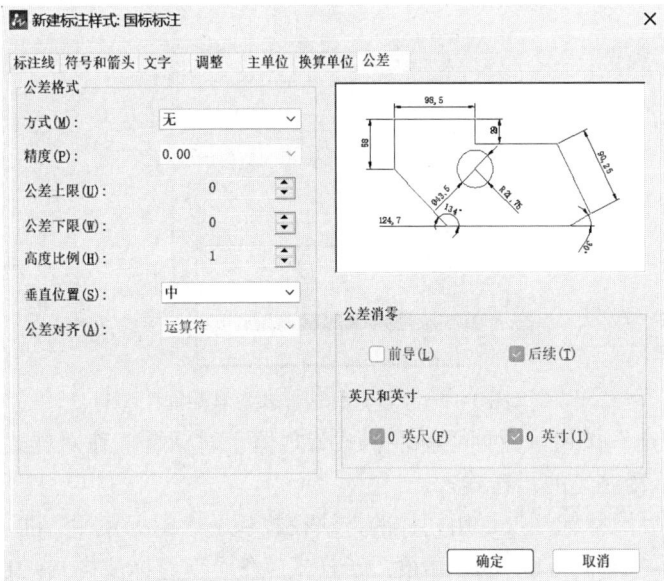

图 3-18　"公差"选项卡

　　• 公差格式。

公差格式区域用于设置公差标注的格式。

方式：设置公差标注方式，可选择"无""对称""极限偏差""极限尺寸"和"基本尺寸"等。

精度：设置公差值的精度。

公差上限：设置尺寸的上偏差值。

公差下限：设置尺寸的下偏差值。

高度比例：设置公差数字的高度。

垂直位置：设置公差数字相对于基本尺寸的位置，可选择设置"中"为公差放置位置。

　　• 公差消零。

前导/后续：确定是否消除公差值的前导和后续的零。

(3) 设置完成后，单击"新建标注样式：国标标注"对话框下方的"确定"按钮，返回"标注样式管理器"对话框。在此对话框左边窗口中可以看到刚才新建的标注样式，右边预览窗口显示的是更改了样式后的预览效果。由于标注直径、半径时，文字和箭头的位置往往需要根据具体情况进行调整，同时从预览效果可以看出，新建的"国标标注"样式中"角度标注"样式不符合国标。因此必须对这几种标注样式在新建的"国标标注"的基础上进行修改。具体步骤如下：

　　① 选中"国标标注"，单击"新建"按钮，再次打开"新建标注样式"对话框，如图

3-19 所示。其中，"新样式名"和"基本样式"不变，单击"用于"下拉列表，选择"直径标注"，单击"继续"按钮，打开"新建标注样式：国标标注：直径"对话框，在"文字"选项卡的"文字方向"区域中均选择"水平"，在"调整"选项卡的"调整方式"区域中选中"文字在外，箭头在内"，在"文字位置"区域中选中"手动放置文字"，其余选项卡及设置保持不变。

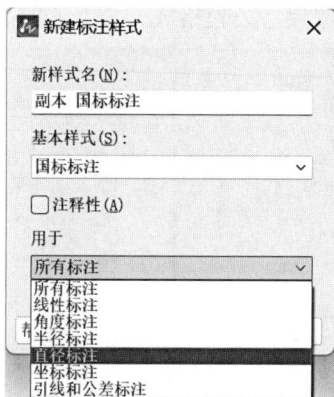

图 3-19 "新建标注样式"对话框

② 单击"确定"按钮，返回"标注样式管理器"对话框，在"样式"框中可以看到"直径"是"国标标注"的子样式。

③ 再次选中"国标标注"，用同样的方法设置基于"国标标注"的"半径"子样式。

④ 设置基于"国标标注"的"角度"子样式。在"新建标注样式：国标标注：角度"对话框，修改"文字"选项卡中的"文字方向"为"水平"；在"调整"选项卡的"调整方式"区域中选中"文字始终保持在尺寸界线之间"。设置完成后的"国标标注"及其子样式如图 3-20 所示。

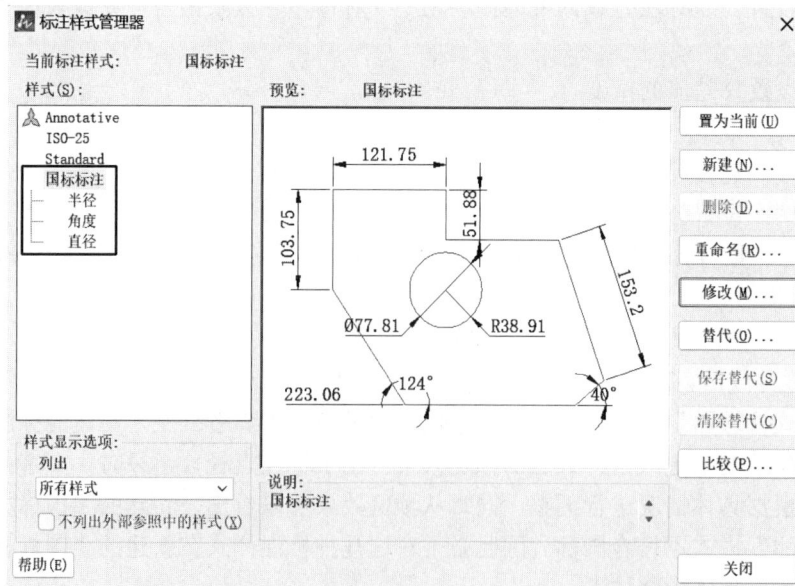

图 3-20 "国标标注"及其对应的子样式设置

(4) 将所设置的"国标标注"选中，并单击"置为当前"按钮，关闭"标注样式管理器"对话框，完成标注样式的创建与设置。

2. 线性标注

1) 输入命令

(1) 工具栏：在"标注"工具栏中单击"线性标注"按钮 ⊢ 。

(2) 菜单栏：选择"标注"→"线性"命令。

线性标注

(3) 命令行：输入 dimlinear(快捷命令：DLI)。

2) 操作格式

用"线性"标注命令标注如图 3-21 所示的尺寸，命令行提示如下：

命令：dimlinear

指定第一条尺寸界线原点或<选择对象>：(在绘图区单击点 A)

指定第二条尺寸界线原点：(在绘图区单击 B 点)

指定尺寸线位置或[多行文字(M)/文字(T)/角度(A)/水平(H)/垂直(V)/旋转(R)]：(在 AB 上方合适位置，单击鼠标左键，确定尺寸线位置)

(按空格键或 Enter 键，重复"线性"标注命令)

指定第一条尺寸界线原点或<选择对象>：(在绘图区单击点 B)

指定第二条尺寸界线原点：(在绘图区单击 C 点)

指定尺寸线位置或[多行文字(M)/文字(T)/角度(A)/水平(H)/垂直(V)/旋转(R)]：(输入"T"，按 Enter 键确认)

输入标注文字<40>：(输入%%C 40(%%C 代表 φ)，按 Enter 键确认)

指定尺寸线位置或[多行文字(M)/文字(T)/角度(A)/水平(H)/垂直(V)/旋转(R)]：(在绘图区合适位置，单击左键，完成线性尺寸 BC 段的标注)

标注如图 3-22 所示的直径 φ40(半标注)，按照上述步骤完成标注后，选中该尺寸标注，右侧弹出"特性"选项板，如图 3-23 所示，在"直线和箭头"特性中，将"尺寸线 2"和"显示尺寸界线 2"关闭，即可完成直径 φ40 的半标注。

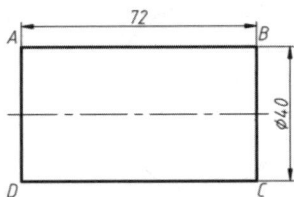

图 3-21 线性尺寸标注示例

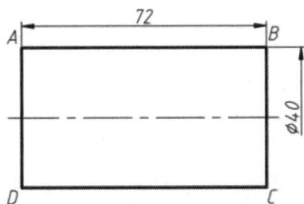

图 3-22 半标注示例

图 3-23 "特性"选项板

❖ **注意**

标注尺寸 $\phi 40$，除了按照上述命令输入的方式标注前缀"ϕ"，还有以下两种方式：

(1) 设置新的标注样式——"线性直径尺寸"标注样式，在弹出的"新建标注样式"对话框中，选择"主单位"选项卡，在"前缀"文本框中输入"%%C"，单击"确定"按钮，返回"标注样式管理器"对话框，并选择"置为当前"按钮，单击"确定"按钮。再利用"线性"标注命令标注尺寸 $\phi 40$。

(2) 直接利用"线性"标注命令标注 $\phi 40$，标注完成后，双击标注文字，弹出"文本格式"对话框，将光标移至"40"前输入"%%c"，单击 Enter 键确定。

3. 直径标注

1) 输入命令

(1) 工具栏：在"标注"工具栏中单击"直径标注"按钮 $\bigcirc$。

(2) 菜单栏：选择"标注"→"直径"命令。

(3) 命令行：输入 dimdiameter(快捷命令：DDI)。

直径标注

2) 操作格式

用"直径"标注命令标注如图 3-24 所示的直径尺寸，命令行提示如下：

命令：dimdiameter

选择弧或圆：(此时绘图区鼠标指针变成正方形，选中标注对象，单击鼠标左键)

指定尺寸线位置或[角度(A)/多行文字(M)/文字(T)]：(在绘图区合适位置，单击鼠标左键，确定尺寸线位置)

(按空格键或 Enter 键，重复"直径"标注命令)

选择弧或圆：(选中标注对象，单击鼠标左键)

指定尺寸线位置或[角度(A)/多行文字(M)/文字(T)]：(输入"M"，按 Enter 键确认，弹出"文本格式"对话框，将光标移动至"$\phi 50$"前输入 2×)(**注**：也可在标注后，编辑修改标注尺寸，输入"2×")

指定尺寸线位置或[角度(A)/多行文字(M)/文字(T)]：(在绘图区合适位置，单击鼠标左键)

(a) 无前缀　　　　　　　　　　　　(b) 加前缀

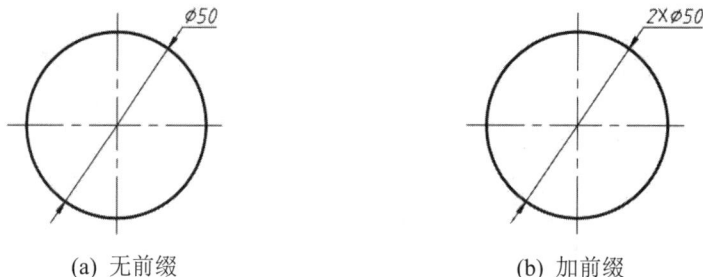

图 3-24　直径标注示例

❖ **注意**

乘号"×"输入方式有以下两种：

(1) 键盘输入法输入。

(2) 在"文本格式"对话框中找到"符号" @ ▾ ，单击下拉列表选择"其他"，弹出"字符映射表"，选择字体 O Georgia，在对话框下方搜索处输入"乘号"，单击"搜索"

按钮，找到乘号；在"复制字符"处，单击"选择""复制"按钮，在文本框输入窗口中粘贴该符号即可(在"文本格式"对话框中还可以调整字体的"类型""颜色"和"文字高度"等)。

4. 半径标注

1) 输入命令

(1) 工具栏：在"标注"工具栏中单击"半径标注"按钮 ⊙。

(2) 菜单栏：选择"标注"→"半径"命令。

(3) 命令行：输入 dimradius(快捷命令：DRA)。

2) 操作格式

用"半径"标注命令标注如图 3-25 所示的半径尺寸，命令行提示如下：

半径标注

> 命令：dimradius
>
> 选择弧或圆：(选中标注对象，单击鼠标左键)
>
> 指定尺寸线位置或[角度(A)/多行文字(M)/文字(T)]：(在绘图区合适位置，单击鼠标左键)

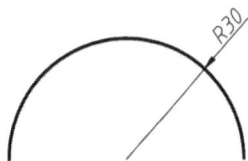

图 3-25　半径标注示例

5. 折弯标注

1) 输入命令

(1) 工具栏：在"标注"工具栏中单击"折弯标注"按钮 ⌒。

(2) 菜单栏：选择"标注"→"折弯"命令。

(3) 命令行：输入 dimjogged(快捷命令：JOG)。

2) 操作格式

用"折弯"标注命令标注如图 3-26 所示的折弯半径尺寸，命令行提示如下：

折弯标注

> 命令：dimjogged
>
> 选择弧或圆：(选中标注对象，单击鼠标左键)
>
> 指定中心位置：(//指定折弯半径标注的新圆心，该圆心将取代圆弧或圆的实际圆心来创建半径折弯标注。//将鼠标放到合适的位置，如图 3-26 中的 1 点，单击鼠标左键)
>
> 指定尺寸线位置或[角度(A)/多行文字(M)/文字(T)]：(指定一个点来确定尺寸线的位置。将鼠标放到合适的位置，如图 3-26 中的 2 点，单击鼠标左键)
>
> 指定折弯位置：(指定一个点来确定折弯中点的位置。在绘图区合适位置，如图 3-26 中的 3 点，单击鼠标左键)

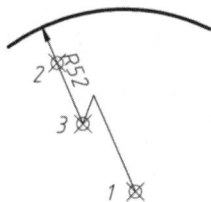

图 3-26　折弯标注示例

❖ **注意**

在"修改标注样式"对话框的"符号和箭头"选项卡中，可在"半径折弯标注"中修改折弯角度的大小，见图 3-13；对已创建好的折弯半径标注，可以通过"夹点"命令或者"特性"选项板来修改对象特性，如"折弯位置"和"中心位置替代"。

6. 折弯线性标注

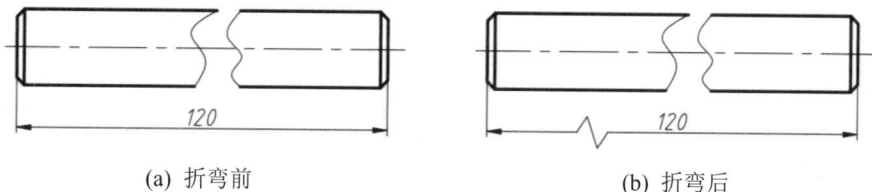

1) 输入命令

(1) 工具栏：在"标注"工具栏中单击"折弯线性"按钮 ⌐∧⌐ 。

(2) 菜单栏：选择"标注"→"折弯线性"命令。

(3) 命令行：输入 dimjogline(快捷命令：DJL)。

折弯线性标注

2) 操作格式

用"折弯线性"标注命令标注如图 3-27 所示的线性尺寸，命令行提示如下：

命令：dimjogline

选择要添加折弯的标注或[删除(R)]: (选择 120 线性标注)

指定折弯位置(或按 Enter 键): (选择折弯位置，按 Enter 键确认)

(a) 折弯前　　　　　　(b) 折弯后

图 3-27　折弯线性标注示例

任务实施

1. 设置图层

用样板文件创建一个图形文件或者新建一个绘图文件，设置绘图环境，包括图层的颜色、线型、线宽等。

2. 绘制视图

1) 绘制主要基准线

将中心线图层置为当前图层，利用"直线""偏移""夹点编辑"命令绘制主视图和俯视图的主要基准线，如图 3-28(a)所示。

绘制法兰

2) 绘制主视图

将轮廓线图层置为当前图层，利用"直线""镜像""偏移""修剪"或"夹点"命令绘制主视图轮廓线，如图 3-28(b)所示。

3) 绘制俯视图

将轮廓线图层置为当前图层，利用"圆"命令绘制 5 个同心圆，将 $\phi65$ 所在图层改为中心线图层；利用"圆""环形"阵列命令绘制 $\phi7$ 圆，并用"分解"命令分解阵列对象，或者将阵列对象关联性设置为非关联，删掉上方两个 $\phi7$ 圆；利用"样条曲线""修剪"命令完成俯视图绘制，如图 3-28(b)所示。

4) 绘制剖面线

将剖面线图层置为当前图层，利用"图案填充"命令绘制剖面线，如图 3-28(c)所示。

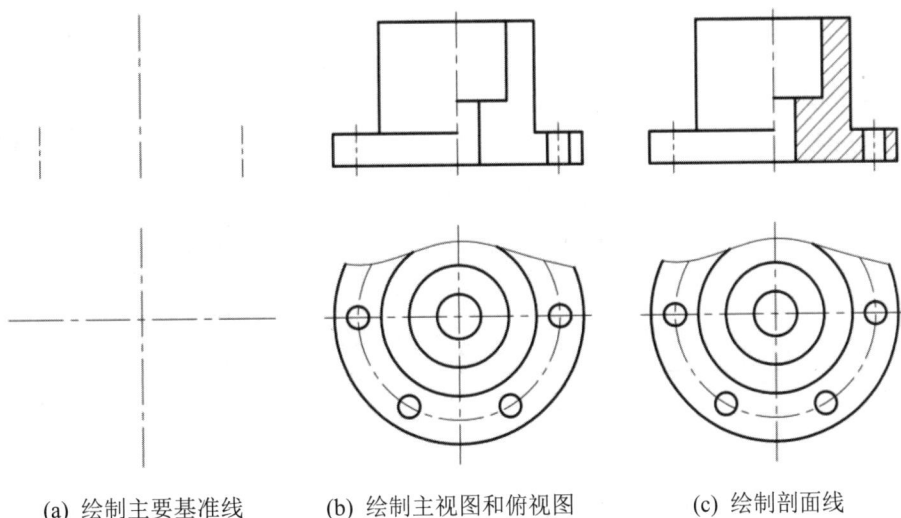

(a) 绘制主要基准线　　(b) 绘制主视图和俯视图　　(c) 绘制剖面线

图 3-28　法兰绘制过程

3. 标注尺寸

利用"线性"标注命令标注尺寸 10、25 和 45，利用"直径"标注命令标注尺寸 $\phi65$ 和 $6 \times \phi7$。

将"线性直径尺寸"(见知识链接"线性标注")标注样式置为当前，利用"线性"标注命令标注尺寸 $\phi50$ 和 $\phi80$。

在"线性直径尺寸"标注样式下，利用"线性"标注命令标注尺寸 $\phi14$ 和 $\phi32$，标注完成后，选中该尺寸标注，右侧弹出"特性"选项板，在"直线和箭头"特性中，将"尺寸线 2"和"显示尺寸界线 2"关掉，即可完成直径的半剖标注。

标注完成后如图 3-9 所示。

任务评价

如表 3-2 所示，从绘图能力和职业能力两个方面，根据学生自评、组内互评、教师综合评价，将各项得分填入表中。

表 3-2　任务 3.2 评价表

评价内容		分值	学生自评 (10%)	组内互评 (20%)	教师综合评价 (70%)
绘图能力	图层设置	10			
	主视图绘制	15			
	俯视图绘制	15			
	成图	15			
	尺寸标注	25			
职业能力	查阅资料　团队合作 练习态度　拓展学习	20			
总　　分		100			

拓展训练

绘制如图 3-29 所示的图形，并标注尺寸。

任务 3.2 训练

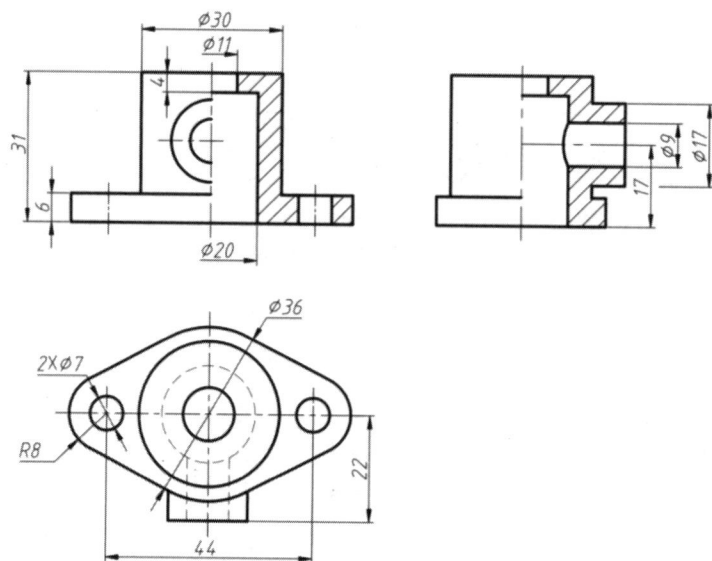

(a)

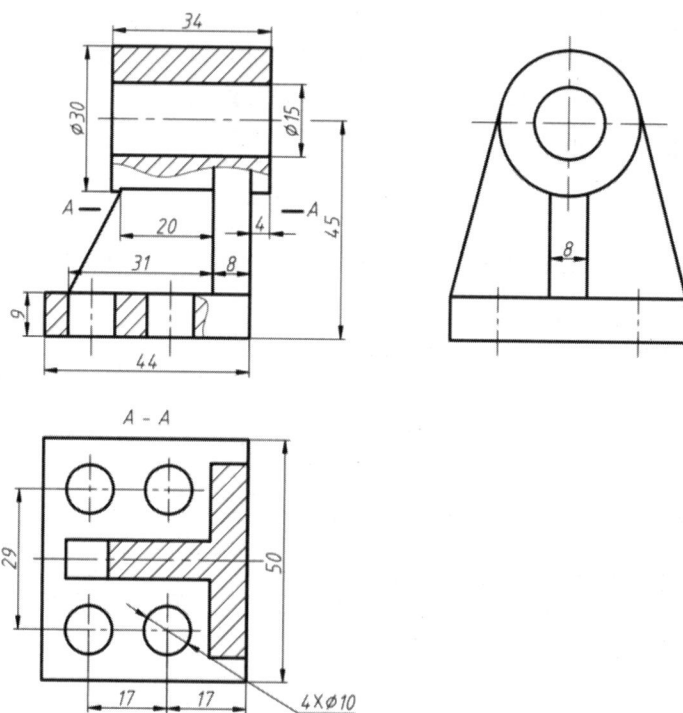

(b)

图 3-29　任务 3.2 训练

任务 3.3 绘 制 底 座

任务描述

运用中望 CAD 教育版绘制如图 3-30 所示的底座视图，并标注尺寸。

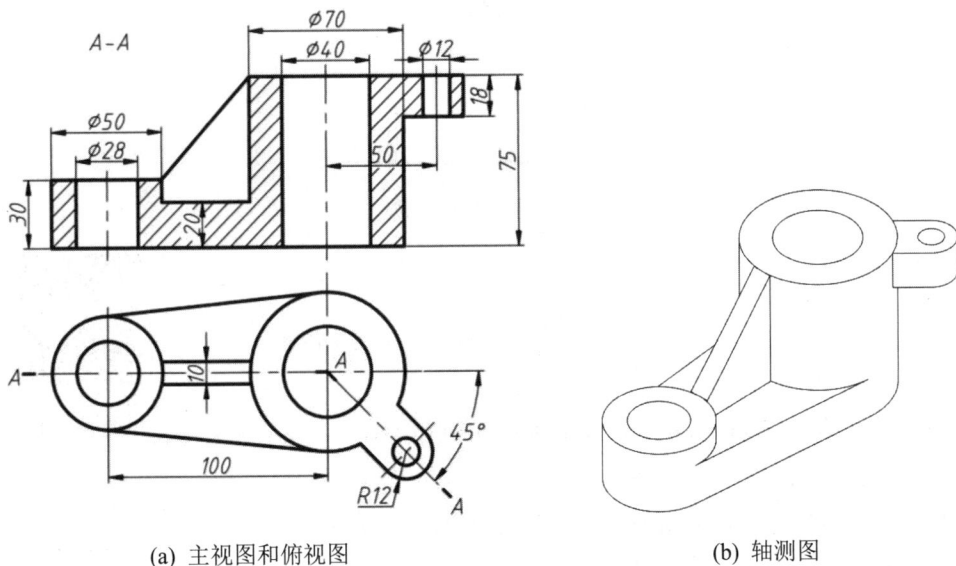

(a) 主视图和俯视图   (b) 轴测图

图 3-30 底座

任务分析

图 3-30 所示的底座视图由两个基本视图构成，主视图采用旋转剖视图，俯视图为基本视图。主视图可采用"直线""偏移""镜像""修改""延伸"等命令绘制，用"图案填充"绘制剖面线；俯视图可采用"圆""偏移""修剪"等命令进行绘制。最后，用"线性""半径""角度"等标注命令完成主视图和俯视图的尺寸标注。

知识链接

1. 角度标注

1) 输入命令

(1) 工具栏：在"标注"工具栏中单击"角度标注"按钮△。

(2) 菜单栏：选择"标注"→"角度"命令。

(3) 命令行：输入 dimangular(快捷命令：DIMANG)。

角度标注

2) 操作格式

用"角度"标注命令标注如图 3-31 所示的角度尺寸，命令行提示如下：

命令：dimangular

选择直线、圆弧、圆或<指定顶点>：(在绘图区单击 AB 线段)

选择角度标注的另一条直线：(在绘图区单击 AC 线段)

指定标注弧线的位置或[多行文字(M)/文字(T)/角度(A)]：(在绘图区合适位置，单击鼠标左键)

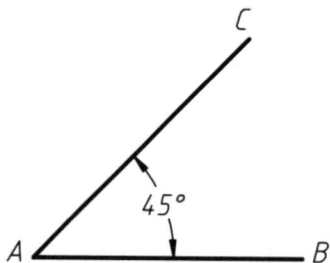

图 3-31　角度标注示例

2. 基线标注

1) 输入命令

(1) 工具栏：在"标注"工具栏中单击"基线标注"按钮 🖵。

(2) 菜单栏：选择"标注"→"基线"命令。

(3) 命令行：输入 dimbaseline(快捷命令：DBA)。

基线标注

2) 操作格式

用"基线"标注命令标注如图 3-32 所示的 B、C、D 点到 A 点的尺寸，命令行提示如下：

命令：dimlinear

指定第一条尺寸界线原点或 <选择对象>：(选择 A 点)

指定第二条尺寸界线原点：(选择 B 点)

指定尺寸线位置或[多行文字(M)/文字(T)/角度(A)/水平(H)/垂直(V)/旋转(R)]：(在绘图区合适位置，单击鼠标左键，确定尺寸线位置)

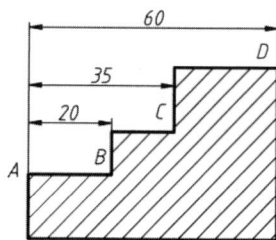

图 3-32　基线标注示例

命令：dimbaseline

指定下一条尺寸界线的起始位置或[放弃(U)/选取(S)] <选取>：(选择 C 点)

指定下一条尺寸界线的起始位置或[放弃(U)/选取(S)] <选取>：(选择 D 点)

指定下一条尺寸界线的起始位置或[放弃(U)/选取(S)] <选取>：(按 Enter 键确认完成基线标注，再次按 Enter 键结束命令)

3. 连续标注

1) 输入命令

(1) 工具栏：在"标注"工具栏中单击"连续标注"按钮 🖽。

(2) 菜单栏：选择"标注"→"连续"命令。

(3) 命令行：输入 dimcontinue(快捷命令：DCO)。

连续标注

2) 操作格式

用"连续"标注命令标注如图 3-33 所示的 *A*、*B*、*C*、*D* 点之间的尺寸，命令行提示如下：

命令：dimlinear

指定第一条尺寸界线原点或 <选择对象>：(选择 *A* 点)

指定第二条尺寸界线原点：(选择 *B* 点)

指定尺寸线位置或[多行文字(M)/文字(T)/角度(A)/水平(H)/垂直(V)/旋转(R)]：　(在绘图区合适位置，单击鼠标左键，确定尺寸线位置)

命令：dimcontinue

指定下一条尺寸界线的起始位置或[放弃(U)/选取(S)] <选取>：(选择 *C* 点)

指定下一条尺寸界线的起始位置或[放弃(U)/选取(S)] <选取>：(选择 *D* 点)

指定下一条尺寸界线的起始位置或[放弃(U)/选取(S)] <选取>：(按 Enter 键确认完成连续标注，再次按 Enter 键结束命令)

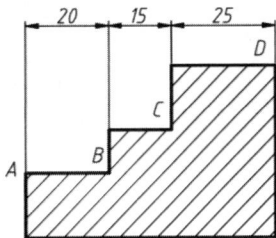

图 3-33　连续标注示例

❖ **注意**

(1) 在进行基线和连续标注前，必须先创建或选择一个线性、角度或坐标标注作为基准标注。

(2) 在使用基线标注命令进行标注时，尺寸线之间的距离由所选择的标注格式确定，标注时不能更改，标注后可进行更改。

任务实施

1. 设置图层

用样板文件创建一个图形文件或者新建一个绘图文件，设置绘图环境，包括图层的颜色、线型、线宽等。

绘制底座

2. 绘制视图

1) 绘制主要基准线

将中心线图层置为当前图层，利用"直线""偏移""夹点编辑""构造线""旋转"等命令绘制主视图和俯视图的主要基准线，如图 3-34(a)所示。

2) 绘制视图

将轮廓线图层置为当前图层，利用"直线""镜像""偏移""修剪"或"夹点编辑"等命令绘制主视图轮廓线；利用"圆""偏移""修剪"和"镜像"等命令绘制俯视图轮廓线，如图 3-34(b)所示。

　　3) 绘制剖切符号

　　利用"直线"命令在剖切位置处绘制剖切符号，并用"多行文字"命令标注剖视图名称 *A-A*，如图 3-34(c)所示。

　　4) 绘制剖面线

　　将剖面线图层置为当前图层，利用"图案填充"命令绘制视图剖面线，如图 3-34(d)所示。(注意：可先标注尺寸 20，再绘制剖面线，避免线条遮盖数字 20。)

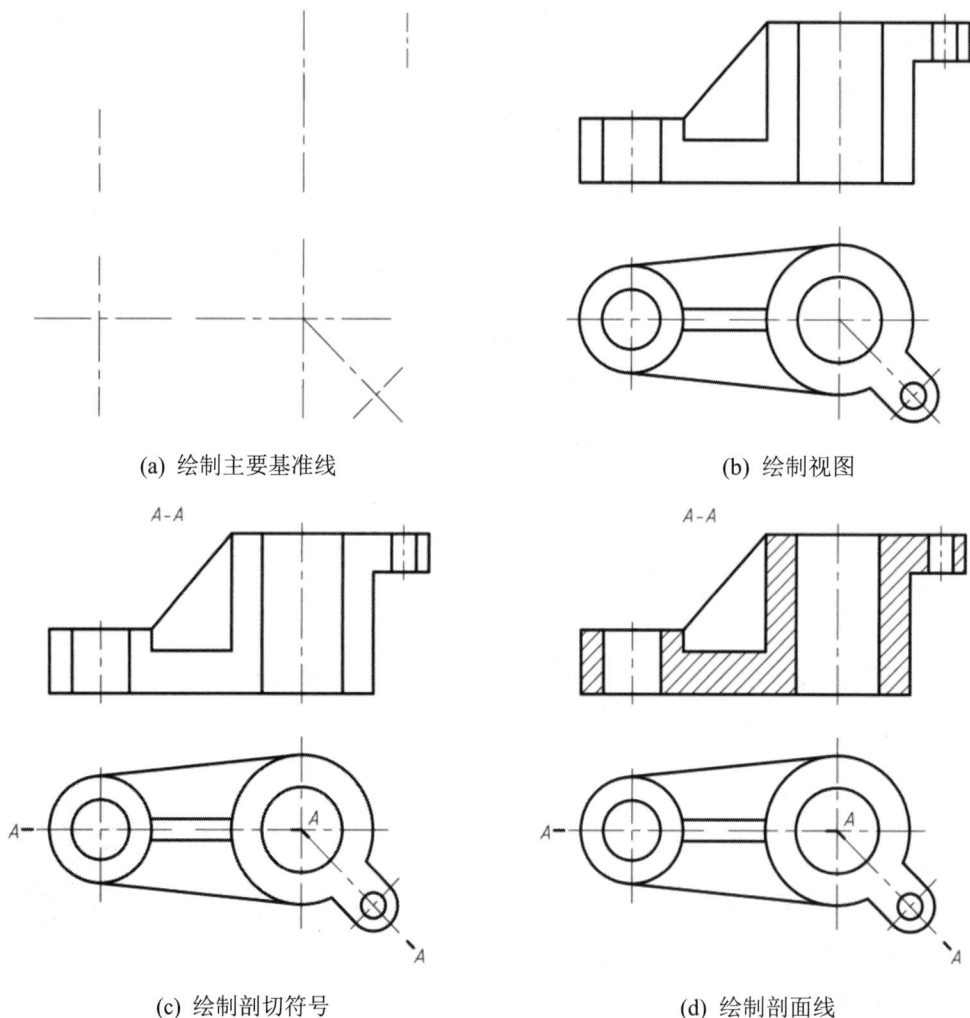

(a) 绘制主要基准线　　　　　　　　　　　(b) 绘制视图

(c) 绘制剖切符号　　　　　　　　　　　(d) 绘制剖面线

图 3-34　底座绘制过程

3. 标注尺寸

利用"线性""半径""角度"等标注命令标注底座视图尺寸，结果如图 3-30(a)所示。

任务评价

如表 3-3 所示，从绘图能力和职业能力两个方面，根据学生自评、组内互评、教师综

合评价将各项得分填入表中。

表 3-3　任务 3.3 评价表

评价内容		分值	学生自评 (10%)	组内互评 (20%)	教师综合评价 (70%)
绘图能力	图层设置	10			
	主视图绘制	15			
	俯视图绘制	15			
	成图	15			
	尺寸标注	25			
职业能力	查阅资料　团队合作 练习态度　拓展学习	20			
总　分		100			

拓展训练

绘制如图 3-35 所示的图形，并标注尺寸。

任务 3.3 训练

(a)　　　　　　　　　　(b)

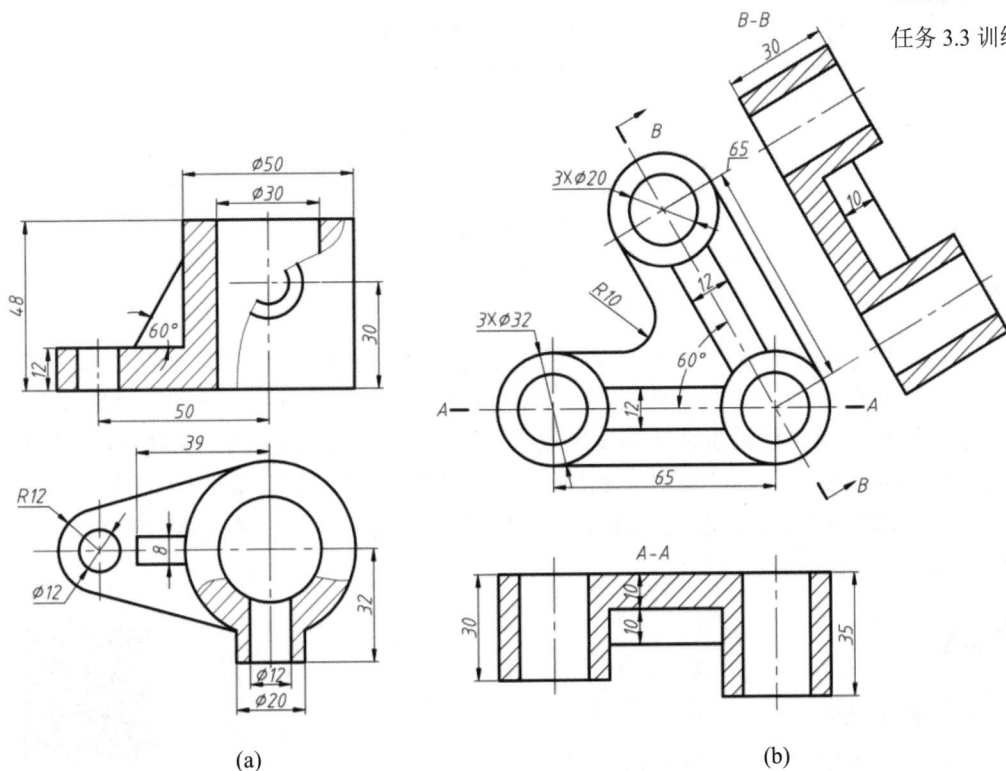

图 3-35　任务 3.3 训练

任务 3.4   绘 制 支 架

任务描述

运用中望 CAD 教育版绘制如图 3-36 所示的支架视图，并标注尺寸。

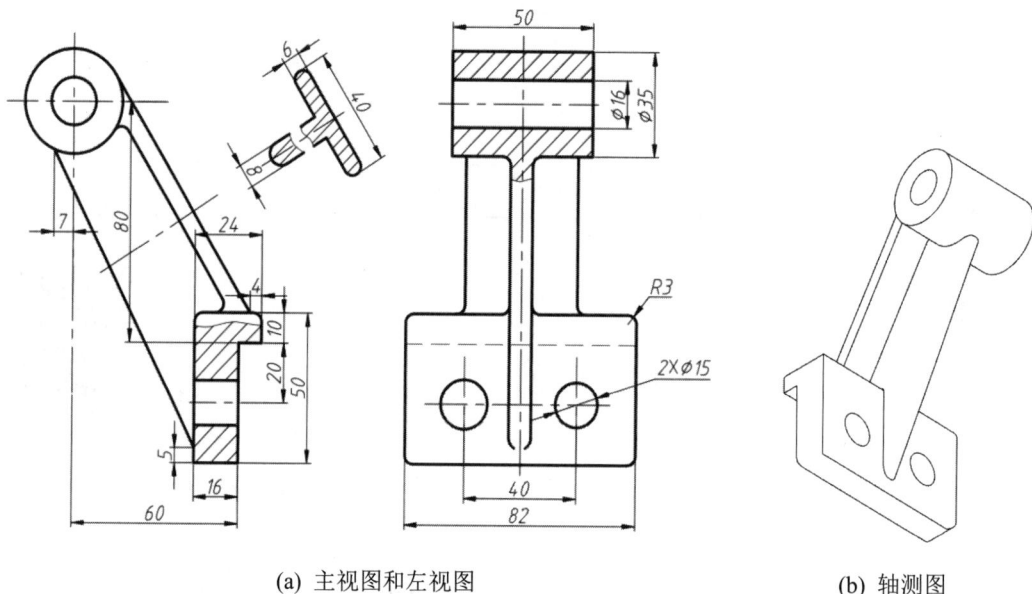

(a) 主视图和左视图   (b) 轴测图

图 3-36   支架

任务分析

图 3-36 所示的支架视图由两个基本视图加局部剖视图及一个移出断面图构成，主视图采用局部剖视图，左视图为基本视图。主视图可采用"直线""圆""偏移""修改""延伸"等命令绘制，用"样条曲线""图案填充"命令完成局部剖视图绘制；左视图可采用"圆""偏移""修剪"等命令进行绘制；移出断面图可通过"构造线""偏移""圆角"等命令绘制，用"图案填充"绘制剖面线。最后，用"线性""对齐""直径""半径"等标注命令完成主视图和左视图的尺寸标注。

知识链接

1. 对齐标注

1) 输入命令

(1) 工具栏：在"标注"工具栏中单击"对齐标注"按钮 ↖。

对齐标注

(2) 菜单栏：选择"标注"→"对齐"命令。

(3) 命令行：输入 dimaligned（快捷命令：DAL）。

2) 操作格式

用"对齐"标注命令标注如图 3-37 所示的对齐尺寸 AC，命令行提示如下：

命令：dimaligned

指定第一条尺寸界线原点或 <选择对象>：(在绘图区单击 A 点)

指定第二条尺寸界线原点：(在绘图区单击 C 点)

指定尺寸线位置或[角度(A)/多行文字(M)/文字(T)]：(在绘图区合适位置，单击鼠标左键，确定尺寸线位置)

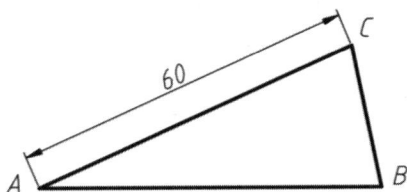

图 3-37 对齐标注示例

❖ 注意

对齐标注命令一般用于倾斜对象的尺寸标注。标注时，系统能自动将尺寸线调整为与被标注线段平行，而无须用户自己设置。

2. 快速标注

1) 输入命令

(1) 工具栏：在"标注"工具栏中单击"快速标注"按钮 。

(2) 菜单栏：选择"标注"→"快速标注"命令。

(3) 命令行：输入 qdim。

快速标注

2) 操作格式

用"快速标注"命令标注如图 3-38 所示的尺寸，命令行提示如下：

命令：qdim

选择要标注的几何图形：(依次选中要标注的 3 条竖直尺寸线，按 Enter 键确认)

指定尺寸线位置或[连续(C)/并列(S)/基线(B)/坐标(O)/半径(R)/直径(D)/基准点(P)/编辑(E)/设置(T)] <基线>：(输入 C)

指定尺寸线位置或[连续(C)/并列(S)/基线(B)/坐标(O)/半径(R)/直径(D)/基准点(P)/编辑(E)/设置(T)] <连续>：(在合适位置单击鼠标左键，确定尺寸线位置)

(按空格键或 Enter 键，重复"快速标注"命令)

选择要标注的几何图形：(依次选中要标注的 3 条水平尺寸线，按 Enter 键确认)

指定尺寸线位置或[连续(C)/并列(S)/基线(B)/坐标(O)/半径(R)/直径(D)/基准点(P)/编辑(E)/设置(T)] <连

续>：(输入 B)

指定尺寸线位置或[连续(C)/并列(S)/基线(B)/坐标(O)/半径(R)/直径(D)/基准点(P)/编辑(E)/设置(T)] <基线>：(在合适位置单击鼠标左键，确定尺寸线位置)

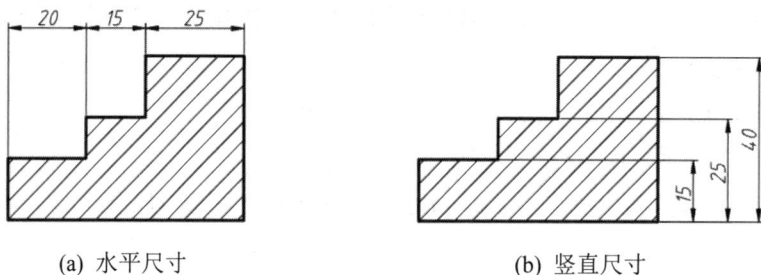

(a) 水平尺寸　　　　　　　　　　(b) 竖直尺寸

图 3-38　快速标注示例

任务实施

1. 设置图层

用样板文件创建一个图形文件或者新建一个绘图文件，设置绘图环境，包括图层的颜色、线型、线宽等。

绘制支架

2. 绘制视图

1) 绘制主要基准线

将中心线图层置为当前图层，利用"直线""偏移""夹点编辑""构造线""旋转"等命令绘制主视图和左视图的主要基准线，如图 3-39(a)所示。

2) 绘制主视图

将轮廓线图层置为当前图层，利用"直线""圆""偏移""修改""延伸"等命令绘制主视图，如图 3-39(b)所示。

3) 绘制左视图

利用"圆""偏移""修剪"等命令绘制左视图轮廓。将细实线图层置为当前图层，用"样条曲线"完成局部剖分界线绘制；将虚线图层置为当前图层，绘制左视图虚线，如图 3-39(b)所示。

4) 绘制移出断面图

将轮廓线图层置为当前图层，利用"构造线""偏移""圆角"等命令绘制移出断面图；将细实线图层置为当前图层，用"样条曲线"完成断开处绘制，如图 3-39(b)所示。

5) 绘制剖面线

将剖面线图层置为当前图层，利用"图案填充"命令完成局部剖视图和移出断面图剖面线绘制，如图 3-39(c)所示。

3. 标注尺寸

利用"线性""对齐""直径""半径"等标注命令标注支架视图尺寸，结果如图 3-36 所示。

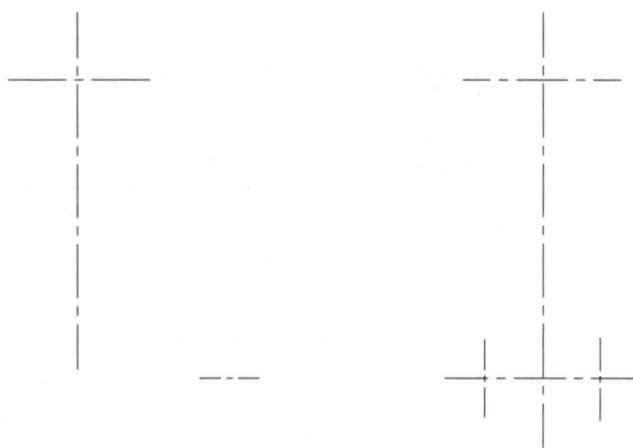

(a) 绘制主要基准线

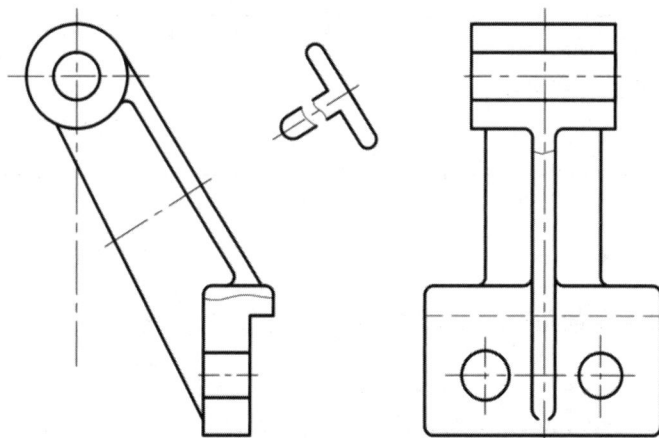

(b) 绘制主视图、左视图和移出断面图

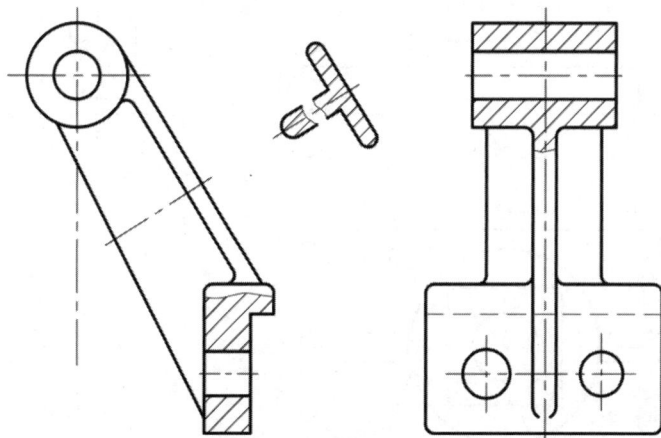

(c) 绘制剖面线

图 3-39 支架绘制过程

任务评价

如表 3-4 所示，从绘图能力和职业能力两个方面，根据学生自评、组内互评、教师综合评价将各项得分填入表中。

表 3-4　任务 3.4 评价表

评价内容		分值	学生自评 (10%)	组内互评 (20%)	教师综合评价 (70%)
绘图 能力	图层设置	10			
	主视图绘制	15			
	俯视图绘制	15			
	成图	15			
	尺寸标注	25			
职业 能力	查阅资料　团队合作 练习态度　拓展学习	20			
总　　分		100			

拓展训练

绘制如图 3-40 所示的图形，并标注尺寸。

任务 3.4 训练

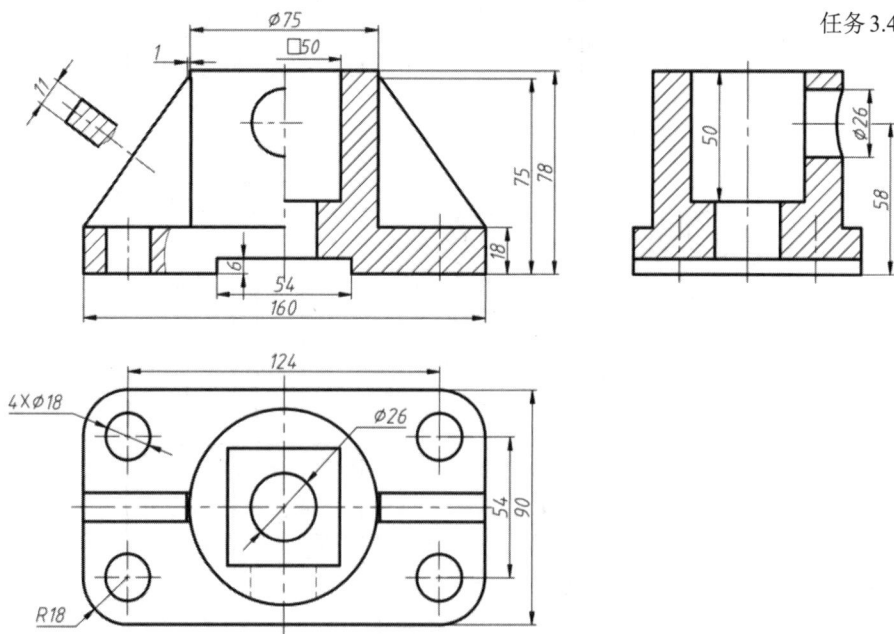

(a)

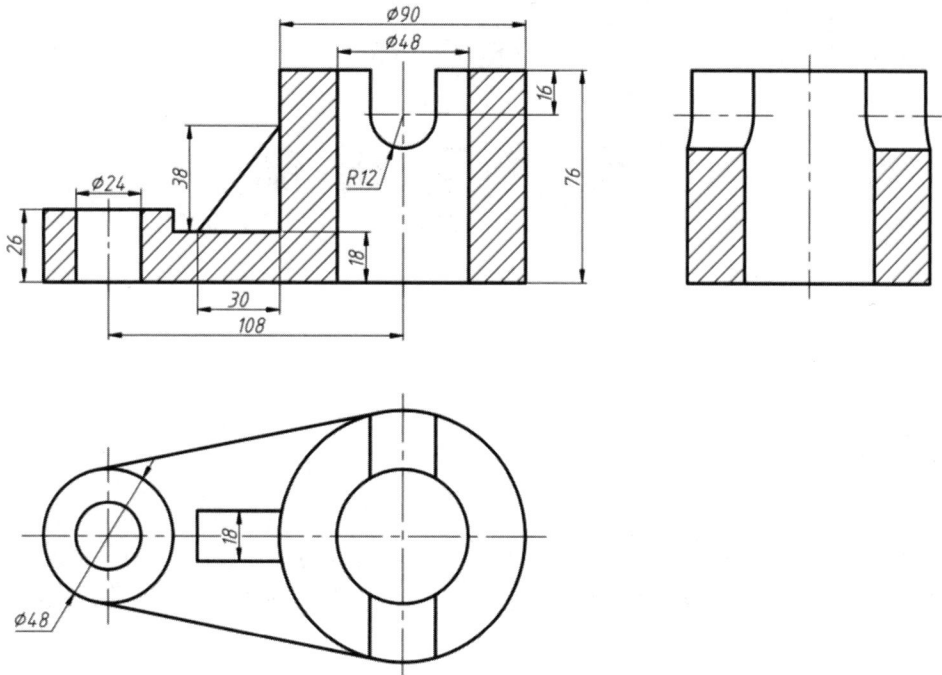

(b)

图 3-40　任务 3.4 训练

项目 4
零 件 图 绘 制

项目概述

零件图是制造业生产过程中的重要技术文件。在中望 CAD 教育版中，零件图需综合运用绘图命令、修改命令和标注命令等进行绘制。本项目以阀杆、端盖、连杆、阀体的零件图绘制为例，主要介绍这四类(轴套类、盘盖类、叉架类和箱体类)常见零件图的绘制思路、方法、步骤和技巧。

本项目的任务逻辑如图 4-1 所示。

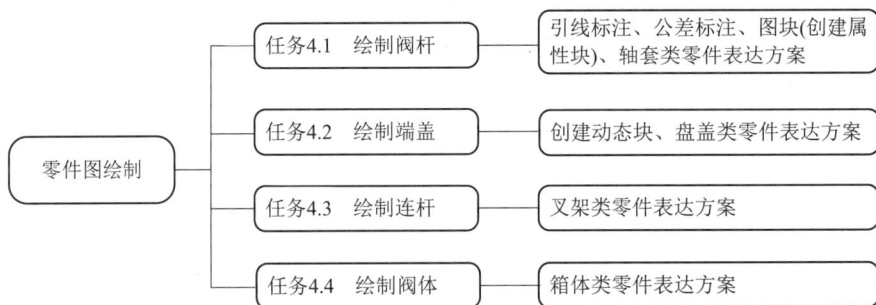

	任务4.1　绘制阀杆	引线标注、公差标注、图块(创建属性块)、轴套类零件表达方案
	任务4.2　绘制端盖	创建动态块、盘盖类零件表达方案
零件图绘制	任务4.3　绘制连杆	叉架类零件表达方案
	任务4.4　绘制阀体	箱体类零件表达方案

图 4-1　项目 4 任务逻辑

项目目标

知识目标

1. 掌握图幅、标题栏的绘制和调用方法。
2. 掌握多重引线样式设置及引线标注方法，掌握尺寸公差、基准和形位公差的标注方法。
3. 掌握图块创建、插入及编辑的方法，会创建属性块和动态块。

技能目标

能综合运用相关绘图命令、修改命令和标注命令绘制轴套类、盘盖类、叉架类和箱体类零件图。

素养目标

通过综合运用各种命令绘制常见的典型零件图，培养学生严格遵守国家标准、职业规范的自觉意识和职业素养。

任务 4.1 绘 制 阀 杆

任务描述

运用中望 CAD 教育版绘制如图 4-2 所示的阀杆零件图。

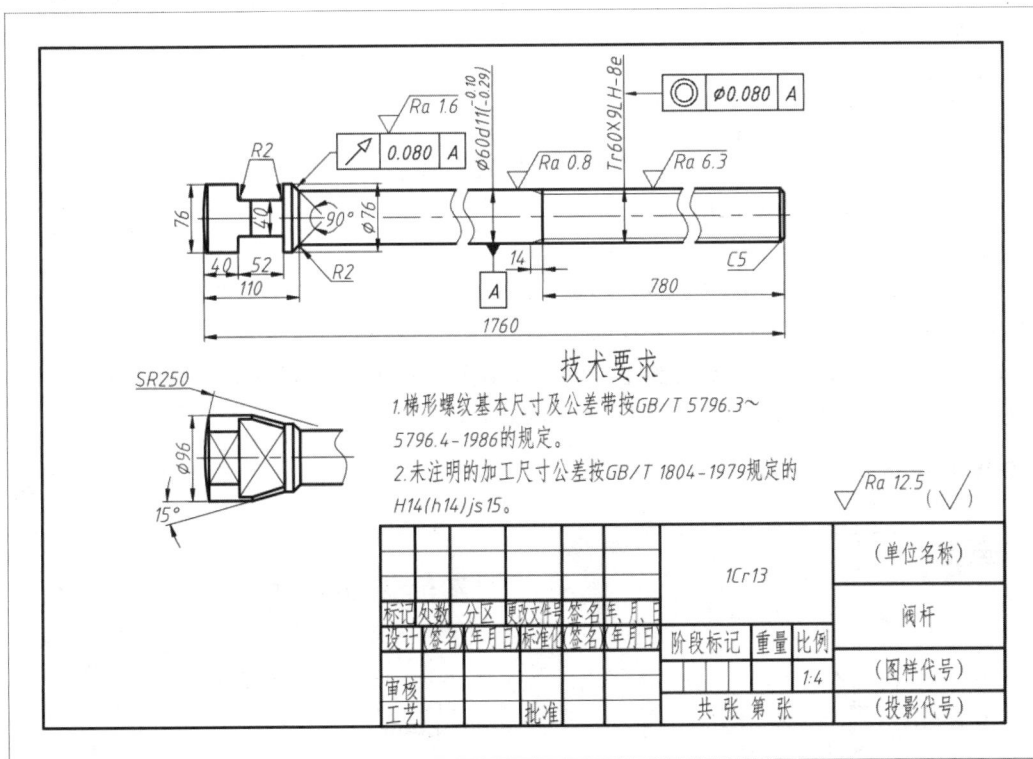

(a) 零件图

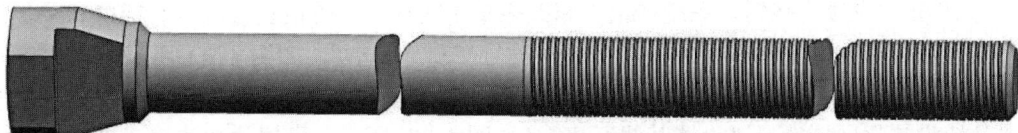

(b) 实物图

图 4-2 阀杆

任务分析

阀杆是典型的轴类零件，其零件图由轮廓线层、中心线层、细实线层、尺寸线层、文字层等多个图层构成，可利用"直线""圆""偏移""镜像""倒角""圆角""延伸""修剪"等命令绘制视图；利用"线性""半径""角度""多重引线""公差"等标注命令完成尺寸及公差标注，利用"创建属性块"完成粗糙度标注；利用"多行文字"命令完成技术要求和标题栏填写。

知识链接

1. 引线标注

引线标注由箭头、引线、基线(引线与标注文字之间的线)、多行文字或图块组成，其中，箭头的形状、引线的外观、文字属性及图块形状等由引线样式控制。

引线标注

1) 多重引线样式

(1) 输入命令。

① 菜单栏：选择"格式"→"多重引线样式"命令。

② 命令行：输入 mleaderstyle。

(2) 操作格式。

① 在菜单栏中单击"格式"→"多重引线样式"命令，系统弹出"多重引线样式管理器"对话框，如图 4-3 所示。

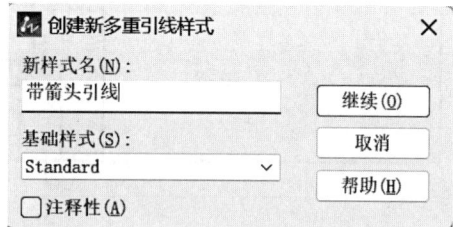

② 单击"新建"按钮，系统弹出"创建新多重引线样式"对话框，在"新样式名"文本框中输入新样式名，如"带箭头引线"，如图 4-4 所示。

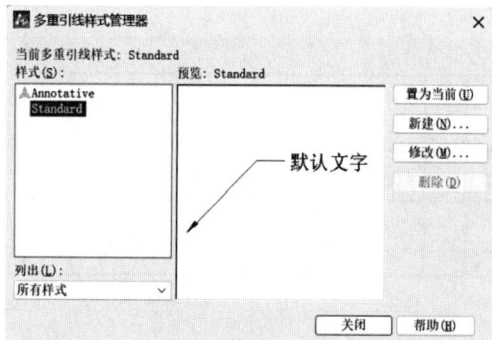

图 4-3　"多重引线样式管理器"对话框　　图 4-4　"创建新多重引线样式"对话框

③ 单击"继续"按钮，系统弹出"修改多重引线样式：带箭头引线"对话框。在"引线格式"选项卡的箭头区域可设置箭头的"符号"和"大小"，如图 4-5(a)所示，箭头符号常选择"实心闭合"或"点"("点"用于装配图编排零件序号)；在"引线结构"选项卡中"基线设置"区域选择"设置基线距离"，如图 4-5(b)所示，设置的数值表示基线长度；在"内容"选项卡中，可按如图 4-5(c)所示设置，注意修改"文字选项"和"引线连接"，"基线间距"表示基线与标注文字之间的间距。

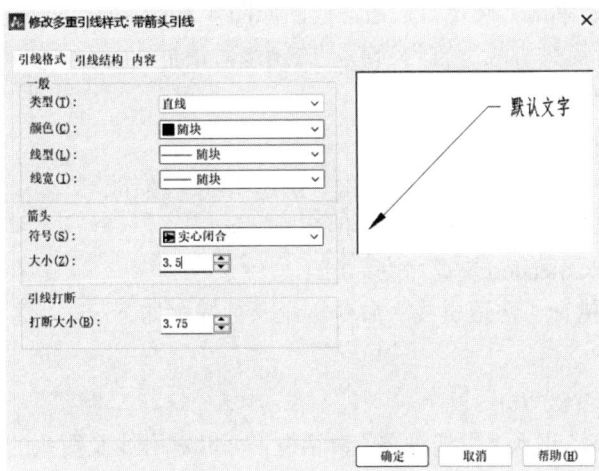

(a) "引线格式"选项卡

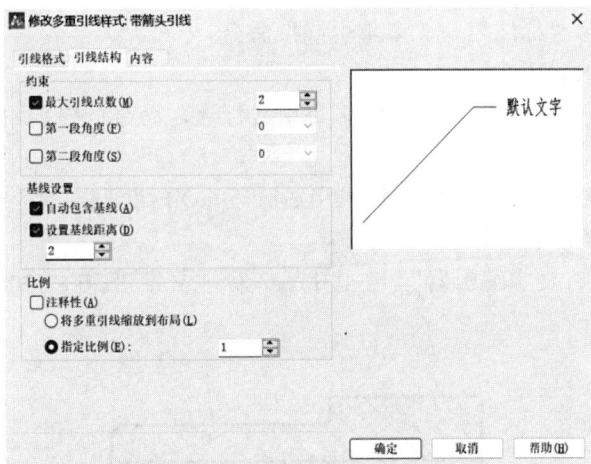

(b) "引线结构"选项卡

(c) "内容"选项卡

图 4-5 "修改多重引线样式：带箭头引线"对话框

④ 设置完成后，单击"确定"按钮，返回如图 4-3 所示的"多重引线样式管理器"对话框，将新建的"带箭头引线"置为当前，关闭该对话框。

2) 快速引线标注

(1) 输入命令。

① 工具栏：在"标注"工具栏中单击"快速引线"按钮 ✓ 。

② 菜单栏：选择"标注"→"快速引线"命令。

③ 命令行：输入 qleader(快捷命令：LE)。

(2) 操作格式。执行"快速引线"命令，命令行提示如下：

命令：qleader

指定第一个引线点或[设置(S)] <设置>:

在命令行输入"S"进入"引线设置"对话框，可以对引线及箭头的外观特征进行设置。

3) 多重引线标注

(1) 输入命令。

① 菜单栏：选择"标注"→"多重引线"命令。

② 命令行：输入 mleader。

(2) 操作格式。创建如图 4-6 所示的多重引线标注，命令行提示如下：

命令：mleader

指定引线箭头的位置或[内容优先(C)/引线基线优先(L)/选项(O)] <引线箭头优先>: (指定引线起始点 A)

指定引线基线的位置: (指定引线下一个点 B)

此时，弹出"多行文字编辑器"，在其中输入标注文字"$\phi 6 \times 120°$"。

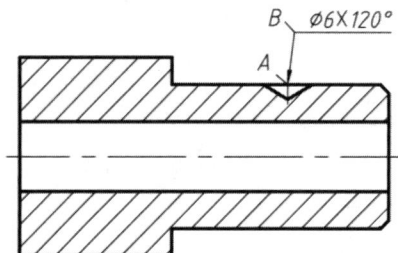

图 4-6　多重引线标注示例

2. 公差标注

1) 尺寸公差标注

(1) 尺寸公差标注有以下两种方法：

① 利用当前标注样式的覆盖方式标注尺寸公差，公差的上、下偏差值可在"替代当前标注样式"对话框的"公差"选项卡中设置。

② 标注时，利用"多行文字"选项打开"多行文字编辑器"，然后采用堆叠文字方式标注公差。

公差标注

(2) 操作格式。利用当前标注样式的覆盖方式标注如图 4-7 所示的公差，具体步骤如下：

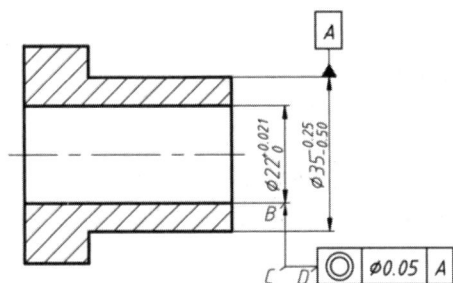

图 4-7 公差标注示例

① 在菜单栏中单击"格式"→"标注样式"命令，打开"标注样式管理器"对话框，单击"替代(0)"按钮，打开"替代当前标注样式"对话框，进入"公差"选项卡，如图 4-8 所示。

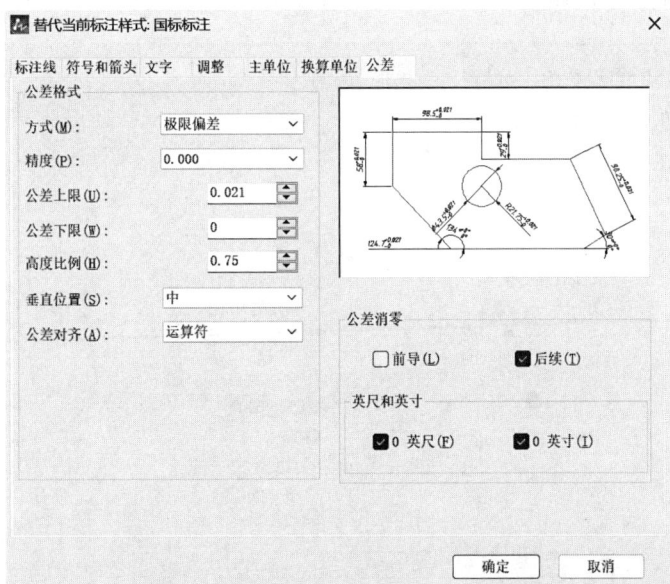

图 4-8 "替代当前标注样式"对话框

② 在"方式""精度"和"垂直位置"下拉列表中分别选择"极限偏差""0.000"和"中"，在"公差上限""公差下限"和"高度比例"文本框中分别输入"0.021""0"和"0.75"。生成尺寸标注时，系统将自动在下偏差值前添加负号

③ 返回绘图窗口，标注线性尺寸，结果如图 4-7 所示。

2) 基准标注

标注如图 4-7 所示的基准 A，输入 LE 命令，命令行提示如下：

命令：LE

qleader

指定第一个引线点或[设置(S)] <设置>：(输入 S，弹出"引线设置"对话框，按图 4-9 设置)

指定第一个引线点或[设置(S)] <设置>：(拾取 φ35 尺寸线与尺寸界线交点)

指定下一点：(向上移动鼠标，待出现"实心基准三角形"，单击左键)

指定下一点：(按 Enter 键确认)

系统弹出"几何公差"对话框，按 Enter 键关闭

命令：tolerance(系统弹出"几何公差"对话框，在"基准 1"中输入"A"，按 Enter 键确认)

输入公差位置：(将基准符号 $\boxed{A}$ 放置合适位置，单击左键)

3) 形位公差标注

形位公差标注可使用 TOL(或在菜单栏中单击"标注"→"公差")和 LE 命令，前者只能产生公差框格，后者既能产生公差框格又能产生标注指引线。

(1) 输入命令。

命令行：输入 qleader(快捷命令：LE)。

(2) 操作格式。标注如图 4-7 所示的形位公差，命令行提示如下：

命令：LE

qleader

指定第一个引线点或[设置(S)] <设置>：(输入 S，弹出"引线设置"对话框，将图 4-9(b)所示的箭头改为"实心闭合")

指定第一个引线点或[设置(S)] <设置>：(拾取 B 点)

指定下一点：(在 C 点单击)

指定下一点：(在 D 点单击)

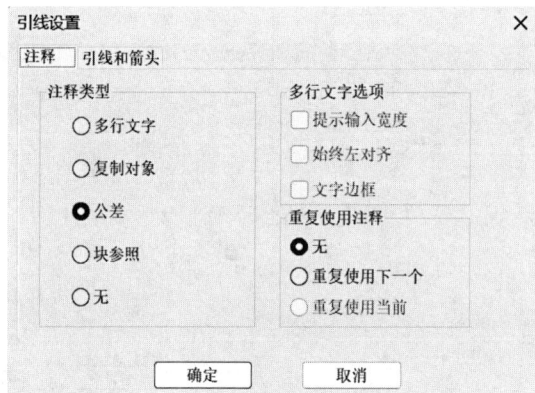

(a) "注释"选项卡

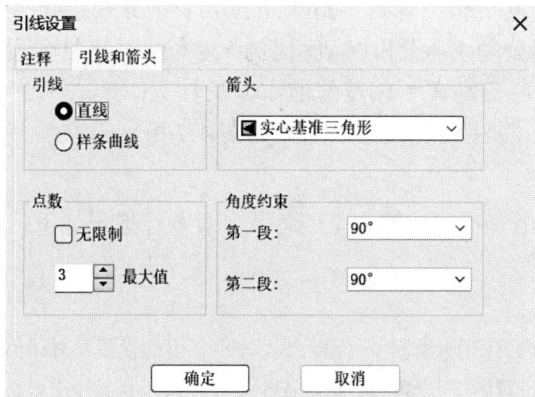

(b) "引线和箭头"选项卡

图 4-9 "引线设置"对话框

系统打开"几何公差"对话框，如图 4-10 所示。在对话框中，单击"符号"选择"同轴度"公差符号，在"公差 1"处单击黑色方框并输入"0.05"，在"基准 1"处输入"A"，单击"确定"按钮，完成形位公差标注，如图 4-7 所示。

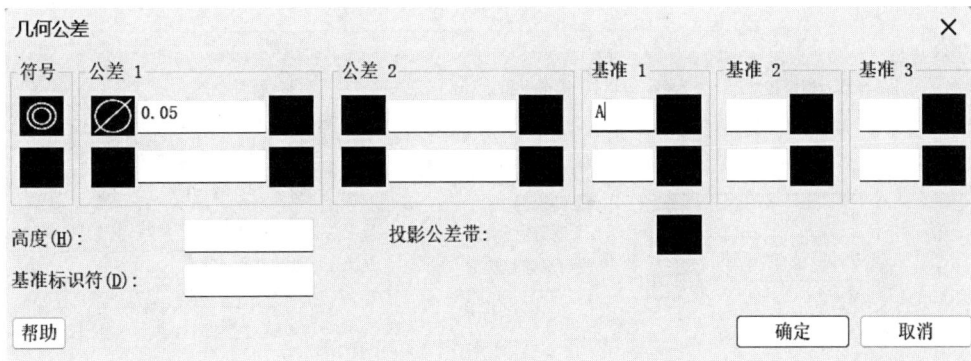

图 4-10 "几何公差"对话框

3. 图块

图块是中望 CAD 教育版的一项重要功能。图块是将多个实体组合成一个整体，并给这个整体命名保存，在以后的图形编辑中，这个整体就被视为一个实体。工程图中常有大量反复使用的图形对象，如机械图中的螺栓、螺钉和垫圈等。由于这些图形对象的结构、形状相同，只是尺寸有所不同，因而作图时常常将它们创建为图块，以便以后作图时调用。

1) 创建图块

(1) 输入命令。

① 工具栏：在"绘图"工具栏中单击"创建块"按钮 。

② 菜单栏：选择"绘图"→"块"→"创建"命令。

③ 命令行：输入 block(快捷命令：B)。

(2) 操作格式。创建如图 4-11 所示的螺栓图块，具体步骤如下：

① 在"绘图"工具栏中单击"创建块"按钮，打开"块定义"对话框，在"名称"下拉列表中输入新建图块的名称如"螺栓"，如图 4-12 所示。

② 选择构成图块的图形元素。在"块定义"对话框中，单击"选择对象"按钮，返回绘图窗口，系统提示"选择对象"，选择如图 4-11 所示的螺栓，按 Enter 键确认。

③ 指定图块的插入基点。在"块定义"对话框中，单击"拾取基点"按钮，返回绘图窗口，系统提示"指定基点"，拾取图 4-11 中的 A 点。

④ 单击"确定"按钮，系统生成图块。

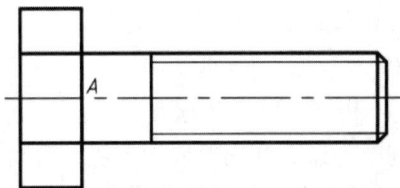

图 4-11 螺栓

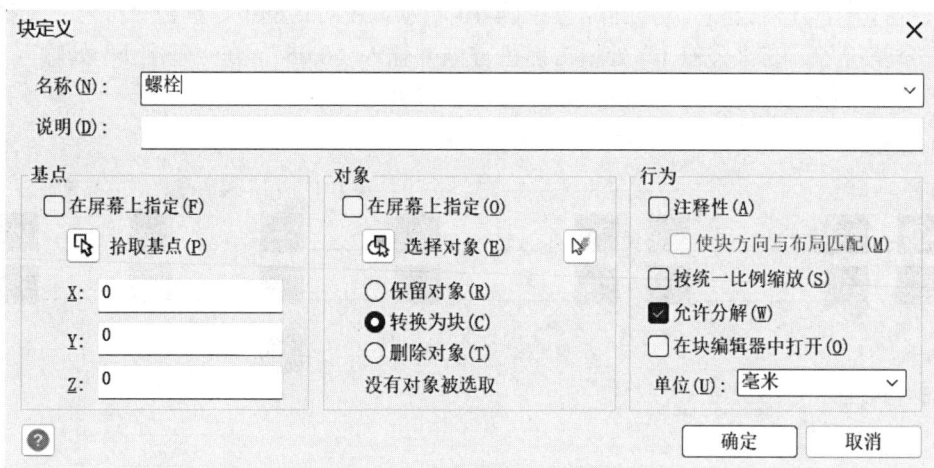

图 4-12　"块定义"对话框

❖ **注意**

(1) 为了使图块在插入当前图形中时能够准确定位，需要给图块指定一个插入基点，作为将图块插入图形中的指定位置的参考点。同时，如果图块在插入时需要旋转，则将该基点作为旋转轴心。

(2) 当用 erase 命令删除了图形中插入的图块后，其块定义依然存在，因为它是储存在图形文件内部的，即使图形中没有调用它，它依然占用磁盘空间，并且随时可以在图形中被调用。可用 purge 命令中的"块"选项清除图形文件中无用、多余的块定义，以减小文件的字节数。

(3) 中望 CAD 教育版允许图块的多级嵌套。嵌套块不能与其内部嵌套的图块同名。

2) 插入图块

(1) 输入命令。

① 工具栏：在"绘图"工具栏中单击"插入块"按钮 。

插入图块

② 菜单栏：选择"插入"→"块"命令。

③ 命令行：输入 insert(快捷命令：I)。

(2) 操作格式。利用"插入块"命令在图 4-13(a)中插入"螺栓"图块，命令行提示如下：

```
命令：insert
指定块的插入点或[基点(B)/比例(S)/旋转(R)]：（拾取 A 点）
指定缩放比例因子 <1.0>：（输入 1，按 Enter 键确认）
指定块的旋转角度 <0>：（输入 0，按 Enter 键确认）
```

执行"插入块"命令，同时系统会弹出"插入图块"对话框，如图 4-14 所示。也可在此对话框内，选择"名称""比例"和"旋转"并设置，单击"插入"按钮，关闭对话框。插入图块后的图形如图 4-13(b)所示，修剪多余线条后的图形如图 4-13(c)所示。

(a) 插入块前   (b) 插入块后   (c) 修剪多余线条

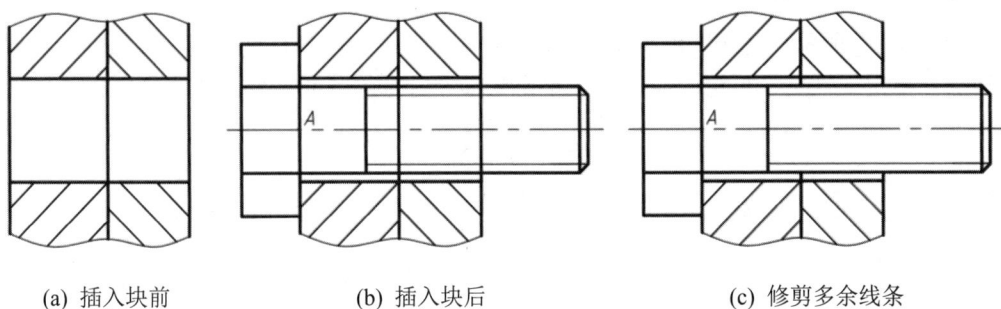

图 4-13 插入块示例

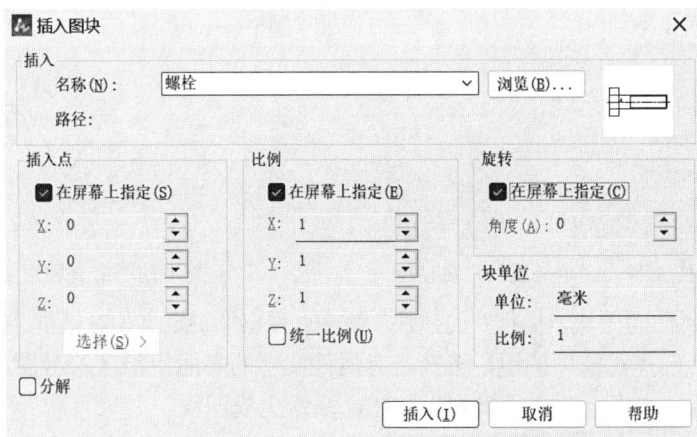

图 4-14 "插入图块"对话框

3) 创建属性块

(1) 输入命令。

① 菜单栏：选择"绘图"→"块"→"定义属性"命令。

② 命令行：输入 attdef(快捷命令：ATT)。

(2) 操作格式。利用"定义属性"等命令，绘制如图 4-15 所示的图形，具体步骤如下：

① 绘制图形。按照如图 4-16 所示的粗糙度结构符号绘制粗糙度图形。

创建属性块

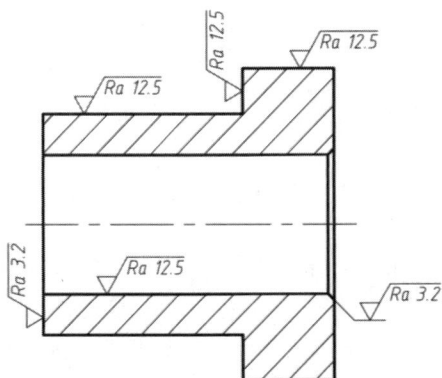

图 4-15 创建属性块示例   图 4-16 表面粗糙度符号图形

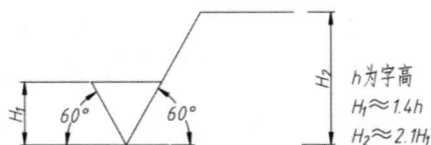

② 定义"粗糙度值"的属性。执行"定义属性"命令后，系统弹出"定义属性"对话框，如图 4-17 所示。可按照图 4-17 所示设置各参数，单击"定义并退出"按钮，此时命令行提示指定属性文字标记的对正点，单击粗糙度符号的 *A* 点，结果如图 4-18 所示。

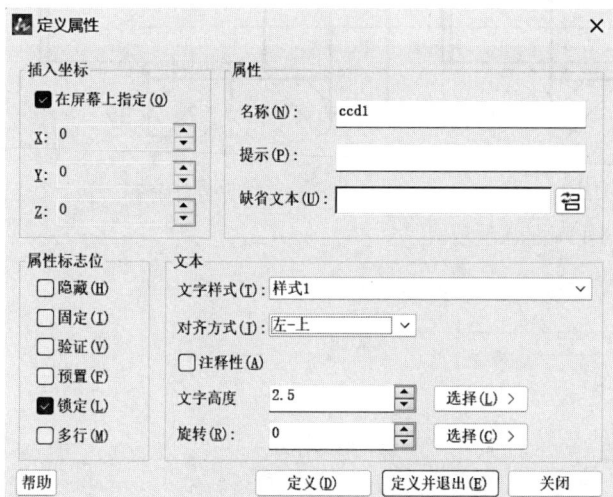

图 4-17　"定义属性"对话框

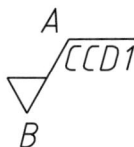

图 4-18　带有属性文字的粗糙度符号

③ 创建带属性的图块。执行"创建块"命令，弹出"块定义"对话框，输入块名称"粗糙度 1"；单击"选择对象"按钮，选择带有属性文字的表面粗糙度符号图形；单击"拾取基点"按钮，拾取 *B* 点；单击"确定"按钮，系统生成图块。

④ 插入属性块。执行"插入块"命令，系统会弹出"插入图块"对话框，选择"名称""比例"和"旋转"，单击"插入"按钮，关闭对话框。命令行提示指定插入点，在图形上单击合适的点，弹出"编辑图块属性"对话框，如图 4-19 所示。在其中输入属性值，如 *Ra* 12.5。按照上述步骤，插入所有的属性块，相同的属性块也可复制。

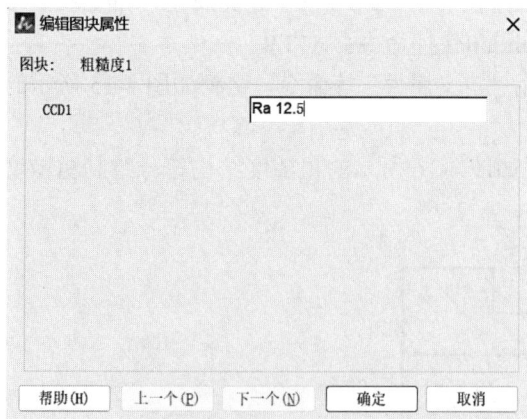

图 4-19　"编辑图块属性"对话框

4) 编辑属性块

(1) 输入命令。

① 菜单栏：选择"修改"→"对象"→"属性"→"单个"命令。

② 命令行：输入 eattedit。

(2) 操作格式。 执行"eattedit"命令，或双击要修改的图块，打开"增强属性编辑器"对话框，如图 4-20 所示。在"属性"选项卡中，将"值"改为要修改的属性值。在"文字选项"选项卡中，可以修改"文字样式""字高"等。在"特性"选项卡中，可修改属性文字的图层、线型、颜色和线宽。

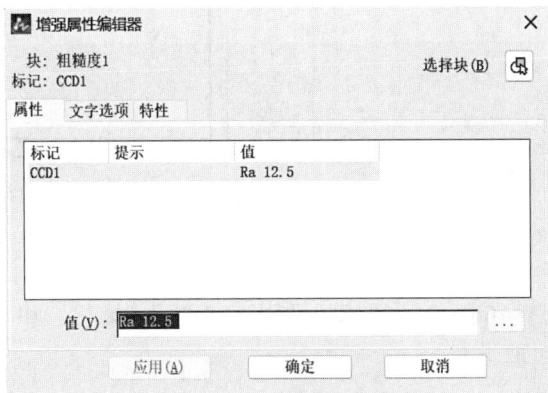

图 4-20 "增强属性编辑器"对话框

4. 轴套类零件表达方案

轴套类零件包括各种轴、螺杆、凸轮轴、曲轴、套筒等，这类零件的基本结构大多是由同轴、不同直径的数段回转体组成，轴向尺寸比径向尺寸大得多。因此，轴套类零件表达方案如下：

(1) 一般选用轴线水平放置的主视图，这样既符合轴类零件的加工位置原则，又表达了零件的主要结构形状。轴线水平放置并且将小头放在右边，便于加工时看图。

(2) 对于轴套上具有孔、槽等特征的部分，可以采用断面图来表达其内部结构和形状；对于轴套上的局部细节或不规则形状，可以采用局部视图来表达。

(3) 对于轴套上的某些细小特征(如轴肩的圆角、退刀槽(砂轮越程槽)等工艺结构)或难以表达的部分可以采用局部放大视图来表达。

(4) 可以采用一些简化的画法，如省略不重要的轮廓线、合并相似的形状等，以简化绘图并突出重要的部分。

任务实施

1. 设置绘图环境

创建 A4 图幅，设置图层、文字样式、尺寸标注样式，并绘制图框和标题栏。

绘制阀杆零件图

1) 图幅设置

以 A4(210 mm × 297 mm)图纸图幅(不留装订边)绘制为例，利用"矩形"命令绘制外框，如图 4-21(a)所示；利用"偏移"命令绘制内框，将其所在图层修改为"轮廓线"层，如图 4-21(b)所示。

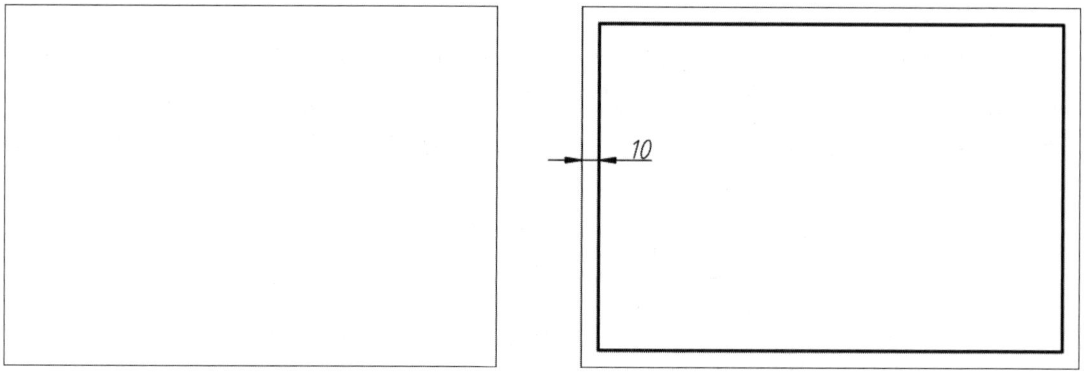

(a) 绘制外框　　　　　　　　　　　　　　　　(b) 绘制内框

图 4-21　绘制图框

2) 绘制标题栏

根据国家标准(GB/T 10609.1—2008)，利用"直线""偏移"和"修剪"等命令绘制如图 4-22 所示的标题栏线框。

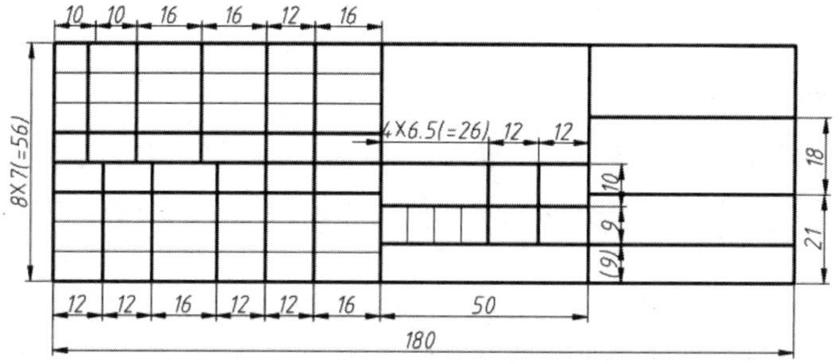

图 4-22　标题栏线框

在菜单栏中单击"绘图"→"文字"→"多行文字"命令填写标题栏文字，命令行提示如下：

> 命令：mtext
>
> 指定第一个角点：(单击左键，拾取表格中的 A 点，如图 4-23 所示)
>
> 指定对角点或[对齐方式(J)/行距(L)/旋转(R)/样式(S)/字高(H)/方向(D)/字宽(W)/栏(C)]：(单击左键，拾取表格中的 B 点，如图 4-23 所示)

系统打开多行文字编辑器，在"样式"下拉框设置文字样式，选择"工程文字"样式(见任务 3.1 知识链接)；在文本框中输入对应文字，在"多行文字对正" 下拉框中选择"正中"，单击"OK"按钮退出；可通过复制和修改文字，完成全部文字的添加。最终，设置完成的标题栏如图 4-24 所示。

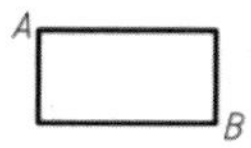

图 4-23　拾取点 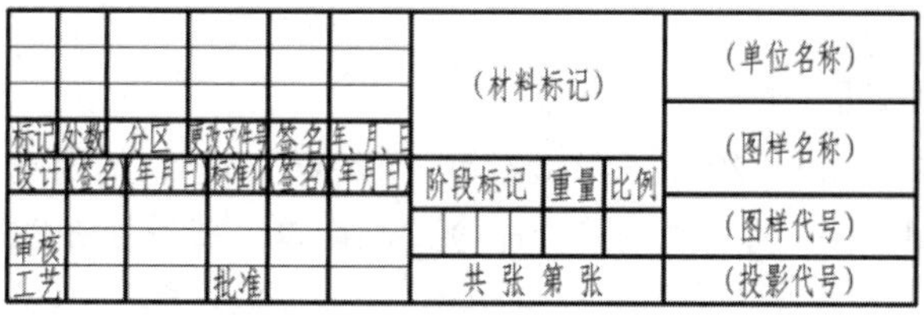　　　　　　　图 4-24　标题栏

❖ **注意**

文件保存成 *dwt 格式或做成图块，每次创建新文件可以调用该模板绘图。

2. 绘制阀杆

1) 绘制阀杆基本轮廓

利用"直线"命令和"点的坐标输入"绘制阀杆主视图和俯视图基本轮廓，如图 4-25(a)所示。

2) 绘制阀杆左端结构

在主视图和俯视图上，利用"对象追踪"确定圆心，绘制 SR250 球面。捕捉俯视图上球面与 $\phi96$ 圆柱面交点 A 并向上追踪绘制线段 BC；捕捉锥面与圆柱面交点 D 并向上追踪绘制线段 EF；利用"直线""偏移""修剪"等命令完成阀杆左端主视图和俯视图绘制(注意 I、II 和 III 点的位置)，如图 4-25(b)所示。

3) 绘制阀杆局部结构

利用"直线""偏移""倒角"命令完成梯形螺纹绘制，利用"圆角"和"延伸"命令完成 $R2$ 圆角绘制，如图 4-25(c)所示。

4) 绘制阀杆整体结构

利用"镜像""直线"命令完成阀杆整体结构绘制，如图 4-25(d)所示。

5) 阀杆简化画法

阀杆轴向尺寸较长，可采用简化画法表示，利用"样条曲线""打断"命令完成断开位置结构绘制。阀杆俯视图右端与主视图结构相同，用"样条曲线"命令采用截断画法表示。

整理图形，绘制完成的阀杆主视图和俯视图如图 4-25(e)所示。

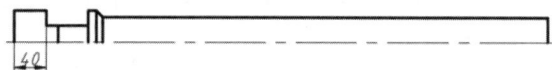

(a) 绘制阀杆基本轮廓

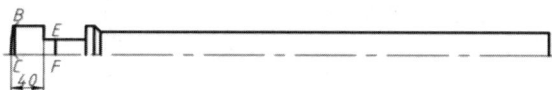

(b) 绘制阀杆左端结构

(c) 绘制阀杆局部结构

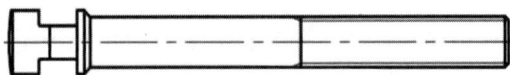

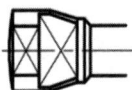

(d) 绘制阀杆整体结构

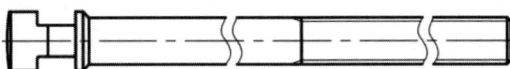

(e) 阀杆简化画法

图 4-25　阀杆绘制过程

3. 标注径向、轴向尺寸

由于视图按缩小比例 1∶4 绘制，故在尺寸标注时要修改标注样式参数设置，具体操作如下：在菜单栏中单击"格式"→"标注样式"命令，选中当前使用的标注样式名称，单击"修改"，系统弹出如图 4-26 所示的"修改标注样式"对话框，选择"主单位"选项卡，将测量单位比例区域的"比例因子"改为 4，单击"确定"按钮，返回"标注样式管理器"，关闭即可。

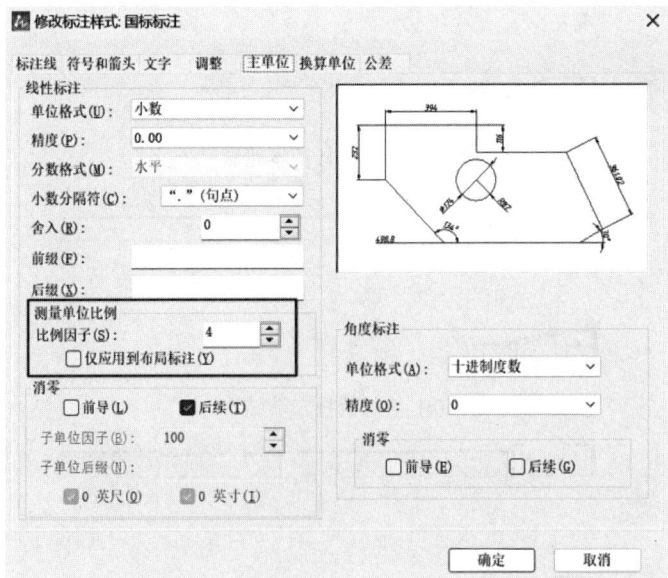

图 4-26　"修改标注样式"对话框

利用"线性""半径""角度""多重引线"等标注命令完成尺寸标注，如图 4-27 所示。

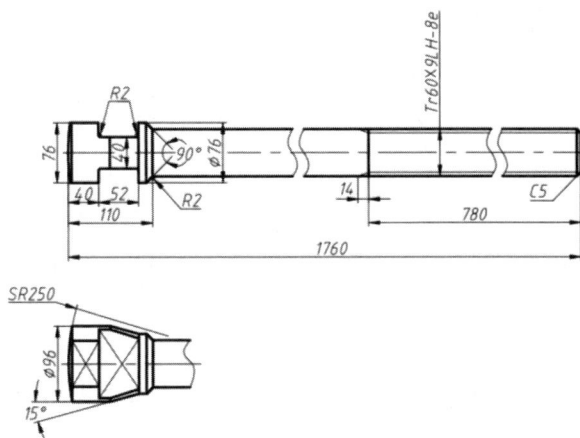

图 4-27　标注径向、轴向尺寸

4. 标注公差

1) 尺寸公差

利用"线性标注"命令标注尺寸 $\phi60$，在"文本格式"对话框输入"%%c60d11"，并采用堆叠文字方式标注公差。

2) 形位公差

(1) 基准标注。输入 LE 命令，完成引线绘制；输入 TOL 命令完成基准符号 $\boxed{A}$ 绘制，并将其放置在引线终点合适位置。基准标注完成后的图形如图 4-28 所示。

(2) 形位公差标注。输入 LE 命令，根据系统提示输入"S"，在弹出的"引线设置"对话框中，设置箭头为"实心闭合"，设置角度约束为"第一段：45°，第二段：水平"；在合适位置拾取一点，根据系统命令提示完成下一点绘制；系统打开"几何公差"对话框，在"符号"下选择"圆跳动"，在"公差 1"下输入"0.080"，在"基准 1"处输入"A"，单击"确定"按钮。用同样的方法标注"同轴度"形位公差，标注结果如图 4-28 所示。

5. 标注粗糙度

利用任务注释中已创建好的属性块"粗糙度 1"，在图中对应位置插入并编辑属性块，修改粗糙度数值。标注完成如图 4-28 所示。

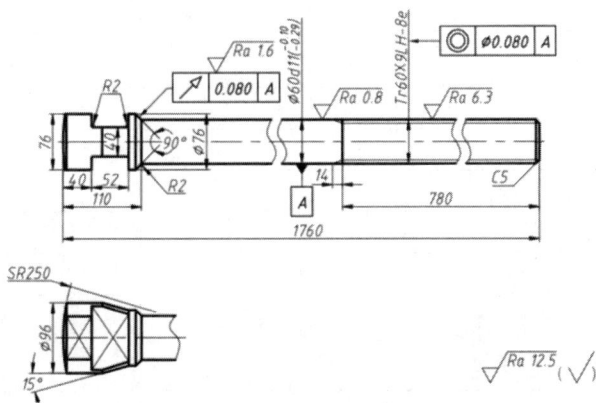

图 4-28　标注公差和粗糙度

6. 填写技术要求和标题栏

(1) 填写技术要求。利用"多行文字"命令创建技术要求，在"多行文字编辑器"中，输入文字，设置"文字高度"为 5；选中文字"技术要求"，设置"文字高度"为 7，结果如图 4-29 所示。

技术要求

1.梯形螺纹基本尺寸及公差带按GB/T 5796.3～5796.4-1986的规定。
2.未注明的加工尺寸公差按GB/T 1804-1979规定的H14(h14)js15。

图 4-29　填写技术要求

(2) 填写标题栏。双击表格对应位置的文字，填写零件图图样名称、零件材料和图样比例，结果如图 4-30 所示。

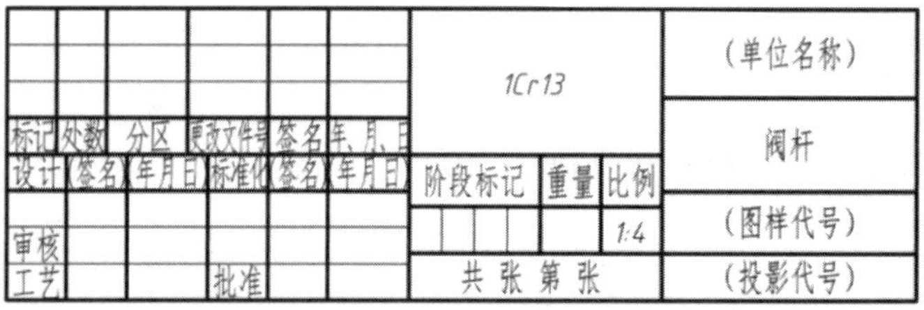

图 4-30　填写标题栏

按照上述步骤绘制完成后，调整主视图和俯视图的布局位置，完成如图 4-2 所示的零件图。

任务评价

如表 4-1 所示，从绘图能力和职业能力两个方面，根据学生自评、组内互评、教师综合评价将各项得分填入表中。

表 4-1　任务 4.1 评价表

评价内容		分值	学生自评 (10%)	组内互评 (20%)	教师综合评价 (70%)
绘图能力	图幅设置	5			
	视图绘制	30			
	尺寸标注	15			
	公差标注	10			
	粗糙度标注	10			
	填写技术要求、标题栏	10			
职业能力	查阅资料　团队合作 练习态度　拓展学习	20			
总　　分		100			

拓展训练

绘制如图 4-31、图 4-32 所示的零件图。

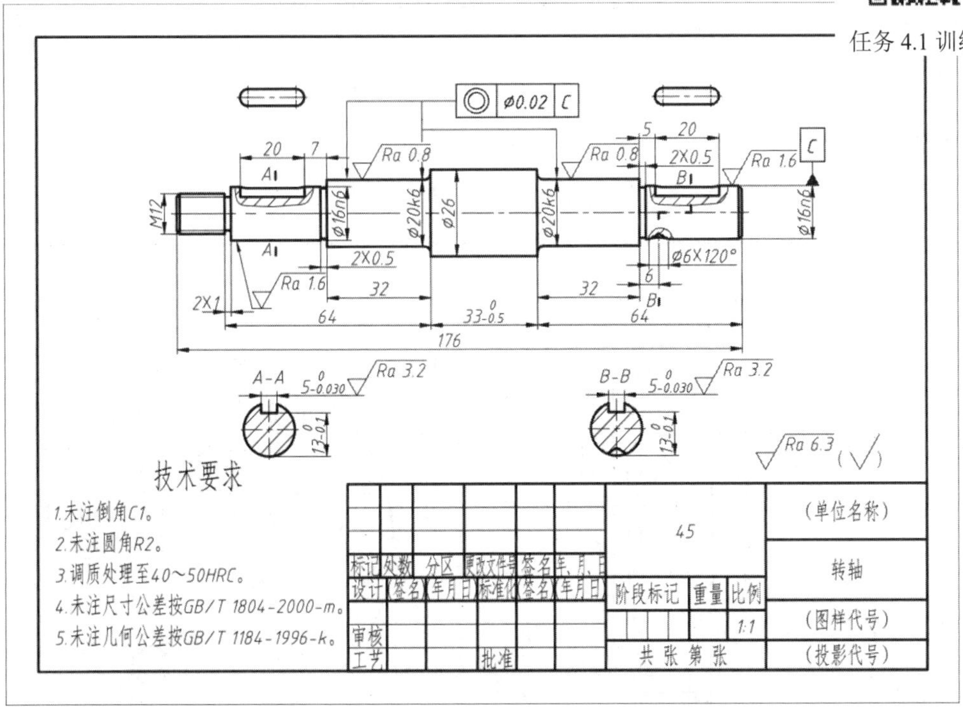

任务 4.1 训练

图 4-31 转轴零件图

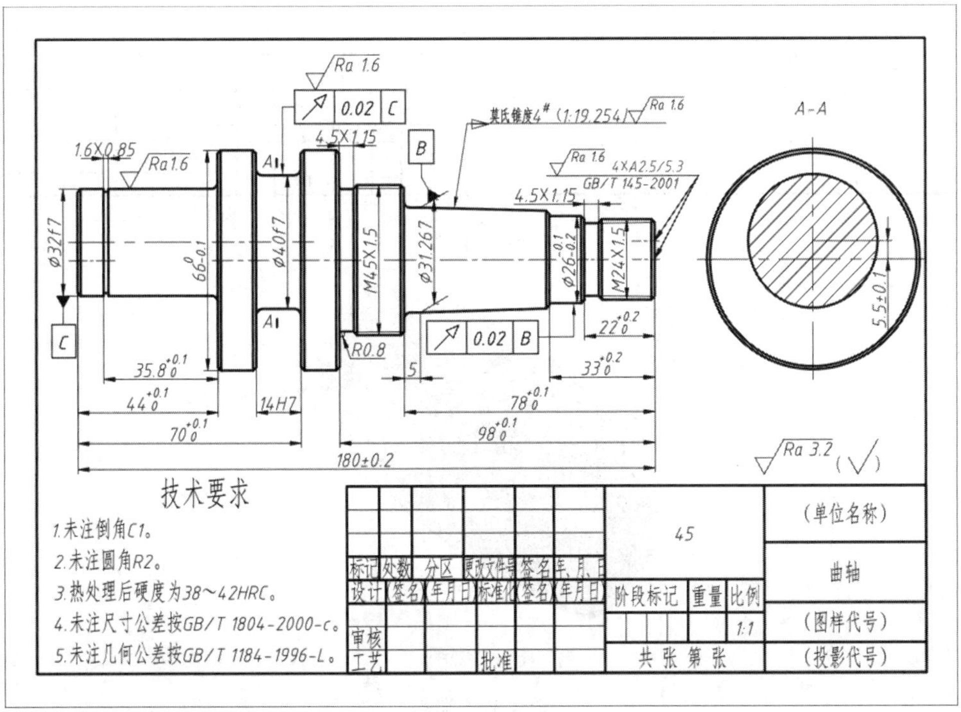

图 4-32 曲轴零件图

任务 4.2 　绘 制 端 盖

任务描述

运用中望 CAD 教育版绘制如图 4-33 所示的端盖零件图。

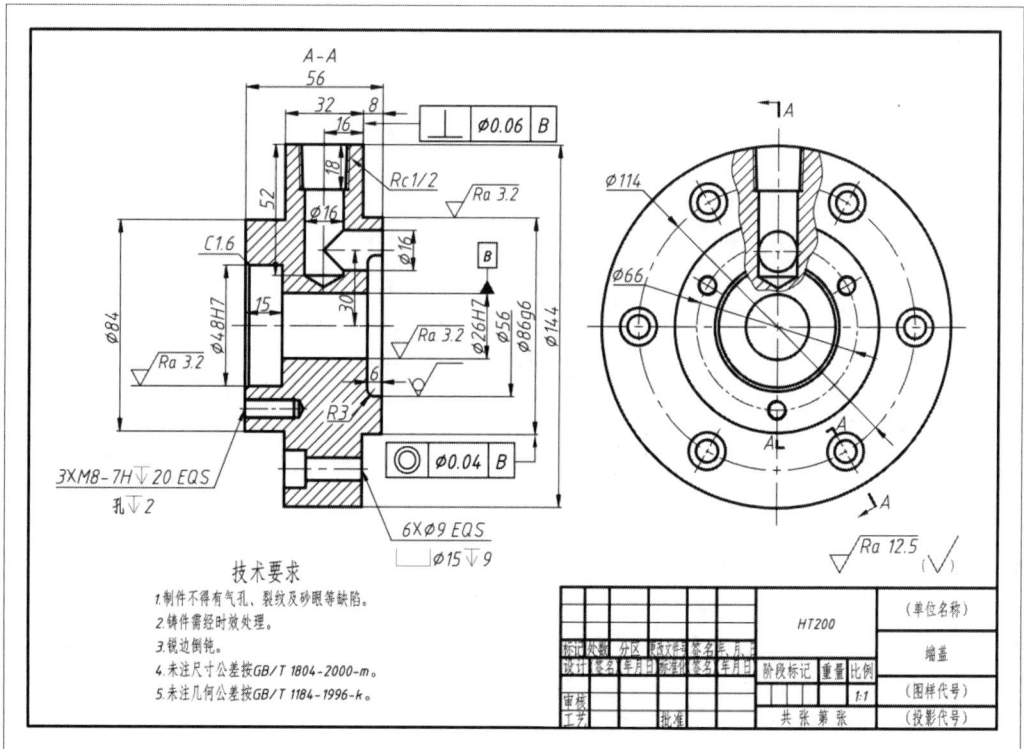

(a) 零件图

(b) 实物图

图 4-33　端盖

任务分析

端盖属于盘盖类零件，其零件图由轮廓线层、中心线层、细实线层、尺寸线层、剖面线层、文字层等多个图层构成，可利用"直线""圆""偏移""镜像""倒角""圆角""延伸""修剪""多段线""复制""图案填充"等命令绘制视图；利用"线性""直径""半径""多重引线""公差"等标注命令完成尺寸及公差标注，利用"创建动态块"完成粗糙度标注；利用"多行文字"命令完成技术要求和标题栏填写。

知识链接

1. 创建动态块

动态块就是将一系列内容相同或相近的图形通过块编辑器创建为块，并设置块具有参数化的动态特性，可通过自定义夹点或自定义特性来操作。设置的动态块对于常规块来说具有极大的灵活性和智能性，不仅提高了绘图的效率，同时也减小了图块库中块的数量。要使块成为动态块，必须至少添加一个参数，然后添加一个动作，并使该动作与参数关联。添加到块定义中的参数和动作类型定义了块在图形中的作用方式。

创建动态块

利用"块编辑器"工具可以创建动态块特征。块编辑器是一个专门的编写区域，用于添加能够使块成为动态块的元素。

1) 输入命令

(1) 菜单栏：选择"工具"→"块编辑器"命令。

(2) 命令行：输入 bedit。

2) 操作格式

以创建粗糙度动态块为例，其操作过程如下：

(1) 在图块中创建长度参数并对其进行拉伸。

① 执行"块编辑器"命令，打开如图 4-34 所示的"块编辑"对话框，选择任务 4.1 知识链接中创建完成的属性块"粗糙度 1"，单击"确定"按钮。

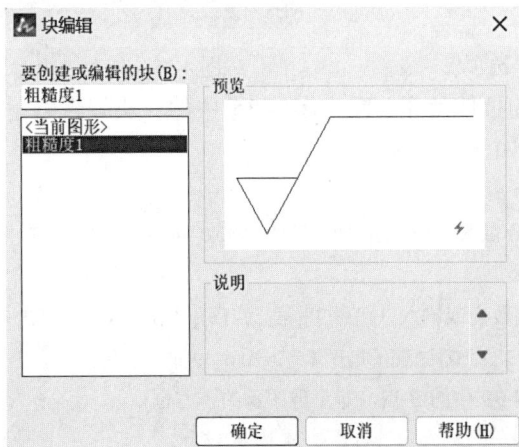

图 4-34 "块编辑"对话框

② 添加长度参数。系统进入块编辑窗口，弹出"块编辑器"工具栏，如图 4-35 所示。单击"块编辑器—参数"工具栏中的"线性"命令，命令行提示如下：

命令：bparameter

输入参数类型 [对齐(A)/基点(B)/点(O)/线性(L)/极轴(P)/XY(X)/旋转(R)/翻转(F)/可见性(V)]：_linear

指定起点或[名称(N)/标签(L)/链(C)/说明(D)/基点(B)/选项板(P)/值集(V)]：(单击直线左端)

指定端点：(单击直线右端)

指定标签位置：(移动鼠标，在合适位置单击，放置长度，结果如图 4-36 所示)

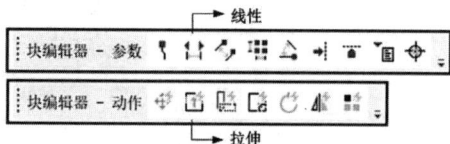

图 4-35　"块编辑器"工具栏

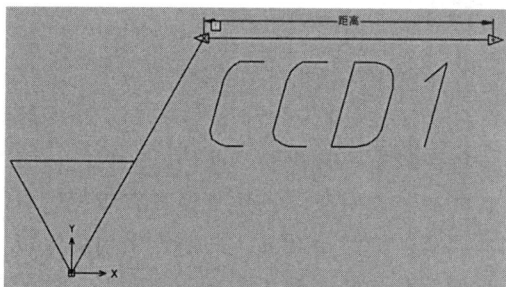

图 4-36　添加长度参数

③ 修改"距离"参数的属性。单击图 4-36 中的"距离"，弹出"特性"选项板，如图 4-37 所示。将"其他"特性中的"夹点数"改为"1"，修改后的线性参数如图 4-38 所示。

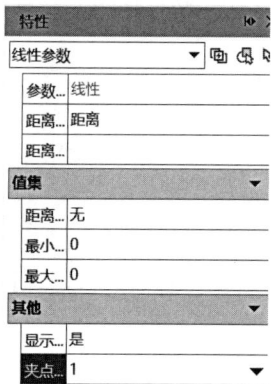

图 4-37　"特性"选项板

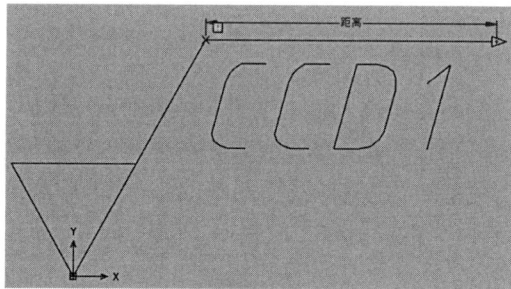

图 4-38　修改"距离"参数的属性

④ 给长度参数增加拉伸动作。单击图 4-35 中的"块编辑器—动作"工具栏中的"拉伸"命令，命令行提示如下：

命令：bactiontool

输入动作类型 [阵列(A)/翻转(F)/移动(M)/旋转(R)/缩放(S)/拉伸(T)/极轴拉伸(P)]：_stretch

选择参数：(单击"距离")

指定要与动作关联的参数点或输入 [起点(T)/第二点(S)] <第二点>：(单击右端点)

指定拉伸框架的第一个角点或[圈交(CP)]：(单击图 4-39 中的 A 点)

指定对角点：(单击图 4-39 中的 B 点，即出现图示的小方框)

指定要拉伸的对象

选择对象：找到 1 个(单击要拉伸的水平直线)

选择对象：(单击右键结束选择)

指定动作位置或[乘数(M)/偏移(O)]：(单击左键指定位置，结果如图 4-40 所示)

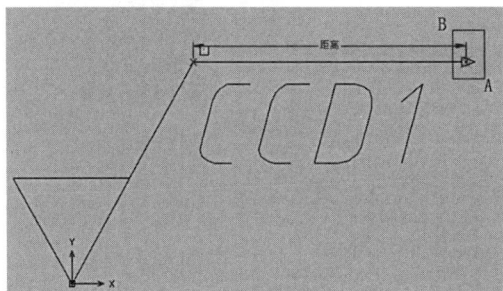

图 4-39　选择拉伸框架

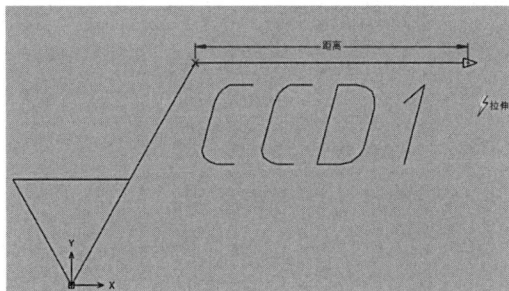

图 4-40　对"距离"的拉伸结果

　　⑤ 保存更改。关闭"块编辑器"工具栏，弹出如图 4-41 所示的对话框，单击"是"(确定"保存更改")，返回绘图窗口。

　　(2) 插入动态块。执行"插入块"命令，弹出"插入图块"对话框。在"名称"下拉列表中选择块名"粗糙度 1"，设置"比例"和"角度"，单击"插入"按钮，返回绘图区域，命令行提示：指定块的插入点，在合适的位置单击，系统弹出"编辑图块属性"对话框，输入属性值如"Ra 3.2"，单击"确定"，完成块的插入。

　　(3) 编辑动态块。选择插入的动态块，单击箭头，并移动鼠标，根据粗糙度参数值的不同调整线段至合适的位置，结果如图 4-42 所示。

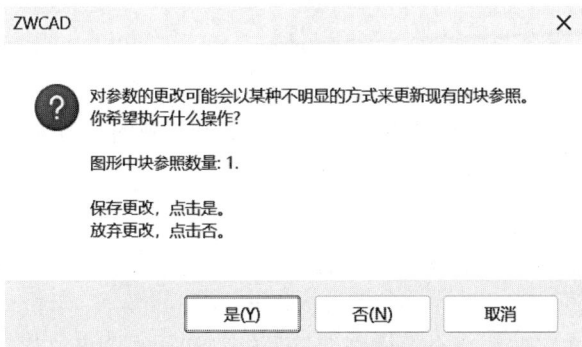

图 4-41　保存更改动态块

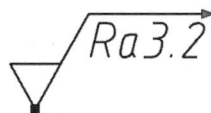

图 4-42　编辑动态块

2. 盘盖类零件表达方案

　　盘盖类零件包括各种法兰盘、轴承端盖、齿轮、带轮、手轮等。这类零件的主要结构形状是回转体，其特点是径向尺寸大、轴向尺寸小，根据其作用的不同，常有凸台、凹坑、均布安装孔、轮辐、键槽、螺孔、销孔等结构。因此，盘盖类零件表达方案如下：

　　(1) 主视图的选择。盘盖类零件主要在车床上加工，所以应按形状特征和加工位置选择主视图，将轴线水平放置。

　　(2) 其他视图的选择。一般用两个基本视图表示其主要结构形状，再选用剖视、断面、局部视图和斜视图等表示其内部结构和局部结构；当零件具有回转轴时，如用单一剖切平面不能完整表达内部形状，可采用两个以上的相交剖切平面在回转轴处剖开零件，将剖开后的结构旋转到与选定的投影面平行后投射。

任务实施

1. 设置绘图环境

创建 A3 图幅，设置图层、文字样式、尺寸标注样式，并绘制图框和标题栏。

绘制端盖零件图

2. 绘制端盖

1) 绘制端盖基本轮廓

(1) 利用"直线""圆"等命令绘制端盖左视图基本轮廓。

(2) 利用"直线""对象捕捉""镜像"等命令绘制端盖主视图基本轮廓，如图 4-43(a)所示。

2) 绘制端盖中间孔

(1) 利用"圆"等命令绘制端盖中间孔左视图。

(2) 利用"直线""对象捕捉""偏移""圆角""倒角"等命令绘制端盖中心孔主视图，如图 4-43(b)所示。

3) 绘制端盖沉孔和螺纹孔

(1) 利用"圆""环形阵列"等命令绘制沉孔和螺纹孔左视图。

(2) 利用"直线""对象捕捉""偏移"等命令绘制沉孔和螺纹孔主视图，如图 4-43(c)所示。

4) 绘制端盖管螺纹

(1) 利用"直线""圆""镜像"等命令绘制管螺纹主视图。

(2) 利用"复制"命令，将主视图绘制完好的管螺纹结构复制到左视图，同时绘制$\phi16$圆孔，如图 4-43(d)所示。

5) 端盖剖面图案填充

(1) 利用"样条曲线"命令绘制左视图管螺纹局部剖分界线，利用"修剪"命令修剪多余线条。

(2) 利用"直线""多段线""文字"等命令完成剖切符号绘制和剖视图名称标注，如图 4-43(e)所示。

(3) 用"图案填充"命令完成剖面线绘制，完成效果如图 4-43(f)所示。

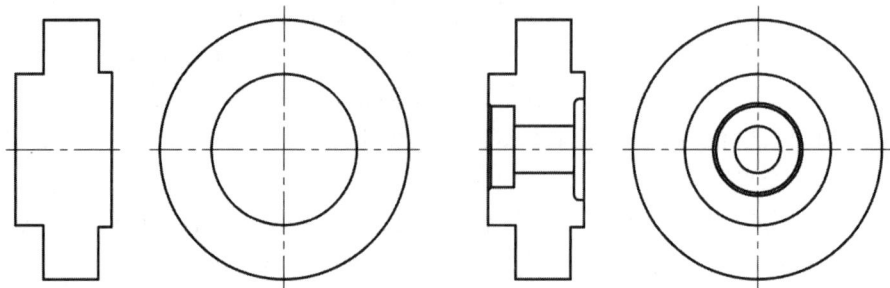

(a) 绘制端盖基本轮廓　　　　　　　　(b) 绘制端盖中间孔

(c) 绘制端盖沉孔和螺纹孔　　　　　　　　(d) 绘制端盖管螺纹

(e) 绘制和标注端盖剖视图　　　　　　　　(f) 端盖剖面图案填充

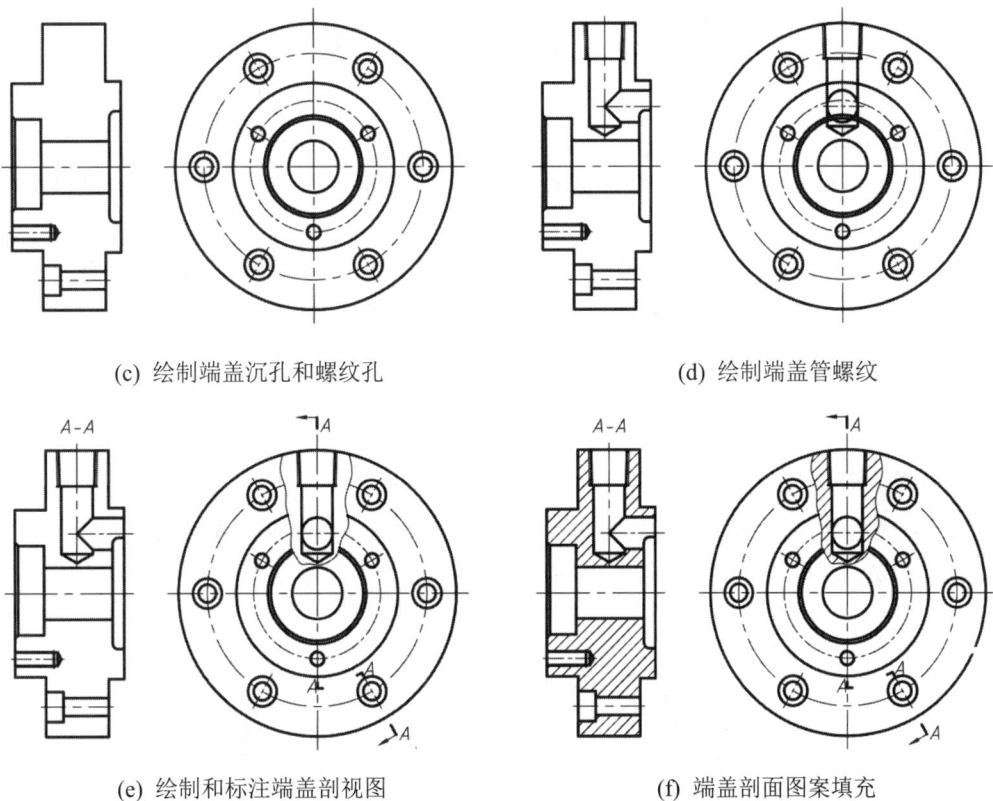

图 4-43　端盖绘制过程

3. 标注尺寸

利用 "线性" "直径" "半径" "多重引线" 等标注命令完成尺寸标注，如图 4-44 所示。

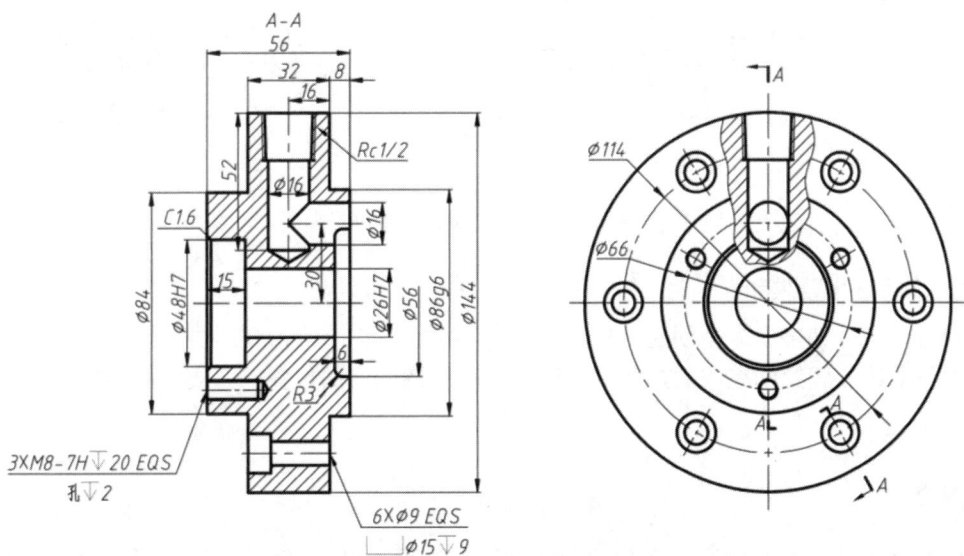

图 4-44　标注尺寸

❖ **注意**

(1) 沉孔符号 ⊔ 输入，将字体更改为 "ZGDT"，然后输入 "v"。

(2) 孔深符号 ▽ 输入，将字体更改为 "ZGDT"，然后输入 "x"。

4. 标注公差

(1) 基准标注。利用 "LE" 和 "TOL" 命令标注基准 *B*，注意引线设置，基准标注完成后的图形如图 4-45 所示。

(2) 形位公差标注。输入 LE 命令，根据系统提示输入 "S"，在弹出的 "引线设置" 对话框中，设置箭头为 "实心闭合"，设置角度约束为 "第一段：90°，第二段：水平"；在对应位置拾取一点，根据系统命令提示完成下一点绘制；系统打开 "几何公差" 对话框，在 "符号" 下选择 "同轴度"，在 "公差 1" 下输入 "%%c0.04"，在 "基准 1" 处输入 "B"，单击 "确定" 按钮。用同样的方法标注 "垂直度" 形位公差，结果如图 4-45 所示。

5. 标注粗糙度

利用任务注释中已创建好的动态块 "粗糙度 1"，在图中对应位置插入并编辑动态块，修改粗糙度数值。标注完成的图形如图 4-45 所示。

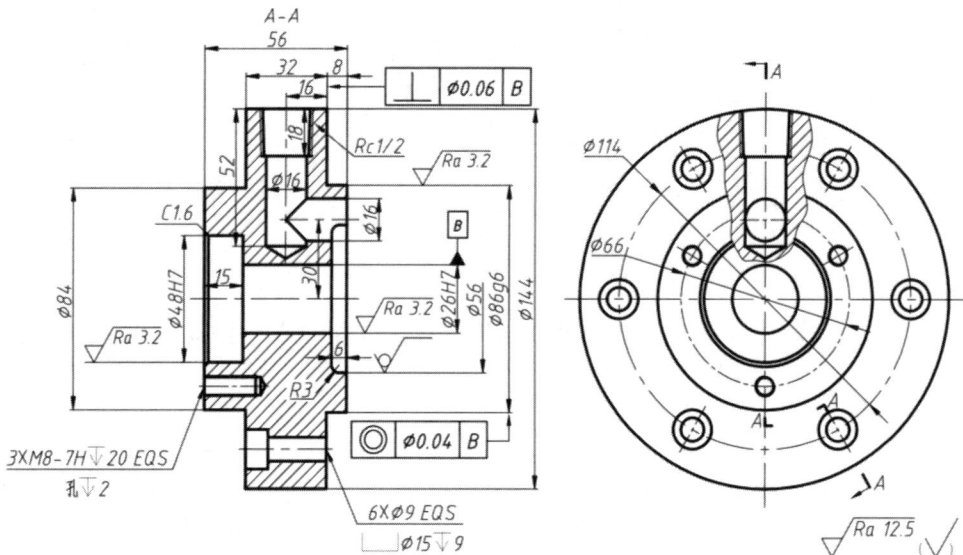

图 4-45　标注公差和粗糙度

6. 填写技术要求和标题栏

利用 "多行文字" 命令创建 "技术要求"，利用 "文字" 命令填写标题栏。

按照上述步骤绘制完成后，调整主视图和左视图的布局位置，完成如图 4-33 所示的端盖零件图。

任务评价

如表 4-2 所示，从绘图能力和职业能力两个方面，根据学生自评、组内互评、教师综合评价将各项得分填入表中。

表 4-2　任务 4.2 评价表

评价内容		分值	学生自评 (10%)	组内互评 (20%)	教师综合评价 (70%)
绘图 能力	图幅设置	5			
	视图绘制	30			
	尺寸标注	15			
	公差标注	10			
	粗糙度标注	10			
	填写技术要求、标题栏	10			
职业 能力	查阅资料　团队合作 练习态度　拓展学习	20			
总　　分		100			

拓展训练

绘制如图 4-46、图 4-47 所示的零件图。

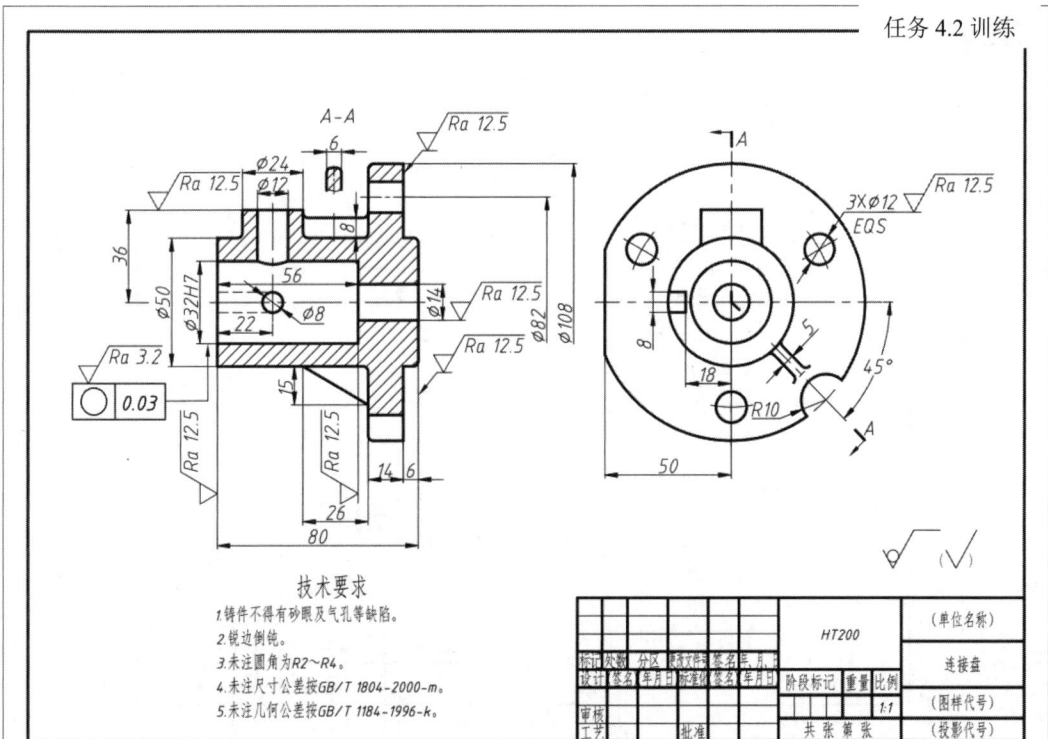

任务 4.2 训练

图 4-46　连接盘零件图

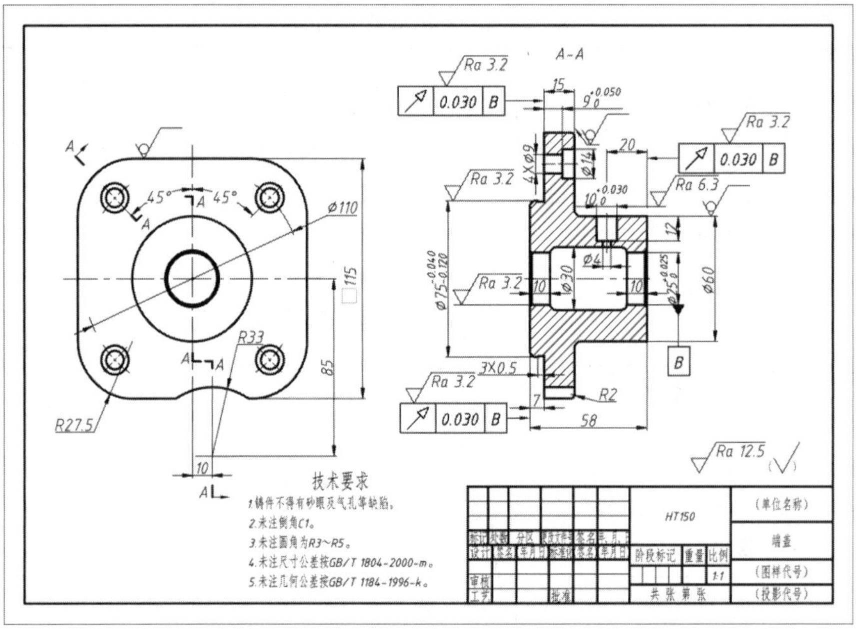

图 4-47　端盖零件图

任务 4.3　绘　制　连　杆

任务描述

运用中望 CAD 教育版绘制如图 4-48 所示的连杆零件图。

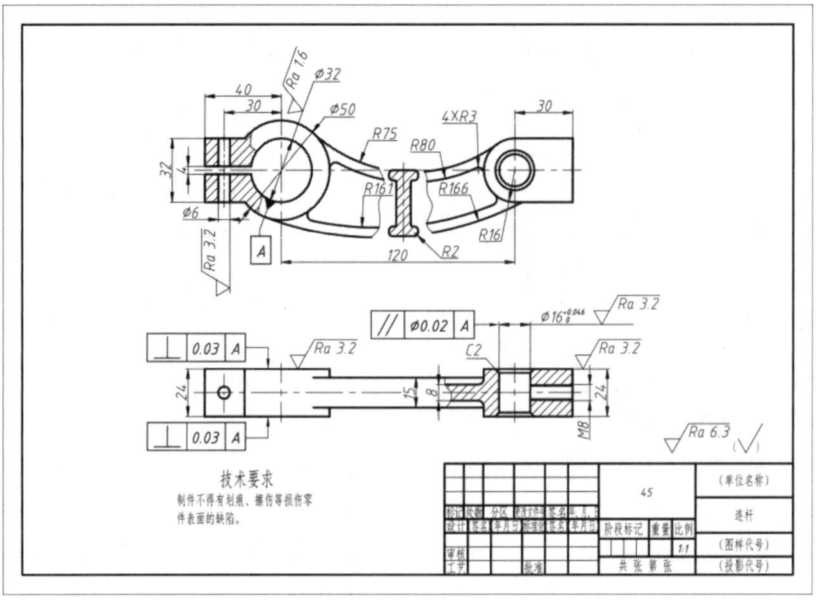

(a) 零件图

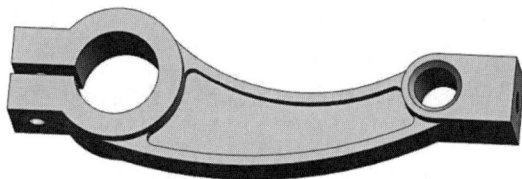

(b) 实物图

图 4-48　连杆

任务分析

连杆属于叉架类零件，其零件图由轮廓线层、中心线层、细实线层、尺寸线层、剖面线层、文字层等多个图层构成，可利用"直线""圆""偏移""镜像""倒角""圆角""延伸""修剪""图案填充"等命令绘制视图；利用"线性""直径""半径""多重引线""公差"等标注命令完成尺寸及公差标注，利用"创建动态块"完成粗糙度标注；利用"多行文字"命令完成技术要求和标题栏填写。

知识链接

1. 叉架类零件结构特点

叉架类零件是机器重要的基础件，包括各种用途的拨叉、连接块和支架(机架)等。这类零件多数形状不规则，结构较复杂，一般可分为工作部分、连接部分和支承部分，工作部分和支承部分细部结构较多，如圆孔、螺孔、油槽、油孔、凸台和凹坑等；连接部分多为肋板结构，且形状有弯曲、扭斜。

2. 叉架类零件表达方案

(1) 主视图的选择。由于叉架类零件的加工工序较多，加工位置多变，因此，选择主视图时，常以工作位置安放，按形状特征确定投影方向；常采用剖视图(形状不规则时用局部剖视为多)表达主体内形和局部内形。

(2) 其他视图的选择。叉架类零件结构形状(尤其是外形)较复杂，通常需要两个或两个以上的基本视图，并多用局部剖视兼顾内、外形状来表达；叉架零件的倾斜结构常用向视图、斜视图、局部视图、斜剖视图、断面图等表达。此类零件应适当分散地表达其结构形状。

任务实施

1. 设置绘图环境

启动中望 CAD 2025 教育版，单击"新建"按钮，选择"A3.dwt"样板文件，进入绘图窗口。

2. 绘制连杆

绘制连杆零件图

1) 绘制连杆主视图

(1) 利用"直线""圆""偏移""修剪"等命令绘制连杆主视图基本轮廓，如图 4-49(a)所示。

(2) 利用"直线""偏移""修剪"等命令绘制连杆主视图左端和右端结构部分，利用"圆角"命令绘制 R3 圆角，如图 4-49(b)所示。

(3) 利用"样条曲线"命令绘制连杆左端局部剖分界线和杆身断面分界线，如图 4-49(c)所示。

(4) 利用"直线""偏移""修剪"和"圆角"命令完成断面图绘制，用"修剪"或"打断"命令将杆身部分断开，如图 4-49(d)所示。

2) 绘制连杆俯视图

(1) 利用"直线""偏移""修剪"命令完成连杆俯视图整体轮廓绘制，如图 4-49(e)所示。通过主视图中的 C 点，利用"对象捕捉追踪"确定直线 AB 位置；通过主视图中的 E 点(圆弧与圆的交点)，利用"对象捕捉追踪"确定 D 点位置。

(2) 利用"样条曲线"命令绘制连杆右端局部剖分界线，用"图案填充"命令完成主视图和俯视图剖面线填充，完成效果如图 4-49(f)所示。

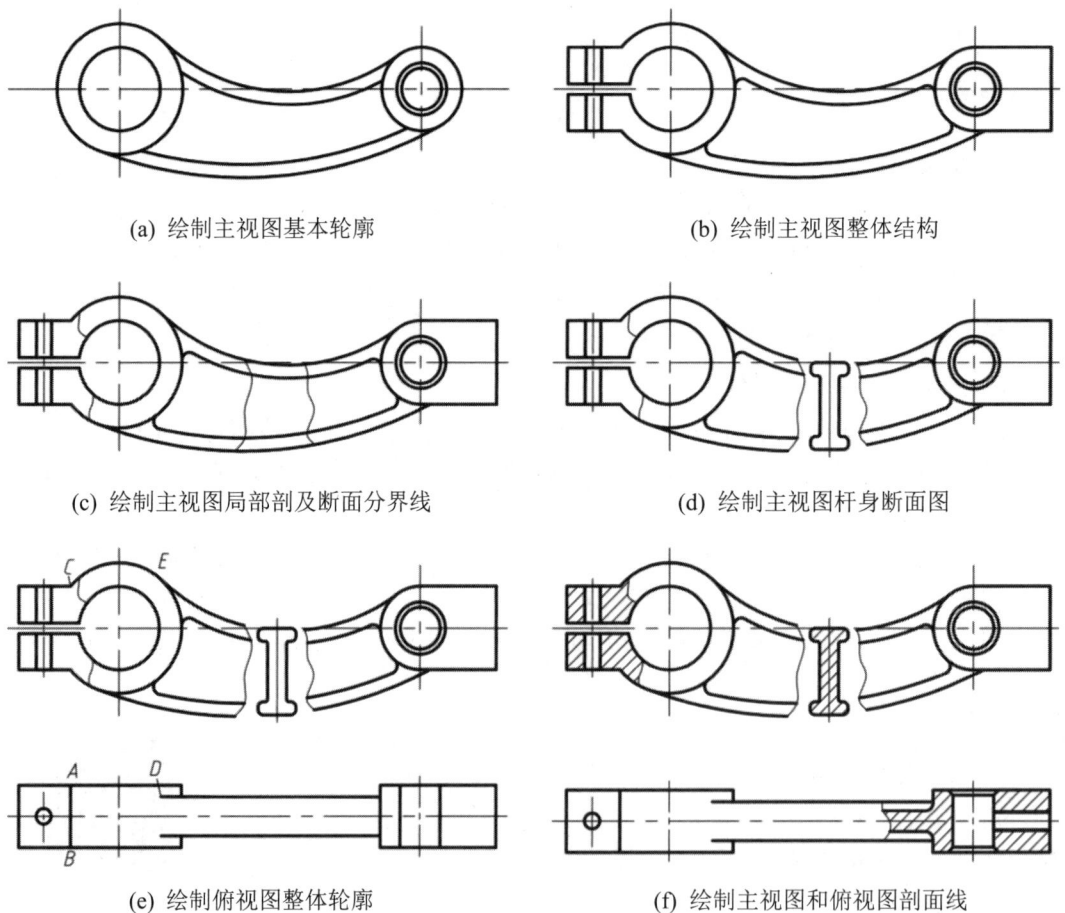

(a) 绘制主视图基本轮廓   (b) 绘制主视图整体结构

(c) 绘制主视图局部剖及断面分界线   (d) 绘制主视图杆身断面图

(e) 绘制俯视图整体轮廓   (f) 绘制主视图和俯视图剖面线

图 4-49   连杆绘制过程

3. 标注尺寸

利用"线性""直径""半径""多重引线"等标注命令完成尺寸标注，如图 4-50 所示。

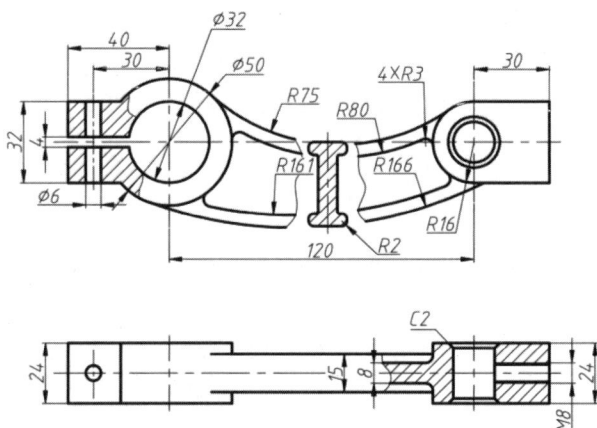

图 4-50　标注尺寸

4. 标注公差

1) 尺寸公差

利用"线性标注"标注φ16，在"文本格式"对话框输入"%%c16"，采用堆叠文字方式标注公差。

2) 形位公差

(1) 基准标注。利用"LE"命令标注基准 A，注意引线设置(设置角度约束为"第一段：任意角度，第二段：90°")，基准标注完成后的图形如图 4-51 所示。

(2) 形位公差标注。利用"LE"命令标注"垂直度"和"平行度"形位公差，注意引线设置，标注完成后的图形如图 4-51 所示。

5. 标注粗糙度

利用已创建好的动态块"粗糙度 1"(见 4.2)，在图中对应位置插入并编辑动态块，修改粗糙度数值。标注完成后的图形如图 4-51 所示。

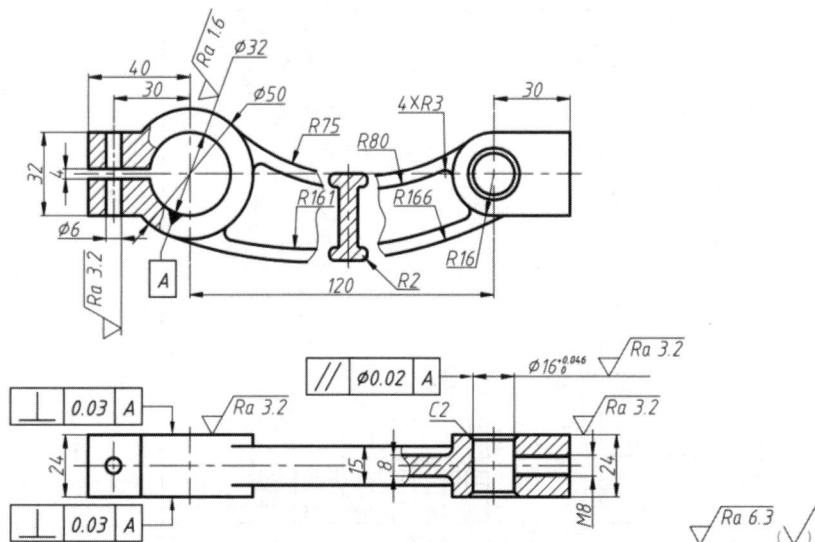

图 4-51　标注公差和粗糙度

6. 填写技术要求和标题栏

利用"多行文字"命令创建"技术要求"，利用"文字"命令填写标题栏。

按照上述步骤绘制完成后，调整主视图和俯视图的布局位置，完成如图 4-48 所示的连杆零件图。

任务评价

如表 4-3 所示，从绘图能力和职业能力两个方面，根据学生自评、组内互评、教师综合评价将各项得分填入表中。

表 4-3　任务 4.3 评价表

评价内容		分值	学生自评 (10%)	组内互评 (20%)	教师综合评价 (70%)
绘图 能力	图幅设置	5			
	视图绘制	30			
	尺寸标注	15			
	公差标注	10			
	粗糙度标注	10			
	填写技术要求、标题栏	10			
职业 能力	查阅资料　团队合作 练习态度　拓展学习	20			
总　　分		100			

拓展训练

绘制如图 4-52、图 4-53 所示的零件图。

任务 4.3 训练

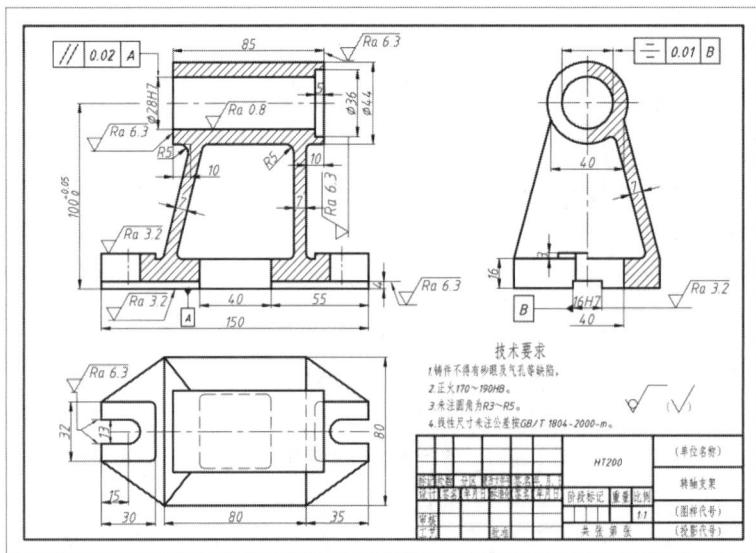

图 4-52　转轴支架零件图

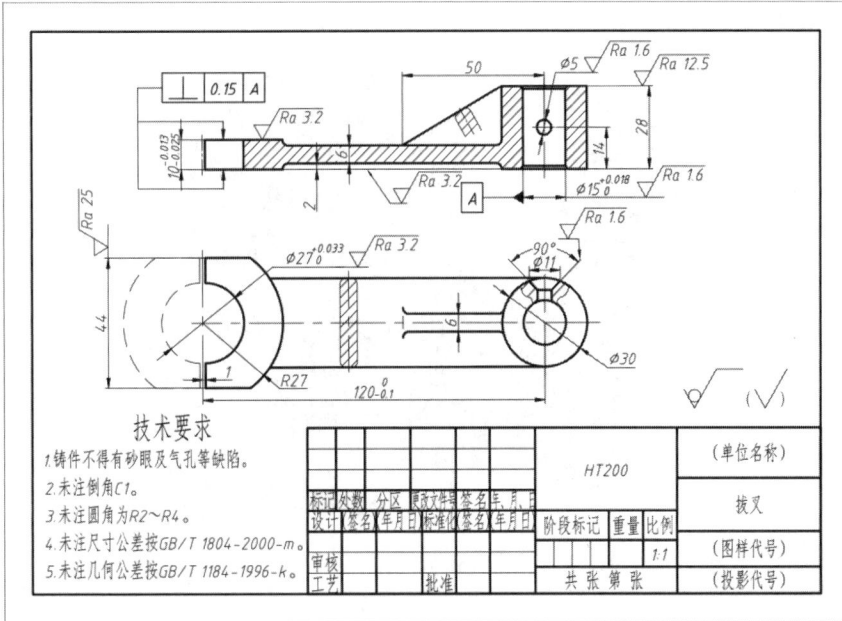

图 4-53　拔叉零件图

任务 4.4　绘制阀体

任务描述

运用中望 CAD 教育版绘制如图 4-54 所示的阀体零件图。

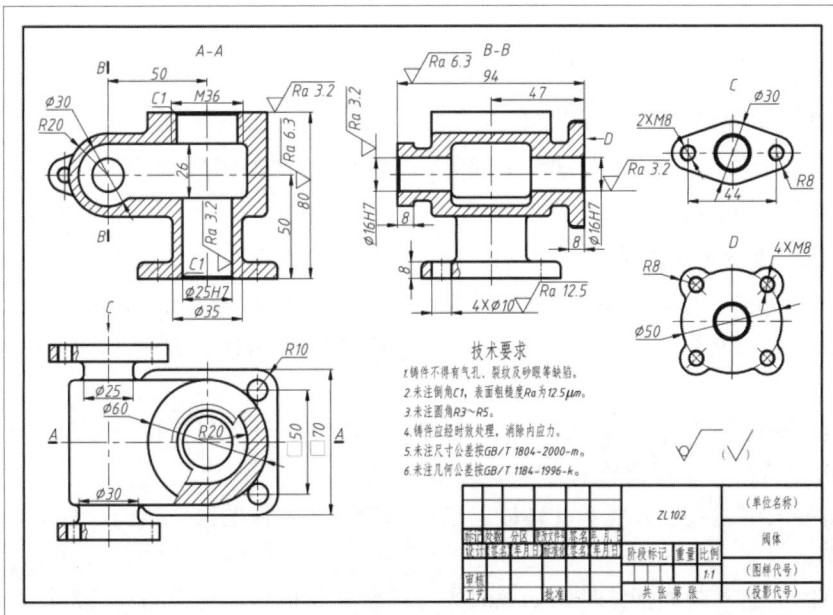

(a) 零件图

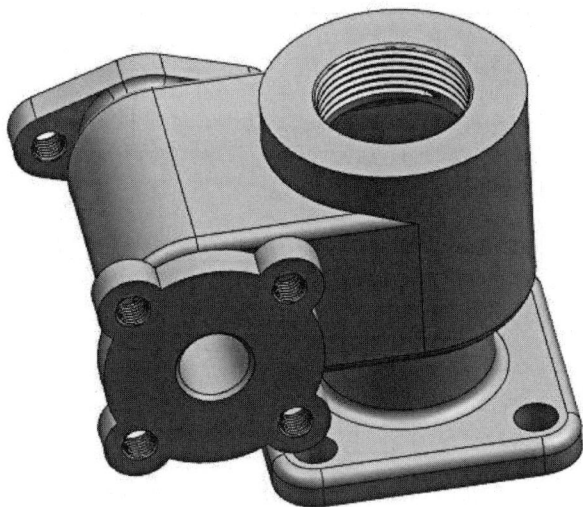

(b) 实物图

图 4-54　阀体

任务分析

　　阀体属于箱体类零件，其零件图由轮廓线层、中心线层、细实线层、尺寸线层、剖面线层、文字层等多个图层构成，可利用"直线""圆""偏移""镜像""倒角""圆角""延伸""修剪""多段线""图案填充"等命令绘制视图；利用"线性""直径""半径""多重引线"等标注命令完成尺寸及公差标注，利用"创建动态块"完成粗糙度标注；利用"多行文字"命令完成技术要求和标题栏填写。

知识链接

1. 箱体类零件结构特点

　　箱体类零件多为铸造件，一般可起支撑、容纳、定位和密封等作用。主体是由薄壁围成，其内部有空腔、孔等结构，形状比较复杂，如各类机体(座)、泵体、阀体、尾架体等。

2. 箱体类零件表达方案

　　箱体类零件通常采用三个或三个以上的基本视图，根据具体结构特点选用半剖、全剖或局部剖视图，并辅以断面图、斜视图、局部视图等表达方法。因此，箱体类零件的表达方案如下：

　　(1) 由于箱体类零件结构形状复杂、加工位置多变，一般以工作位置及最能反映其各组成部分形状特征和相对位置的方向作为主视方向。

　　(2) 通常采用通过主要支承孔轴线的剖视图来表达零件的内部结构，利用其他视图表现外部形状。

　　(3) 箱体上的一些局部结构，如螺纹孔、凸台及肋板等，可采用局部剖视图、局部视图和断面图等表达。

任务实施

1. 设置绘图环境

启动中望 CAD 2025 教育版，单击"新建"按钮，选择"A3.dwt"样板文件，进入绘图窗口。

2. 绘制阀体

1) 绘制底板

(1) 利用"直线""矩形""圆""修剪"等命令绘制底板俯视图。

(2) 利用"直线""偏移""圆角"等命令绘制底板主视图。

绘制阀体零件图

(3) 利用"复制"命令复制主视图，并绘制 $\phi10$ 孔，完成底板左视图绘制，如图 4-55(a) 所示。

2) 绘制空心圆柱体

(1) 利用"圆"等命令绘制空心圆柱体俯视图。

(2) 利用"直线""偏移""圆角"等命令绘制空心圆柱体主视图。

(3) 利用"复制"命令复制空心圆柱体轮廓，完成左视图绘制，如图 4-55(b)所示。

3) 绘制左侧空腔结构

(1) 利用"直线""圆""偏移""圆角""修剪"等命令绘制左侧空腔结构主视图。

(2) 利用"直线""对象捕捉"等命令绘制左侧空腔结构俯视图。

(3) 利用"直线""对象捕捉""圆角"等命令绘制左侧空腔结构左视图，如图 4-55(c) 所示。

4) 绘制向视图

(1) 利用"直线""圆""偏移"等命令绘制 C 向结构向视图。

(2) 利用"直线""圆""环形阵列""修剪"等命令绘制 D 向结构向视图，如图 4-55(d) 所示。

5) 绘制 C、D 向结构

(1) 利用"偏移""复制""修剪"等命令绘制 C 向结构主视图。

(2) 利用"直线""偏移""圆角""镜像"等命令绘制 C、D 向结构俯视图。

(3) 利用"直线""偏移""圆角""延伸"等命令绘制 C、D 向结构左视图，如图 4-55(e) 所示。

6) 图案填充

(1) 利用"直线""多段线""文字"等命令按剖切位置完成剖切符号绘制和剖视图名称标注。

(2) 利用"样条曲线"命令绘制阀体俯视图和左视图局部剖分界线，修剪多余的线条，用"图案填充"命令完成阀体整体剖面线填充，如图 4-55(f)所示。

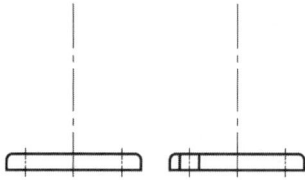

(a) 绘制底板

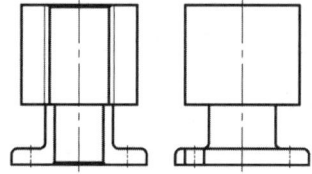

(b) 绘制空心圆柱体

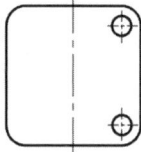

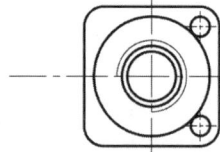

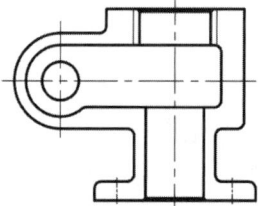

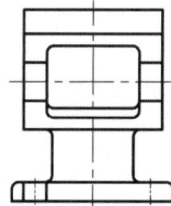

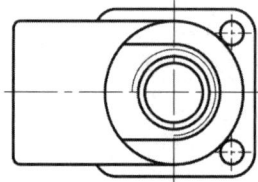

(c) 绘制左侧空腔结构

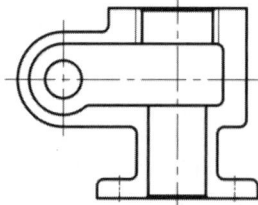

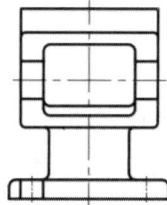

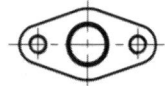

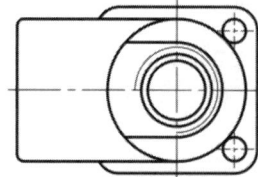

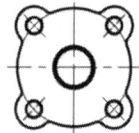

(d) 绘制向视图

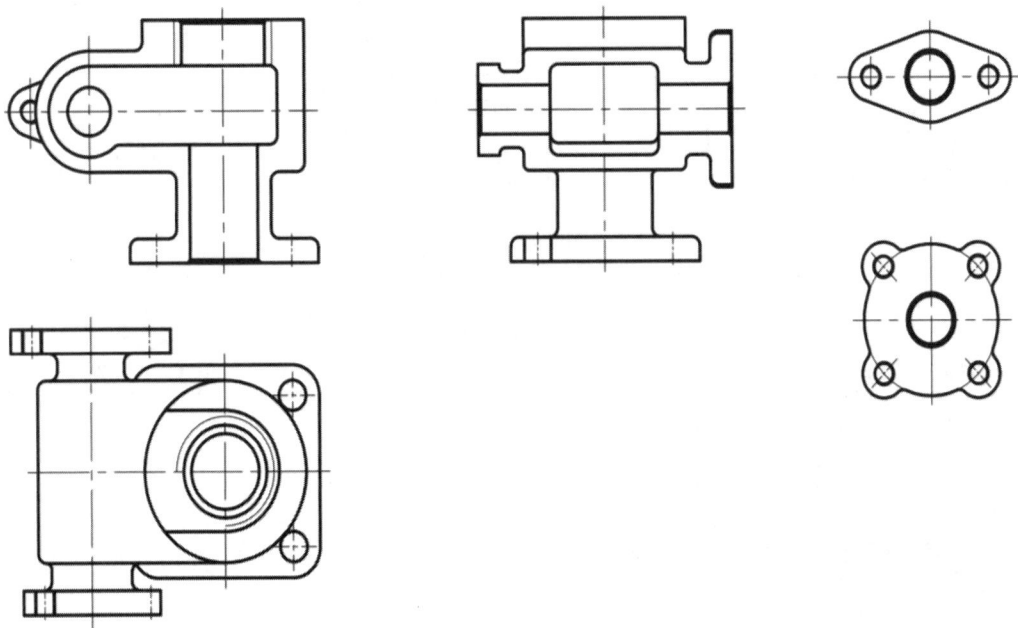

(e) 绘制 C、D 向结构

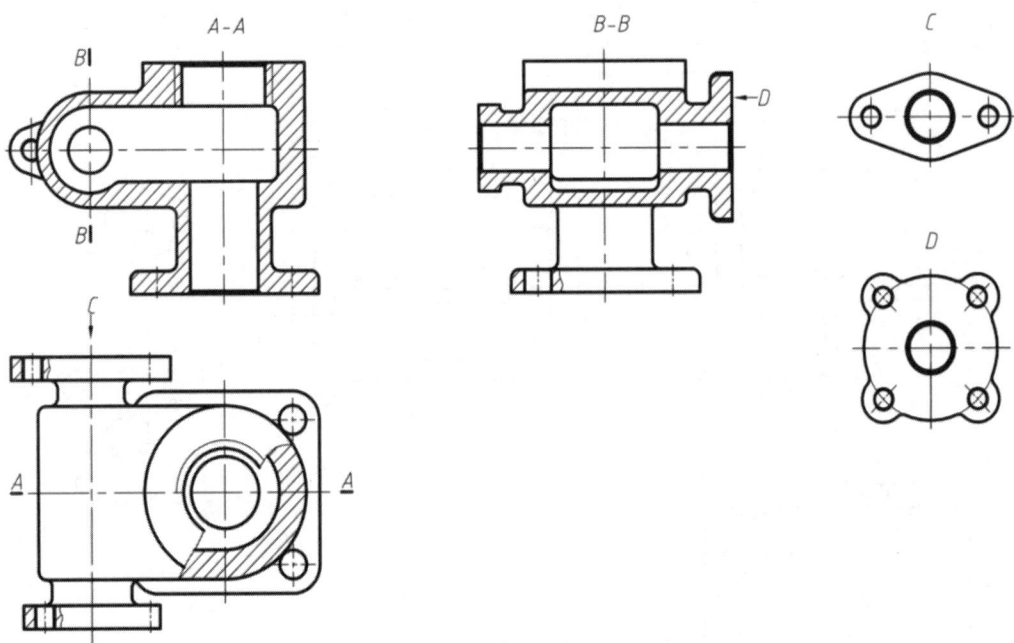

(f) 图案填充

图 4-55 阀体绘制过程

3. 标注尺寸

利用"线性""直径""半径""多重引线"等标注命令完成尺寸标注,如图 4-56 所示。

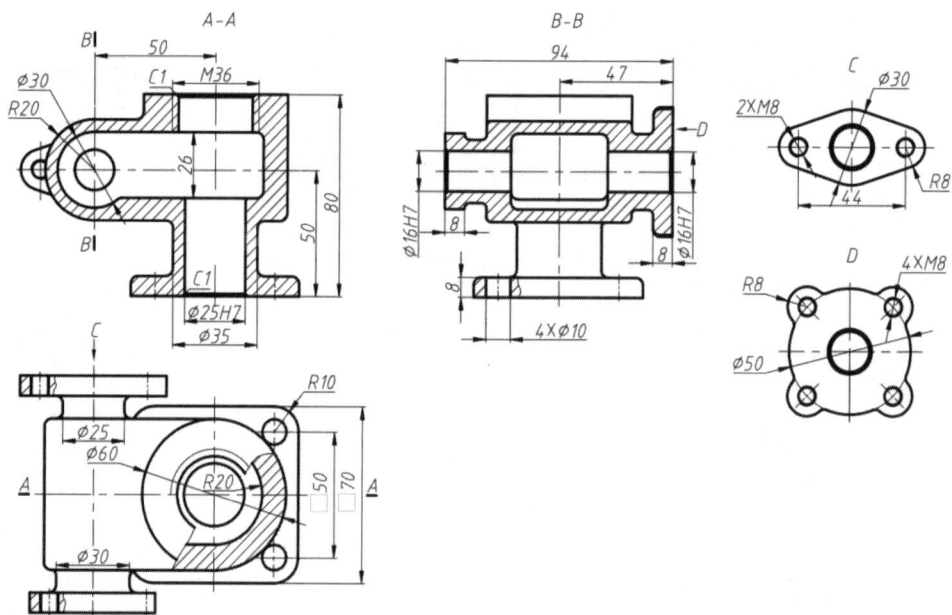

图 4-56   标注尺寸

4. 标注粗糙度

利用已创建好的动态块"粗糙度 1"(见 4.2),在图中对应位置插入并编辑动态块,修改粗糙度数值。标注完成后的图形如图 4-57 所示。

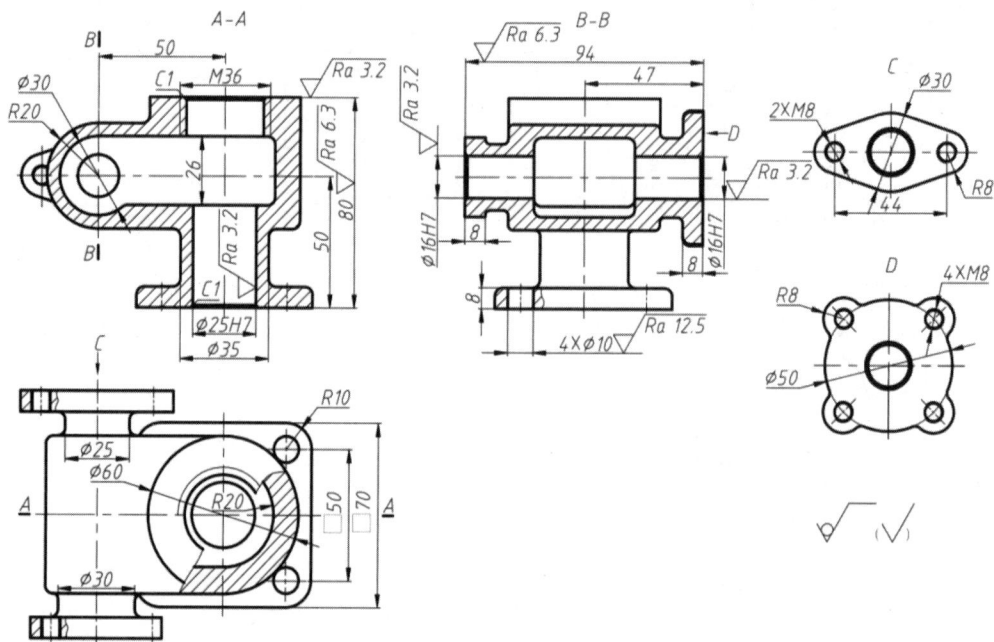

图 4-57   标注粗糙度

5. 填写技术要求和标题栏

利用"多行文字"命令创建"技术要求",利用"文字"命令填写标题栏。

按照上述步骤绘制完成后，调整主视图、俯视图、左视图和向视图的布局位置，完成的阀体零件图如图 4-54 所示。

任务评价

如表 4-4 所示，从绘图能力和职业能力两个方面，根据学生自评、组内互评、教师综合评价将各项得分填入表中。

表 4-4　任务 4.4 评价表

评价内容		分值	学生自评 (10%)	组内互评 (20%)	教师综合评价 (70%)
绘图 能力	图幅设置	5			
	视图绘制	40			
	尺寸标注	15			
	粗糙度标注	10			
	填写技术要求、标题栏	10			
职业 能力	查阅资料　团队合作 练习态度　拓展学习	20			
总　　分		100			

拓展训练

绘制如图 4-58、图 4-59 所示的零件图。

任务 4.4 训练

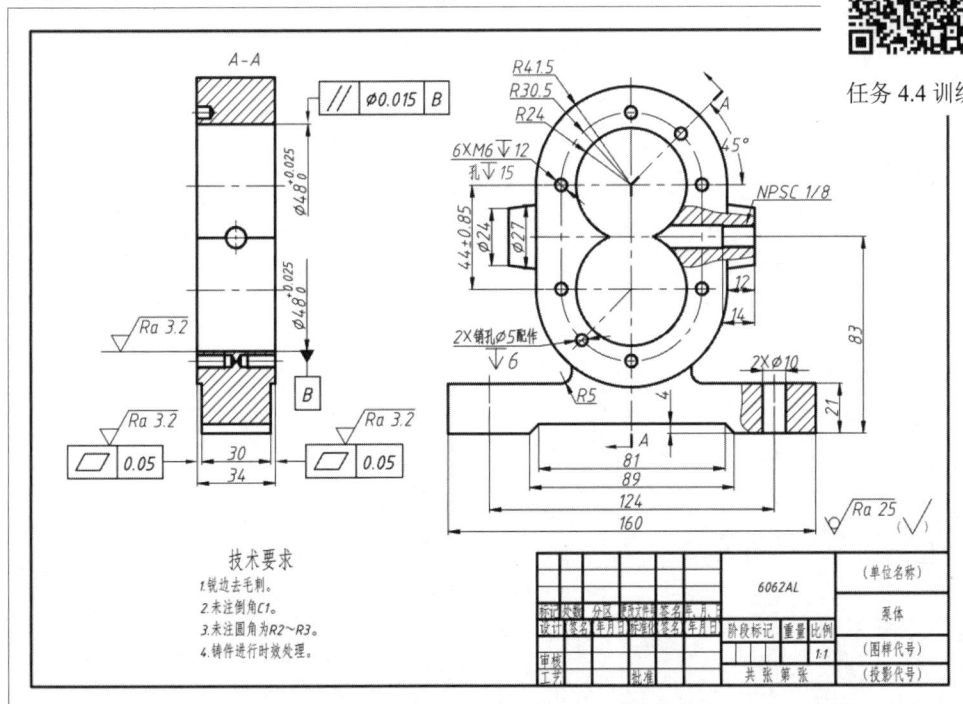

图 4-58　泵体零件图

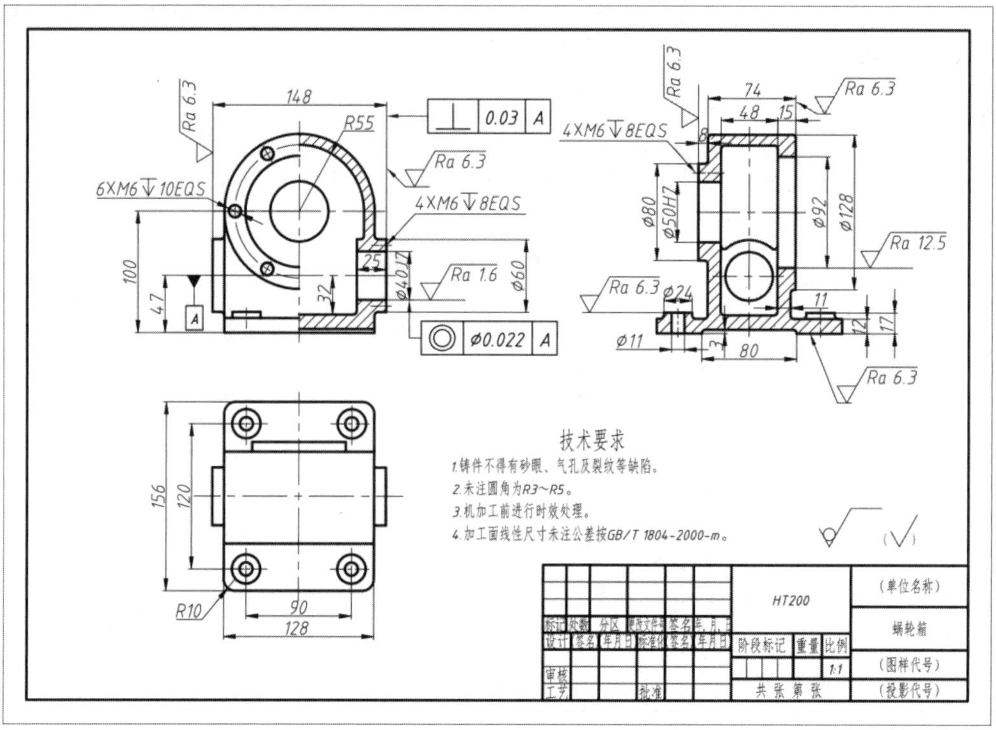
148
R55
0.03 A
Ra 6.3
6XM6 ↧ 10EQS
4XM6 ↧ 8EQS
100
47
A
25
32
ϕ40J7
Ra 1.6
ϕ60
ϕ0.022 A
74
48
15
8
Ra 6.3
ϕ80
ϕ50H7
ϕ92
ϕ128
Ra 12.5
ϕ24
11
12
17
ϕ11
3
80
156
120
R10
90
128
技术要求
1.铸件不得有砂眼、气孔及裂纹等缺陷。
2.未注圆角为R3~R5。
3.机加工前进行时效处理。
4.加工面线性尺寸未注公差按GB/T 1804-2000-m。
HT200
(单位名称)
蜗轮箱
(图样代号)
(投影代号)
标记 处数 分区 更改文件号 签名 年、月、日
设计 签名 年月日 标准化 签名 年月日
阶段标记 重量 比例
1:1
审核
工艺 批准
共 张 第 张

图 4-59　蜗轮箱零件图

项目 5

装 配 图 绘 制

项目概述

中望 CAD 教育版强大的功能和灵活的操作方式,可方便用户快速准确绘制各种机械图样,其中,装配图的绘制是较为复杂的综合应用部分。本项目以球阀和虎钳装配图的绘制为例,主要介绍装配图绘制的思路、方法、步骤和技巧,提高运用中望 CAD 教育版的绘图技能和设计能力。

本项目的任务逻辑如图 5-1 所示。

图 5-1 项目 5 任务逻辑

项目目标

知识目标

1. 掌握表格样式设置、创建表格和编辑表格命令。

2. 掌握装配图的绘制方法和步骤,包括视图绘制、必要标注、零件编号、明细栏绘制、标题栏和技术要求填写。

技能目标

能综合运用各种命令绘制球阀和虎钳的装配图。

素养目标

通过熟悉并绘制装配图,培养学生团结协作、沟通交流的能力,以及在实践中积极思考、分析问题和解决问题的能力。

任务5.1　绘制球阀

任务描述

　　球阀由阀体、阀盖、阀芯、阀杆、密封圈、扳手等零件装配而成，其结构及结构分解图如图 5-2 所示。

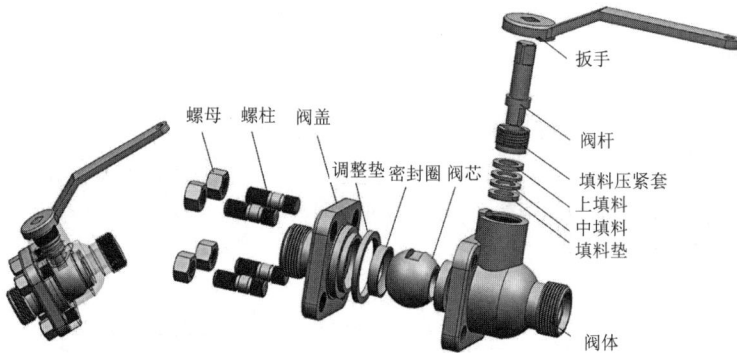

图 5-2　球阀结构及结构分解图

　　运用中望 CAD 教育版，利用球阀的各个零件图(见任务实施)绘制如图 5-3 所示的球阀装配图。

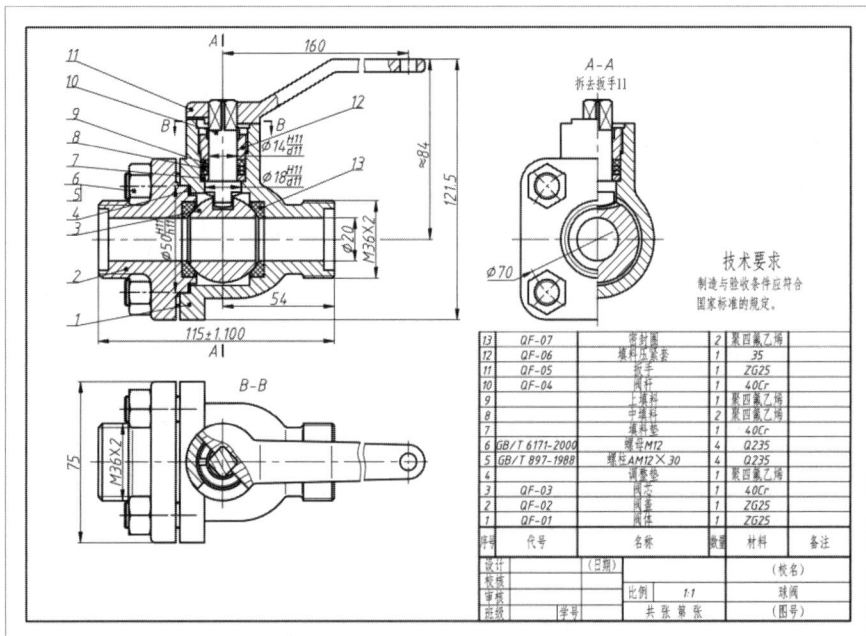

图 5-3　球阀装配图

任务分析

球阀的装配图采用主视图、俯视图和左视图三个视图表达，主视图采用全剖视图，表达球阀的工作原理和各部分之间的装配关系，同时也可将各零件的主要结构表达清楚；俯视图表达球阀的外形；左视图采用半剖视图表达球阀的工作原理。

绘制球阀装配图时，可先绘制各零件图，再进行零件图的装配组合。图形绘制完毕后，标注装配图中的必要尺寸，然后编排零件序号并填写标题栏、明细栏和技术要求等，最终完成装配图的绘制。

知识链接

1. 表格样式

1）输入命令

(1) 菜单栏：选择"格式"→"表格样式"命令。

(2) 命令行：输入 tablestyle(快捷命令：TS)。

2）操作格式

(1) 在菜单栏中单击"格式"→"表格样式"，系统弹出"表格样式管理器"对话框，如图 5-4 所示。

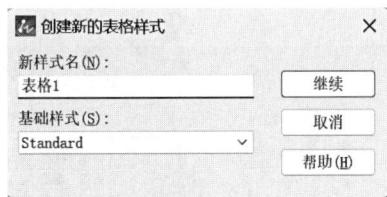

(2) 单击"新建"按钮，系统打开"创建新的表格样式"对话框，输入新样式名如"表格 1"，如图 5-5 所示。

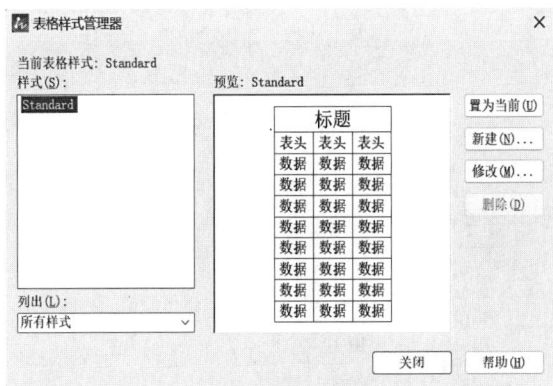

图 5-4　"表格样式管理器"对话框　　　图 5-5　"创建新的表格样式"对话框

(3) 单击"继续"按钮，系统弹出"新建表格样式：表格 1"对话框，如表 5-6 所示。

"新建表格样式：表格 1"对话框中各选项功能如下：

① 起始表格。

该区域允许用户在图形中指定一个表格作为表格样式的起始表格。单击"选择表格"按钮，进入绘图区，可在绘图区选择表格录入。"删除表格"与"选择表格"按钮作用相反。

② 基本。

该区域用于更改表格的方向，通过"表格方向"下拉列表框选择"向上"或"向下"来设置表格的方向。"向上"创建由下而上读取的表格，标题行和列标题行都在表格的底部；

"预览框"显示当前表格样式设置效果的样例。例如，创建明细栏时此处应选择"表格方向"为"向上"。

③ 单元样式。

"单元样式"下拉列表框中有"数据""表头"和"标题"3 个选项。

基本：该选项卡用于设置填充颜色和对齐方式等，如图 5-6(a)所示。

文字：该选项卡用于设置文字的属性，如图 5-6(b)所示。单击此选项卡，在"文字样式"下拉列表框中可以选择已定义的文字样式(填写明细栏时，数字选择"gbeitc.shx"字体；汉字选择"工程文字"样式，文字样式设置见任务 3.1)。也可以单击右侧的按钮，重新定义文字样式。

边框：该选项卡用于设置表格的边框格式、表格线宽和表格颜色等，如图 5-6(c)所示。

④ 单元样式预览：在预览框中显示创建的表格单元样式。单击"确定"按钮，关闭对话框，返回绘图区。

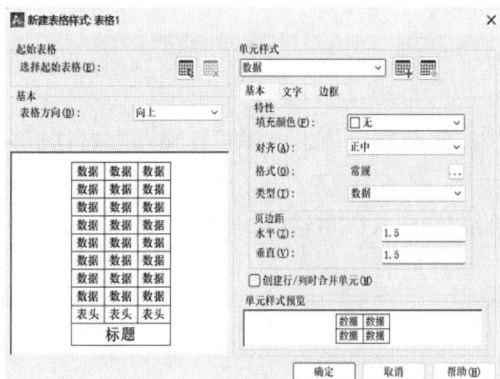

(a) "基本"选项卡

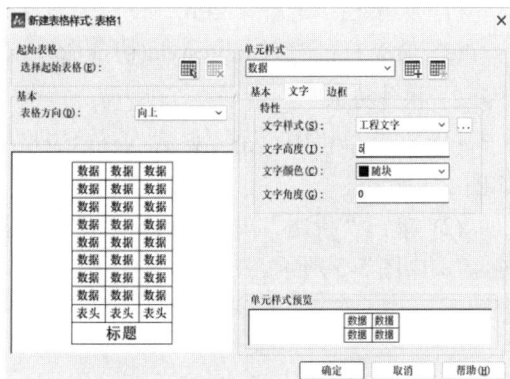

(b) "文字"选项卡

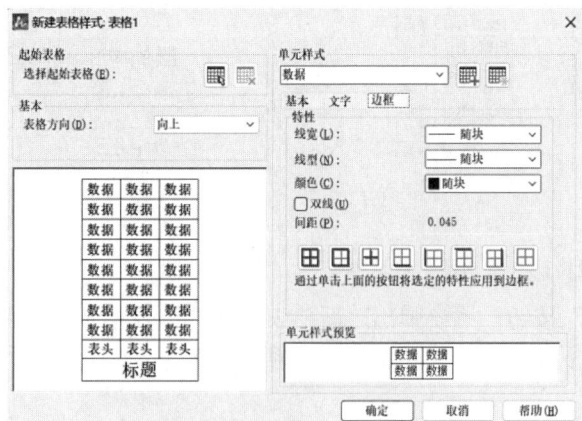

(c) "边框"选项卡

图 5-6 "新建表格样式：表格 1"对话框

(4) 设置完成后，单击"确定"按钮，返回"表格样式管理器"对话框，选中"表格 1"置为当前，单击"关闭"按钮，完成表格样式的创建。

2. 创建表格(从空表格开始)

1) 输入命令

创建表格

(1) 工具栏：在"绘图"工具栏中单击"表格"按钮⊞。

(2) 菜单栏：选择"绘图"→"表格"命令。

(3) 命令行：输入 table(快捷命令：TA)。

2) 操作格式

利用"从空白表格开始"的插入表格方式创建一个如图 5-7 所示的空白表格对象，具体操作如下：

(1) 执行"表格"命令，系统弹出"插入表格"对话框，如图 5-8 所示。在对话框中，可选择表格样式，指定表格行数、列数及尺寸创建表格。

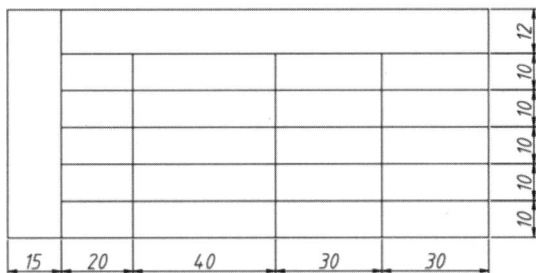

图 5-7 创建空白表格

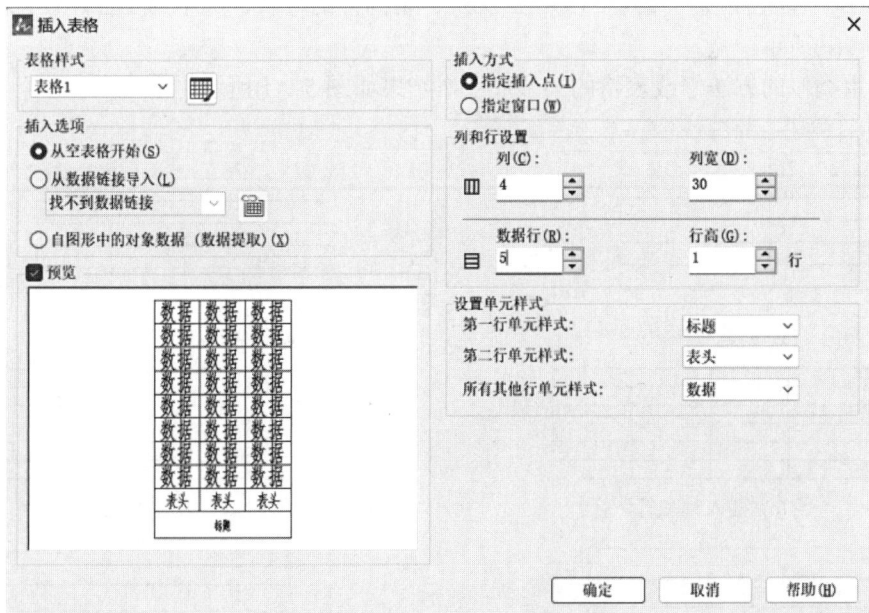

图 5-8 "插入表格"对话框

(2) 单击"确定"按钮，指定表格插入点，关闭弹出的多行文字编辑器，即可创建如图 5-9(a)所示的表格。

(3) 在表格内按住鼠标左键并拖动，选中下方的第 1 行和第 2 行，在弹出的"表格"工具栏中，如图 5-10 所示，单击"删除行"按钮，结果如图 5-9(b)所示。

(4) 选中第 1 列的任意单元，弹出"表格"工具栏，选择"在左侧插入列"按钮，插入新的一列；选中第 1 行的任意单元，弹出"表格"工具栏，选择"在上方插入行"按钮，插入新的一行，结果如图 5-9(c)所示。

"插入表格"对话框中各选项功能：

① 表格样式。该区域用于选择系统提供或用户已创建的表格样式。

② 插入选项。该区域包含 3 个单选按钮，"从空表格开始"单选按钮可以创建一个空的表格，"从数据链接导入"单选按钮可以从外部导入数据来创建表格，"自图形中的对象数据(数据提取)"单选按钮用于从可输入到表格或外部的图形中提取数据来创建表格。

③ 插入方式。该区域包含两个单选按钮，其中"指定插入点"单选按钮可以在绘图窗口中的某点插入固定大小的表格；"指定窗口"单选按钮可以在绘图窗口中通过指定表格两对角点的方式来创建任意大小的表格。

④ 列和行设置。在该区域中，改变"列""列宽""数据行"和"行高"文本框中的数值可以调整表格的外观大小。

⑤ 设置单元样式。该区域包括"第一行单元样式""第二行单元样式"和"所有其他行单元样式"选项。

(5) 按住鼠标左键并拖动，选中第 1 列的所有单元，在"表格"工具栏中选择"合并单元"→"按列"；用同样的方法合并第 1 行所有单元，结果如图 5-9(d)所示。

(6) 选中第 1 列，打开"特性"选项板，如图 5-11 所示。在"单元"特性中，将"单元宽度"和"单元高度"改为"15"和"62"；用同样的方法，选中第 1 行，设置参数，结果如图 5-9(e)所示。

(7) 用类似的方法修改表格的其余尺寸，结果如图 5-9(f)所示。

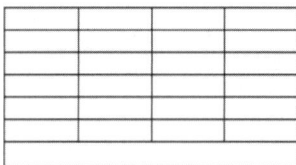

(a) 创建空白表格

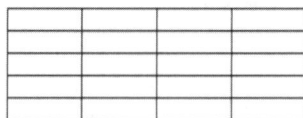

(b) 删除下方第 1 行和第 2 行

(c) 插入列和行

(d) 合并单元

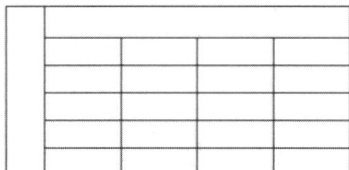

(e) 调整合并单元尺寸

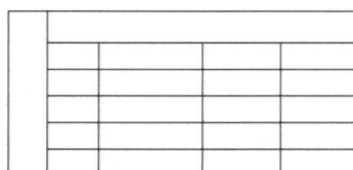

(f) 调整其余单元尺寸

图 5-9　表格创建过程

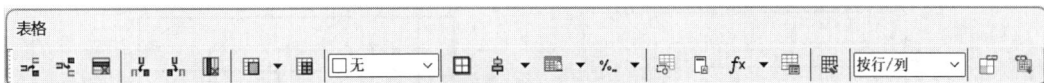

图 5-10 "表格"工具栏

图 5-11 "特性"选项板

3. 编辑表格

1) 输入命令

命令行：输入 tabledit。

2) 操作格式

(1) 填写文字。执行"tabledit"命令，命令行提示"拾取表格单元"，拾取一个表格单元，系统打开"文本格式"工具栏和文本输入框。在当前光标所在单元格内，输入文字。当要移动到相应的下一个单元格时，按 Tab 键，或者使用箭头键向左、向右、向上或向下移动。

(2) 调整线框粗细。将图 5-7 所示表格的所有单元格选中，系统弹出"表格"工具栏(见图 5-10)。在"表格"工具栏中，单击"单元边框特性"按钮，弹出"单元边框特性"对话框，如图 5-12 所示。在"线宽"下拉列表框中选择"0.3 mm"，在"边框类型"中单击"外边框"图标，选择"0.15 mm"，单击"内边框"图标，结果如图 5-13(a)所示；在线宽下拉列表框中选择"0.3 mm"，在"边框类型"中单击"所有边框"图标，结果如图 5-13(b)所示。

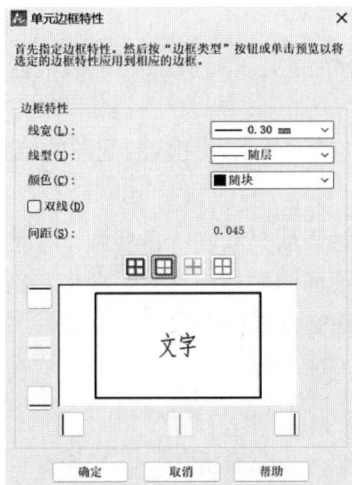

图 5-12 "单元边框特性"对话框

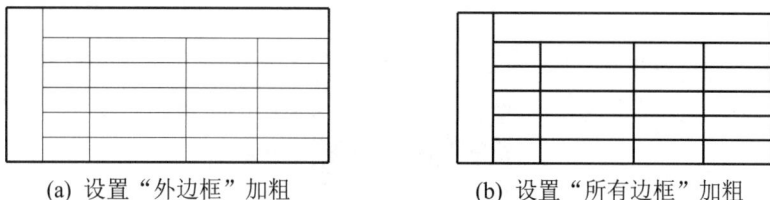

(a) 设置"外边框"加粗　　　　　　(b) 设置"所有边框"加粗

图 5-13　调整线框粗细示例

❖ **注意**

编辑单元格文字内容还有以下两种方式：

(1) 双击指定的表格单元。

(2) 选择指定的表格单元，单击鼠标右键，在弹出的快捷菜单中选择"编辑文字"选项。

4. 装配图绘制方法

装配图的内容包括一组视图、必要的尺寸(主要的规格尺寸、性能尺寸、装配尺寸、安装尺寸、外形尺寸及其他重要尺寸)、技术要求、零件序号和明细栏、标题栏。

1) 装配图的绘制过程

(1) 设置绘图环境。绘图前应当进行必要的设置，如绘图单位、图幅大小、图层线型线宽、颜色、文字样式和标注样式等。为了在图样上直接获得实际机件大小的真实概念，尽量选择绘图比例为 1∶1。

(2) 根据零件图、装配示意图绘制各个零件图，可利用"Ctrl＋C""Ctrl＋V"快捷键装配各个零件。为了方便在装配图中插入零件图，也可将每个零件用"WBLOCK"命令以块形式保存。

(3) 调入装配干线上的主要零件(如轴)，然后将装配干线展开，逐个插入相关零件。插入后，需要剪掉不可见的线段。若以块插入零件，则在剪掉不可见的线段前，应该先分解插入块。

(4) 根据零件之间的装配关系，检查各零件的尺寸是否有干涉现象，并纠正零件图中的不妥和错误之处。

(5) 根据需要对装配图进行缩放，布局排版，然后根据具体的标注样式，标注必要的尺寸。

(6) 填写标题栏、明细栏和技术要求，完成装配图的绘制。

2) 装配图的修剪技巧

装配图中，两个零件的接触表面只绘制一条实线，非接触表面或非配合表面绘制两条实线；两个或两个以上零件的剖面图相互连接时，要使其剖面线各不相同，以便区分，但同一个零件在不同视图的剖面线必须保持一致。

任务实施

1. 绘制零件图

绘制球阀各个零件图，如图 5-14～图 5-20 所示。

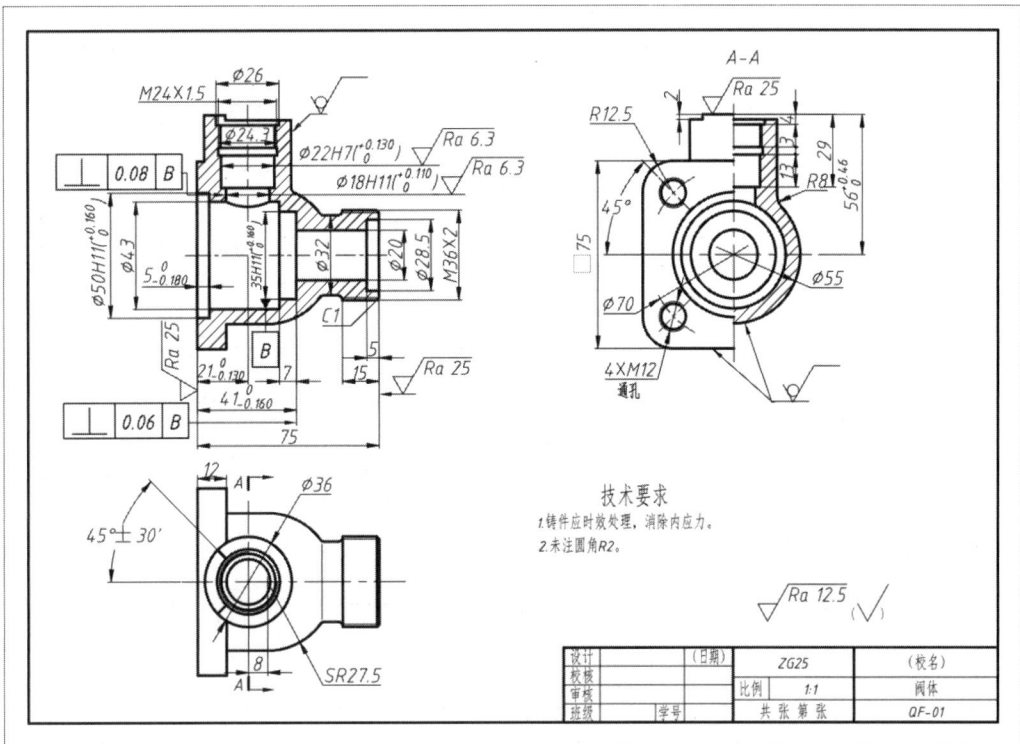

图 5-14　阀体零件图

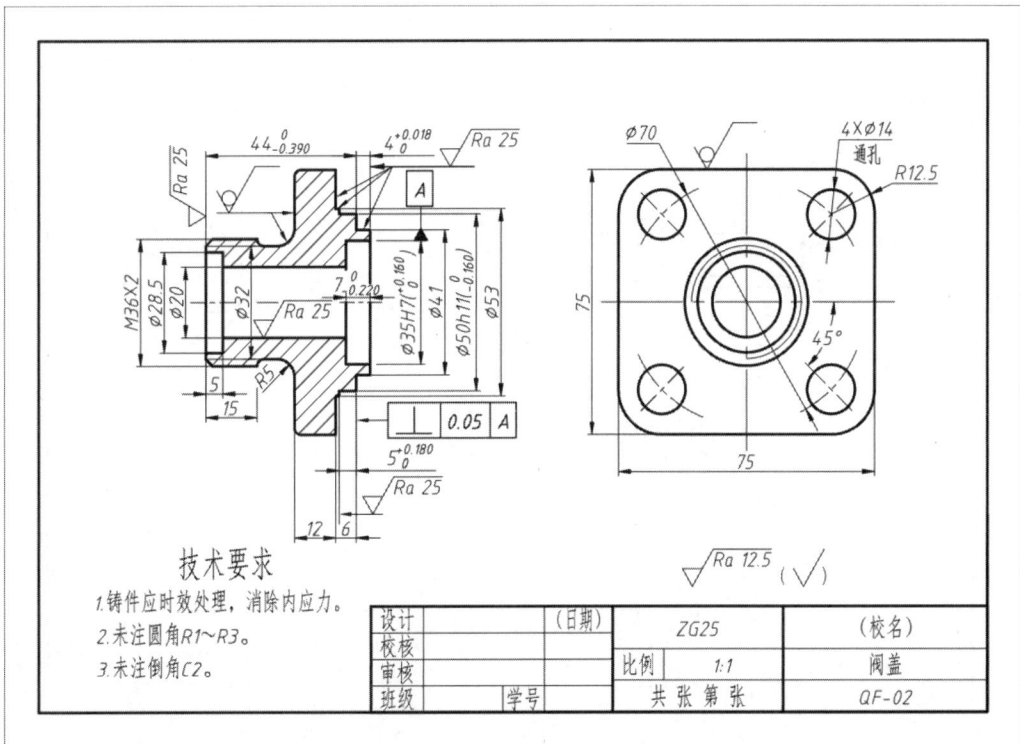

图 5-15　阀盖零件图

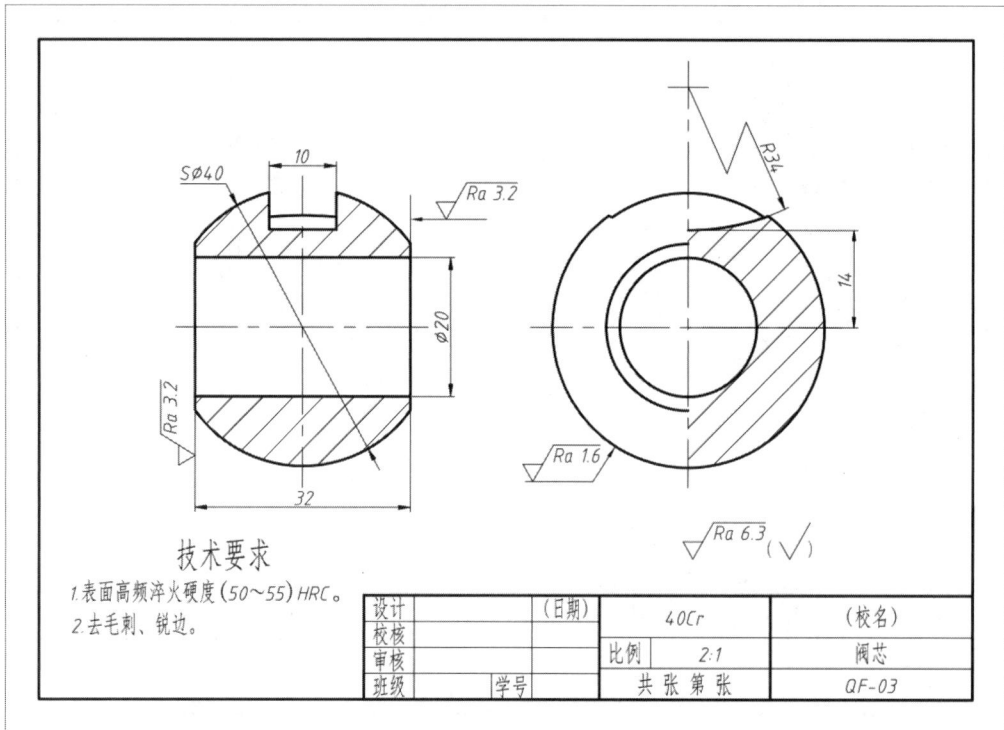

图 5-16　阀芯零件图

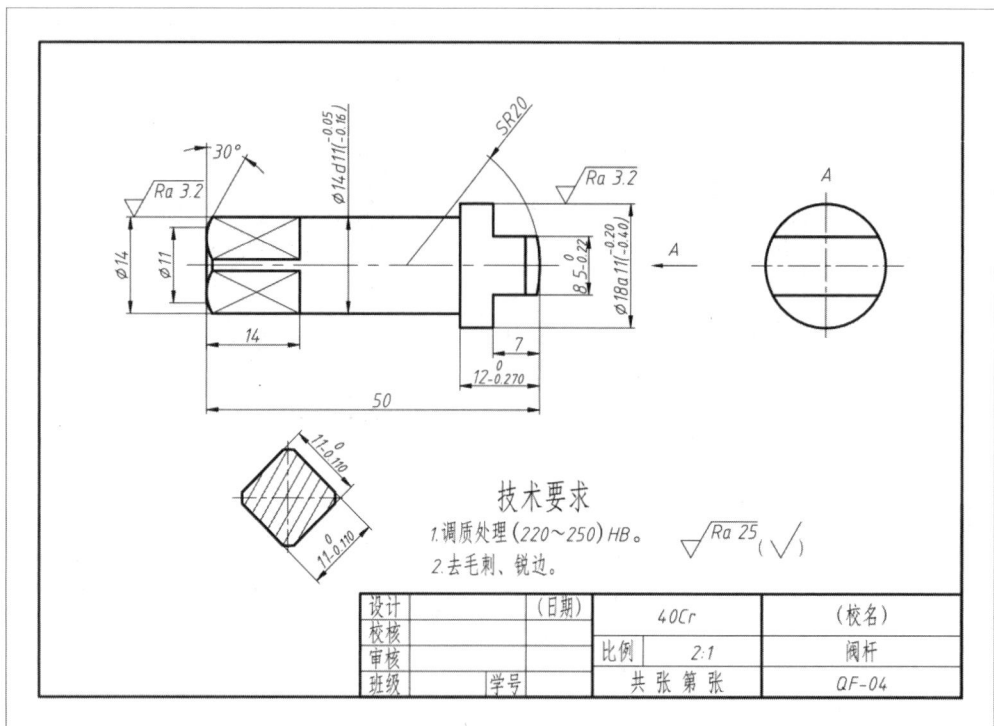

图 5-17　阀杆零件图

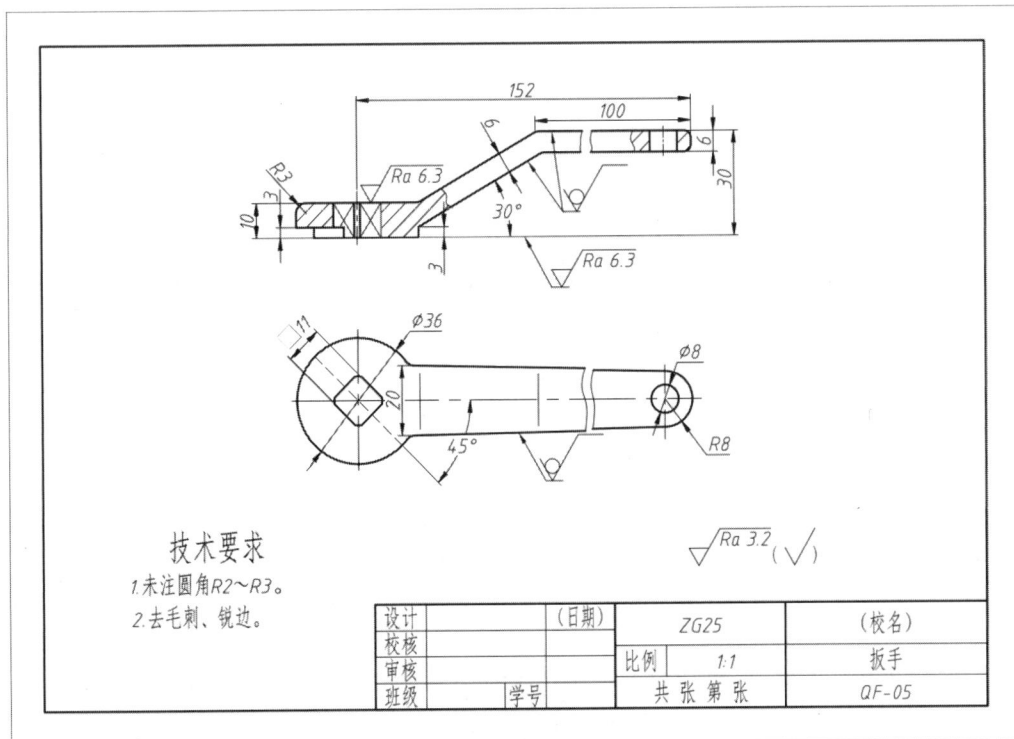

技术要求
1.未注圆角R2～R3。
2.去毛刺、锐边。

设计		(日期)		ZG25	(校名)
校核			比例	1:1	扳手
审核					
班级		学号	共 张 第 张		QF-05

图 5-18　扳手零件图

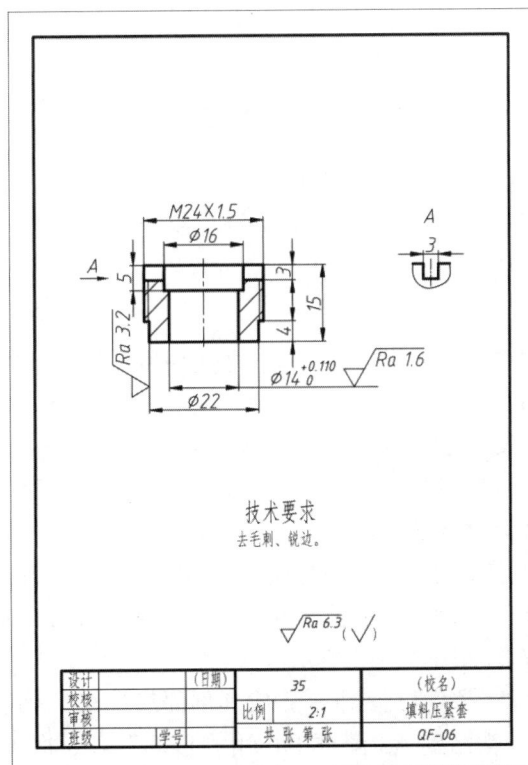

技术要求
去毛刺、锐边。

设计		(日期)		35	(校名)
校核			比例	2:1	填料压紧套
审核					
班级		学号	共 张 第 张		QF-06

图 5-19　填料压紧套零件图

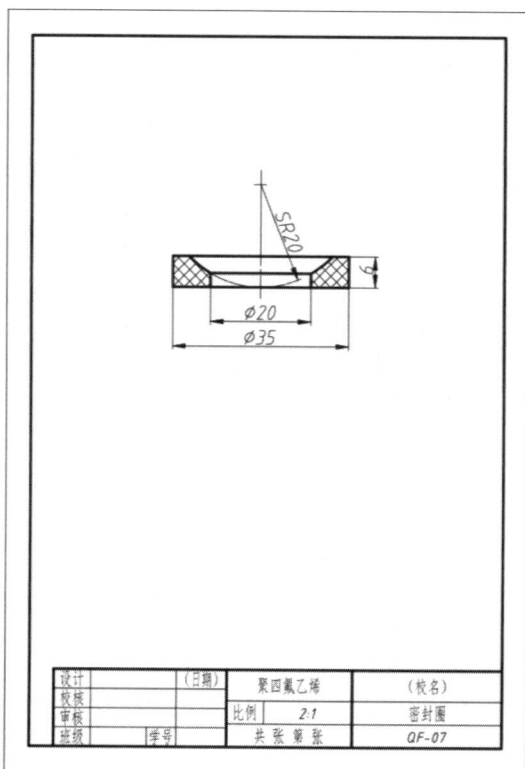

图 5-20　密封圈零件图

2. 创建图形文件

启动中望 CAD 2025 教育版，进入绘图窗口，创建 A3 图幅。

3. 设置绘图环境

设置图层、文字样式、尺寸标注样式，并绘制图框和标题栏。

4. 绘制装配体

1) 绘制主视图

(1) 利用"Ctrl＋C""Ctrl＋V"快捷键将阀体主视图复制粘贴到 A3 图框中，阀体结构如图 5-21(a)所示。

绘制球阀装配图

(2) 利用"Ctrl＋C""Ctrl＋V"快捷键将右密封圈复制粘贴到 A3 图框中，用"旋转""移动"命令将密封圈安装在阀体上，使右密封圈底部中心点与阀体在 A 点处重合，用"修剪"命令修剪多余的线条，如图 5-21(b)所示。

(3) 利用"Ctrl＋C""Ctrl＋V"快捷键将阀芯主视图复制粘贴到 A3 图框中，用"移动"命令将阀芯安装在阀体上，使两者在 B 点处重合；用"镜像"命令安装左密封圈，用"修剪"命令修剪多余的线条，如图 5-21(c)所示。

(4) 安装调整垫，用"图案填充"命令完成其剖面线填充。利用"Ctrl＋C""Ctrl＋V"快捷键将阀盖主视图复制粘贴到 A3 图框中，用"移动"命令将阀盖安装在阀体上，使两者在 C 点(左密封圈底部中心)处重合。用"修剪"命令修剪多余的线条，如图 5-21(d)

所示。

(5) 利用"Ctrl+C""Ctrl+V"快捷键将双头螺柱和螺母复制粘贴到 A3 图框中，用"移动"命令将双头螺柱安装在阀盖和阀体上，将螺母安装在螺柱上。用"修剪"命令修剪多余的线条，如图 5-21(e)所示。

(6) 利用"Ctrl+C""Ctrl+V"快捷键将阀杆主视图复制粘贴到 A3 图框中，用"旋转""移动"命令将阀杆安装在阀体上，使两者在 D 点处重合；安装填料垫、中填料和上填料，用"图案填充"命令完成剖面线填充；安装填料压紧套(主视图)，修改螺纹配合处线型，同时修改阀体剖面线(两者螺纹配合处剖面线需重新填充)。用"修剪"命令修剪多余的线条，如图 5-21(f)所示。

(7) 利用"Ctrl+C""Ctrl+V"快捷键将扳手主视图复制粘贴到 A3 图框中，用"移动"命令将扳手安装在阀杆上，使扳手左端圆结构中心与阀杆中心重合，且扳手底面与阀体上端面重合。用"修剪"命令修剪多余的线条，如图 5-21(g)所示。

(8) 安装完毕后，调整球阀装配体各零件之间的图案填充方向，以区分相邻零件，如图 5-21(h)所示。

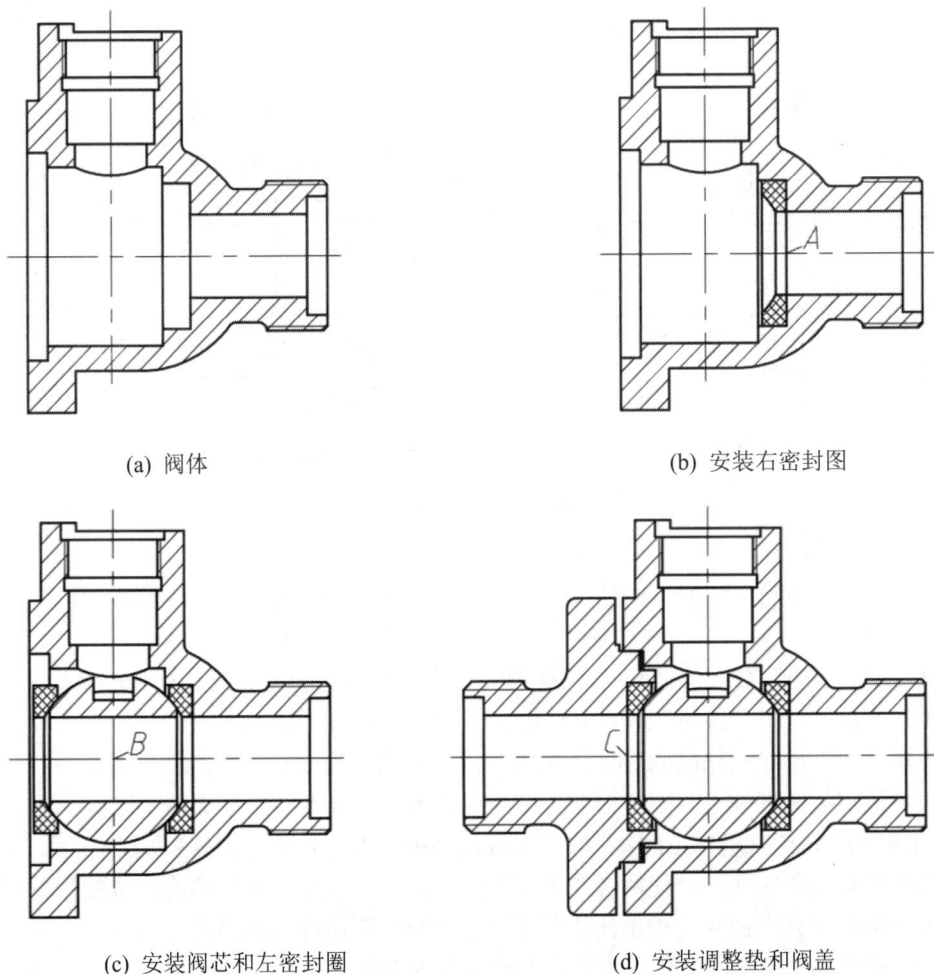

(a) 阀体

(b) 安装右密封图

(c) 安装阀芯和左密封圈

(d) 安装调整垫和阀盖

(e) 安装双头螺柱和螺母   (f) 安装阀杆、填料垫、填料和填料压紧套

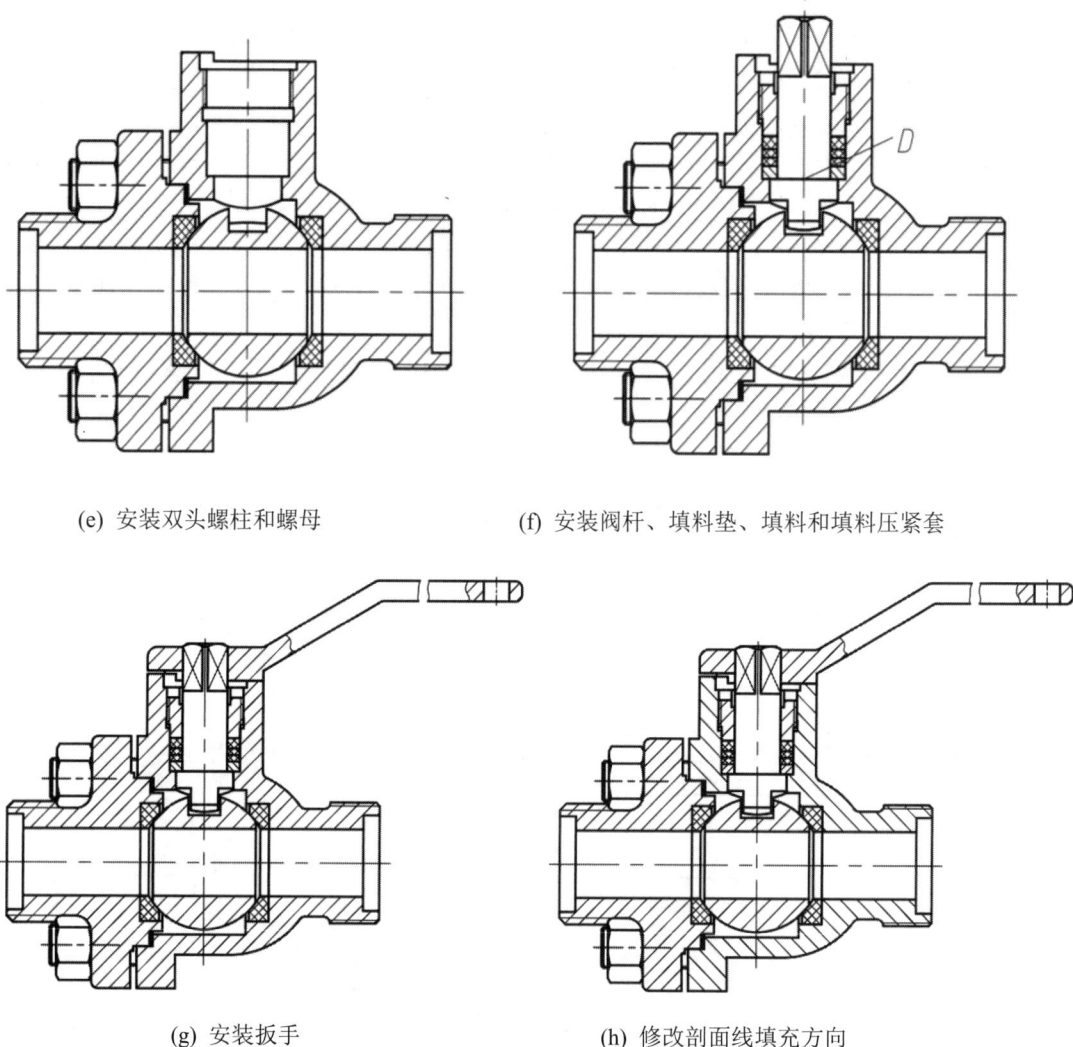

(g) 安装扳手   (h) 修改剖面线填充方向

图 5-21 主视图绘制

2) 绘制俯视图

(1) 利用"Ctrl+C""Ctrl+V"快捷键将阀体俯视图复制粘贴到 A3 图框中,与阀体主视图左右对齐。

(2) 利用"Ctrl+C""Ctrl+V"快捷键将阀盖主视图复制粘贴到 A3 图框中,将其主视图修改为俯视图,用"移动"命令将阀盖安装在阀体上;利用"Ctrl+C""Ctrl+V"快捷键将双头螺柱和螺母复制粘贴到 A3 图框中,用"移动"命令将双头螺柱安装在阀盖和阀体上,将螺母安装在螺柱上。用"修剪"命令修剪多余的线条,结果如图 5-22(a)所示。

(3) 利用"Ctrl+C""Ctrl+V"快捷键将扳手俯视图复制粘贴到 A3 图框中,用"移动"命令将扳手安装在阀体上,使两者在 E 点处重合,用"样条曲线"命令完成扳手剖切面绘制,用"图案填充"命令完成剖面线填充,用"修剪"命令修剪多余的线条;根据剖切位置,绘制阀杆和填料压紧套的俯视图,结果如图 5-22(b)所示。

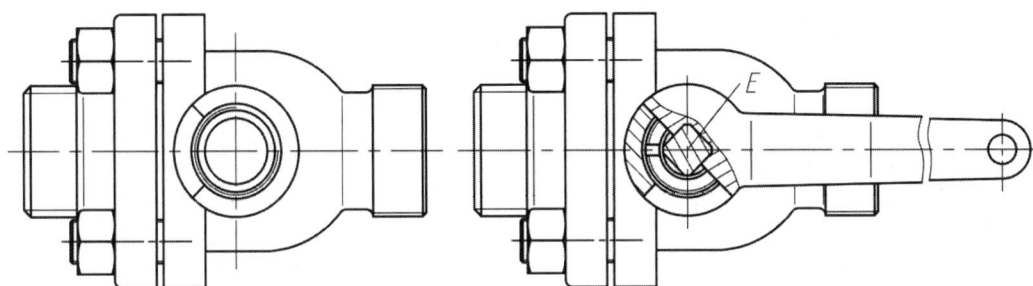

(a) 绘制阀盖、双头螺柱和螺母俯视图   (b) 绘制扳手俯视图

图 5-22 俯视图绘制

3) 绘制左视图

(1) 利用"Ctrl+C""Ctrl+V"快捷键将阀体左视图复制粘贴到 A3 图框中，与主视图高度对齐。利用"Ctrl+C""Ctrl+V"快捷键将阀盖左视图左半部分复制粘贴到 A3 图框中；利用"Ctrl+C""Ctrl+V"快捷键将螺母复制粘贴到 A3 图框中，用"移动"命令将螺母安装在双头螺柱上，并修改螺纹粗细实线。用"修剪"命令修剪多余的线条，结果如图 5-23(a)所示。

(2) 利用"Ctrl+C""Ctrl+V"快捷键将阀芯左视图复制粘贴到 A3 图框中，用"移动"命令将阀芯右半部分安装在阀体上，用"修剪"命令修剪多余的线条，结果如图 5-23(b)所示。

(3) 利用"Ctrl+C""Ctrl+V"快捷键将阀杆(注意此处为其俯视图，根据图 5-17 两个视图补充)复制粘贴到 A3 图框中，用"旋转""移动"命令将阀杆右半部分安装在阀体上，将填料垫、填料右半部分安装到阀杆上(也可将主视图上填料垫、填料，用"复制"命令复制到左视图上)，用"修剪"命令修剪多余的线条，结果如图 5-23(c)所示。

(4) 利用"Ctrl+C""Ctrl+V"快捷键将填料压紧套(左视图)复制粘贴到 A3 图框中，用"移动"命令将填料压紧套右半部分安装在阀体上，修改其与阀体螺纹配合处的粗细实线，以及阀体的图案填充方向。用"修剪"命令修剪多余的线条，如图 5-23(d)所示。

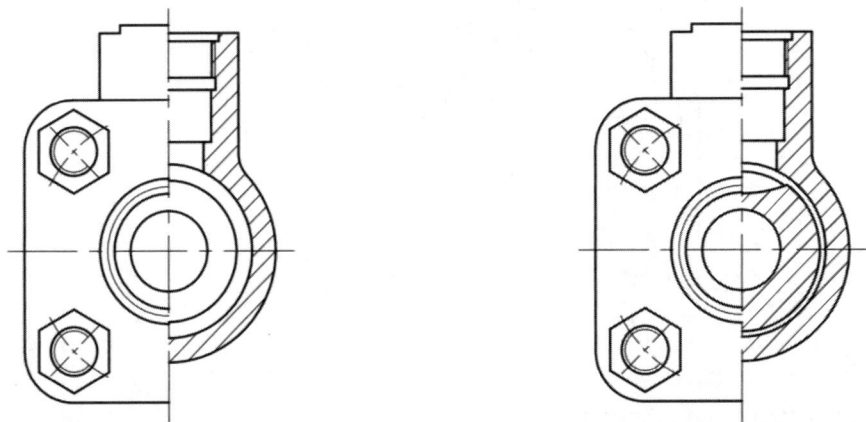

(a) 安装阀盖、双头螺柱和螺母   (b) 安装阀芯

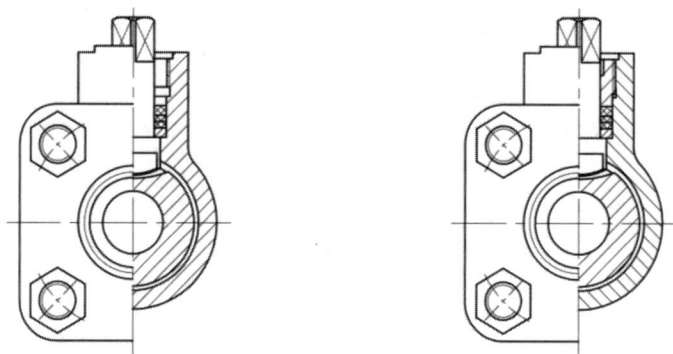

(c) 安装阀杆、填料垫和填料　　　　　　(d) 安装填料压紧套

图 5-23　左视图绘制

4) 标注装配体

(1) 绘制剖切符号和剖视图名称。

(2) 标注尺寸。标注总体尺寸、装配尺寸和配合尺寸。

(3) 编写零件序号。

① 设置多重引线样式。单击"格式"→"多重引线样式",系统弹出"多重引线样式管理器"对话框(见图 4-3),单击"新建"按钮,在弹出的"创建新多重引线样式"对话框(见图 4-4)中输入新样式名"零件编号",单击"继续"按钮。可按图 4-5 进行设置,注意将"引线格式"选项卡中的箭头区域的"符号"设置为"点"。设置完成后,单击"确定"按钮,返回"多重引线样式管理器"对话框,单击"置为当前"按钮,完成设置。

② 执行"多重引线"命令,从装配图左侧底部开始,沿装配体按顺时针方向依次给各个零件进行编号,结果如图 5-24 所示。

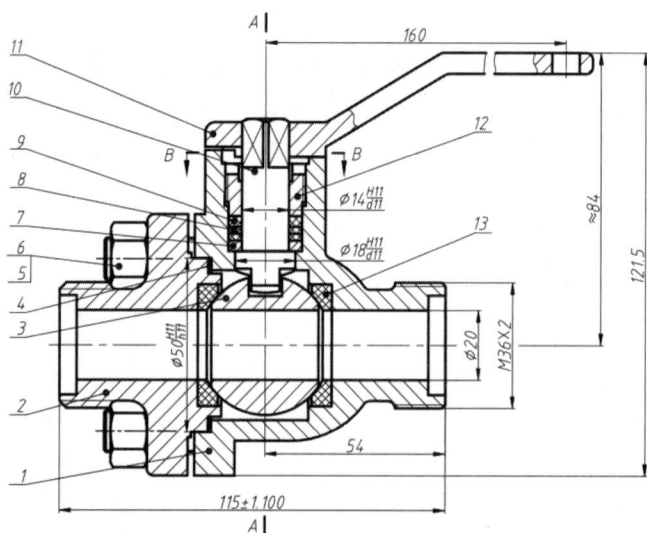

图 5-24　零件编号

5. 填写标题栏和绘制明细栏

(1) 设置表格样式。可按知识链接中的图 5-6 设置表格样式。

(2) 创建及编辑明细栏。单击"表格"命令，在"插入表格"对话框中，选择表格样式，指定表格行数、列数及尺寸；单击"确定"按钮，指定表格插入点(标题栏左上角点)；根据国家标准中对明细栏尺寸的规定，选中明细栏第 1 行第 1 列单元格，弹出"特性"选项板，在"单元"特性中，将"单元宽度"和"单元高度"分别改为"8"和"7"，用同样的方法修改明细栏其余单元格尺寸；将明细栏所有单元格选中，在"表格"工具栏中，单击"单元边框特性"，选择设置"外边框"和"内边框"线宽，结果如图 5-25 所示。

(3) 填写文字。用"多行文字"命令完成标题栏和明细栏填写，结果如图 5-26 所示。

图 5-25　修改明细栏尺寸

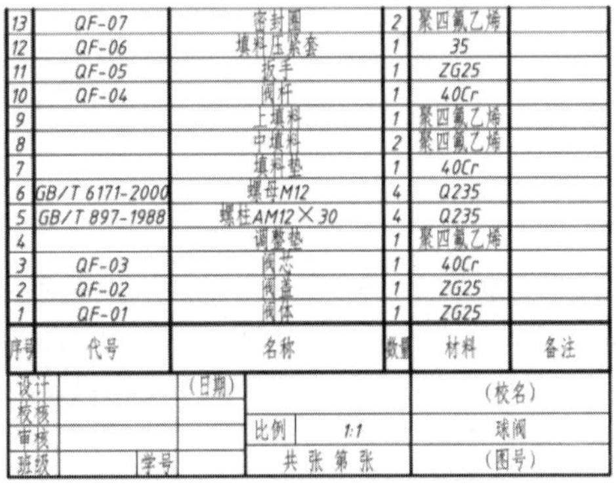

13	QF-07	密封圈	2	聚四氟乙烯	
12	QF-06	填料压紧套	1	35	
11	QF-05	扳手	1	ZG25	
10	QF-04	阀杆	1	40Cr	
9		上填料	1	聚四氟乙烯	
8		中填料	2	聚四氟乙烯	
7		填料垫	1	40Cr	
6	GB/T 6171-2000	螺母M12	1	Q235	
5	GB/T 897-1988	螺柱AM12×30	4	Q235	
4		调整垫	1	聚四氟乙烯	
3	QF-03	阀芯	1	40Cr	
2	QF-02	阀盖	1	ZG25	
1	QF-01	阀体	1	ZG25	
序号	代号	名称	数量	材料	备注

图 5-26　填写标题栏和明细栏

6. 填写技术要求

用"多行文字"命令完成技术要求的填写。

按照上述步骤绘制完成后，调整主视图、俯视图和左视图的布局位置，完成如图 5-3 所示的球阀装配图。

任务评价

如表 5-1 所示，从绘图能力和职业能力两个方面，根据学生自评、组内互评、教师综合评价将各项得分填入表中。

表 5-1　任务 5.1 评价表

评价内容		分值	学生自评 (10%)	组内互评 (20%)	教师综合评价 (70%)
绘图能力	图幅设置	5			
	视图绘制	25			
	必要尺寸标注	10			
	零件编号	15			
	明细栏创建及填写	15			
	标题栏、技术要求填写	10			
职业能力	查阅资料　团队合作 练习态度　拓展学习	20			
总　分		100			

拓展训练

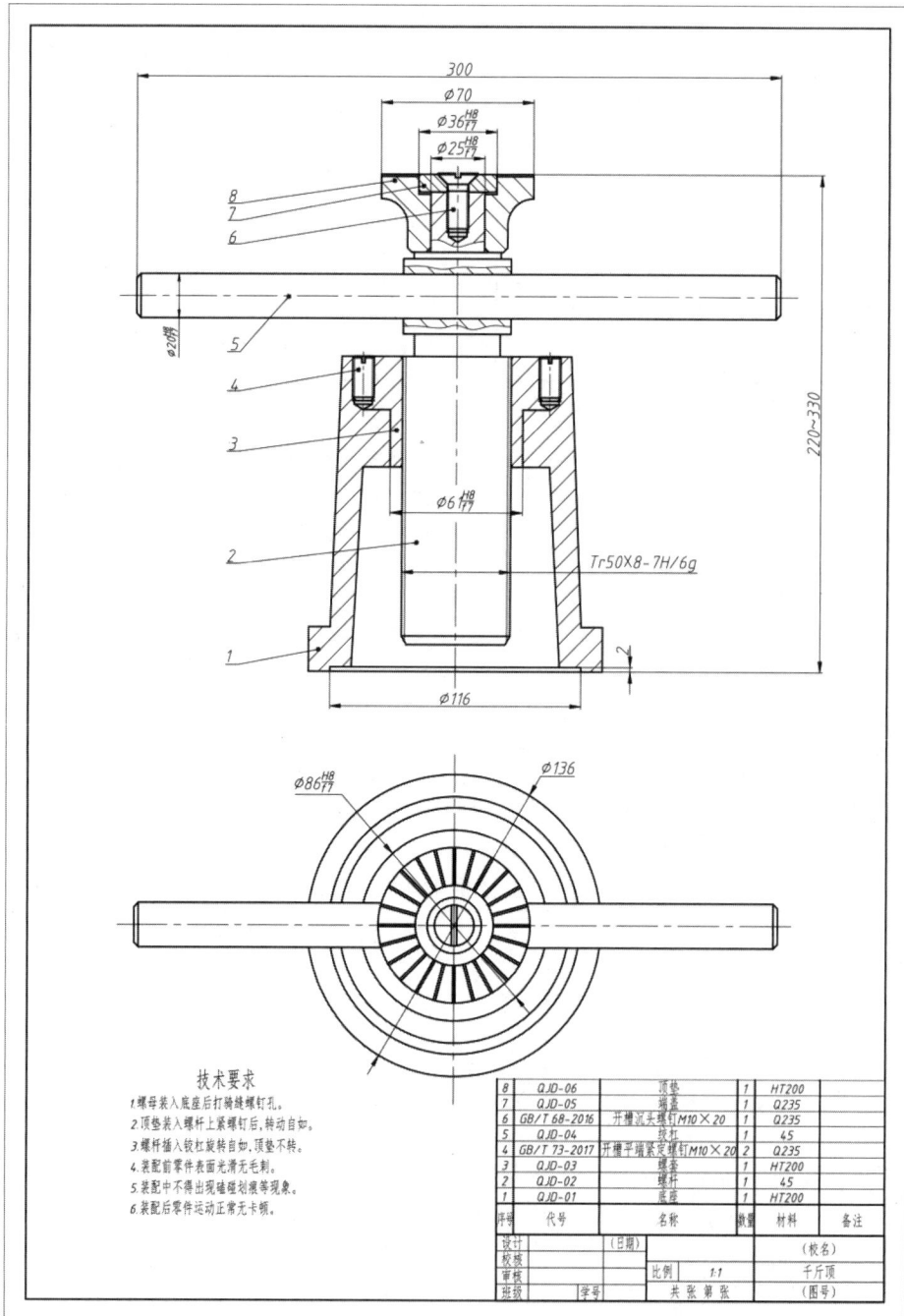

绘制如图 5-27 所示的千斤顶装配图(零件图见本书附录中附图 1～附图 6)。

任务 5.1 训练

技术要求
1.螺母装入底座后打铸缝螺钉孔。
2.顶垫装入螺杆上紧螺钉后,转动自如。
3.螺杆插入铰杠旋转自如,顶垫不转。
4.装配前零件表面光滑无毛刺。
5.装配中不得出现磕划痕等现象。
6.装配后零件运动正常无卡顿。

8	QJD-06	顶垫		1	HT200	
7	QJD-05	端盖		1	Q235	
6	GB/T 68-2016	开槽沉头螺钉M10×20		1	Q235	
5	QJD-04	铰杠		1	45	
4	GB/T 73-2017	开槽平端紧定螺钉M10×20		2	Q235	
3	QJD-03	螺套		1	HT200	
2	QJD-02	螺杆		1	45	
1	QJD-01	底座		1	HT200	
序号	代号	名称	数量		材料	备注

设计		(日期)			(校名)
校核					
审核			比例	1:1	千斤顶
班级		学号	共 张 第 张		(图号)

图 5-27   千斤顶装配图

任务 5.2 绘制虎钳

任务描述

虎钳由固定钳身、活动钳身、螺杆、螺母、螺钉、护口板等零件装配而成，其结构及结构分解图如图 5-28 所示。

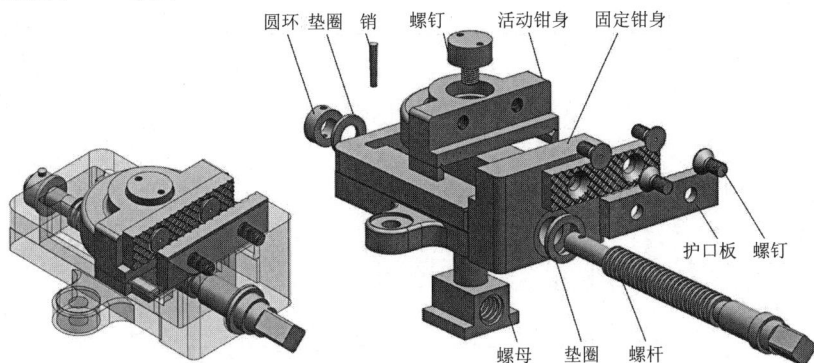

图 5-28 虎钳结构及结构分解图

运用中望 CAD 教育版，利用虎钳的零件图(见任务实施)绘制其装配图，如图 5-29 所示。

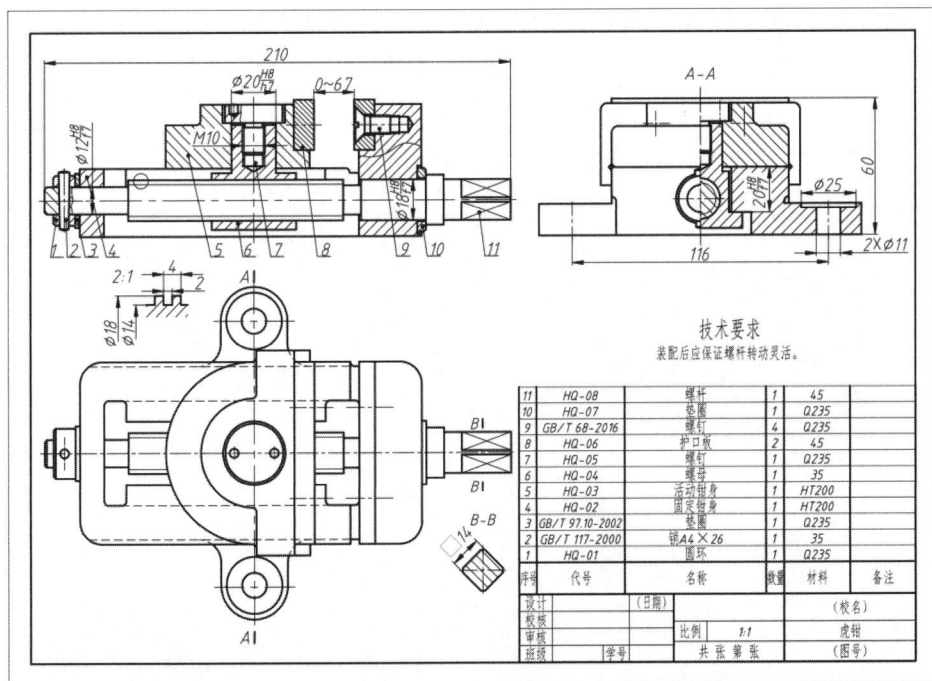

图 5-29 虎钳装配图

任务分析

虎钳的装配图主要采用主视图、俯视图和左视图三个视图表达，主视图采用全剖视图，表达虎钳的工作原理和各部分之间的装配关系，同时也可将各零件的主要结构表达清楚；俯视图和左视图表达虎钳的外形。

绘制虎钳装配图时，可先绘制各零件图，再进行零件图的装配组合。图形绘制完毕后，标注装配图中的必要尺寸，然后编排零件序号并填写标题栏、明细栏和技术要求等，最终完成装配图的绘制。

知识链接

1. 创建表格(从数据链接导入)

利用"从数据链接导入"的插入表格方式创建如图 5-30 所示的明细栏表格，具体操作如下：

创建表格(Excel)

(1) 在 Excel 中创建如图 5-31 所示的表格。

7	JSQ-6	闷盖	1	HT150
6	GB/T 5780-2016	螺栓M8×60	4	Q235
5	JSQ-5	回油圈	2	Q235
4	JSQ-4	轴套	1	Q235
3	JSQ-3	齿轮轴	1	45
2	JSQ-2	箱体	1	HT200
1	JSQ-1	齿轮	1	45
序号	代号	名称	数量	材料	备注

图 5-30　明细栏表格示例

	A	B	C	D	E	F
1	序号	代号	名称	数量	材料	备注
2	1	JSQ-1	齿轮	1	45	
3	2	JSQ-2	箱体	1	HT200	
4	3	JSQ-3	齿轮轴	1	45	
5	4	JSQ-4	轴套	1	Q235	
6	5	JSQ-5	回油圈	2	Q235	
7	6	GB/T 5780-2016	螺栓M8×60	4	Q235	
8	7	JSQ-6	闷盖	1	HT150	

图 5-31　在 Excel 中创建明细栏表格

(2) 执行"表格"命令，系统弹出"插入表格"对话框，如图 5-32 所示。在"插入选项"区域选择"从数据链接导入"，单击启动"数据链接管理器"对话框的图标 🖼，系统弹出"选择数据链接："对话框，如图 5-33 所示。

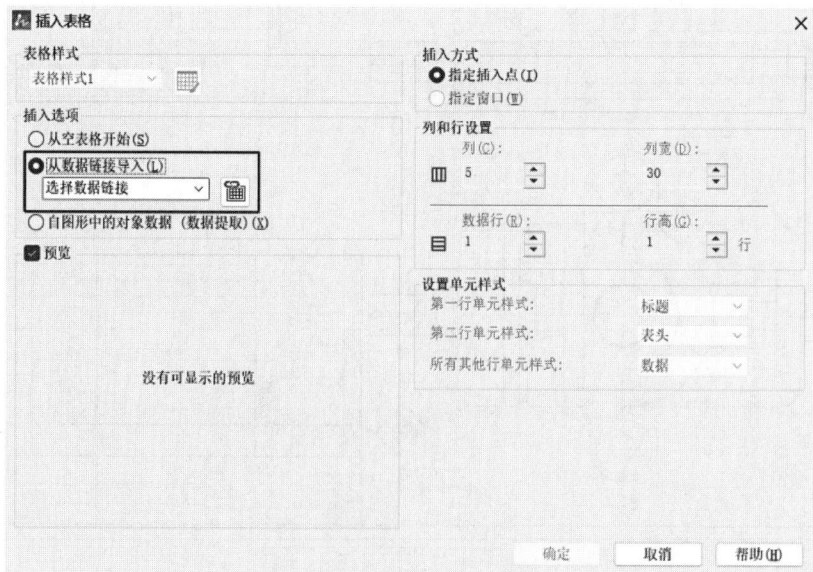

图 5-32　"插入表格"对话框

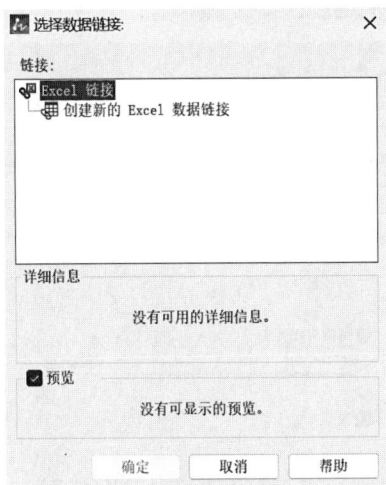

图 5-33　"选择数据链接："对话框

(3) 在"选择数据链接："对话框中单击"创建新的 Excel 数据链接"，系统弹出"输入数据链接名称"对话框，如图 5-34 所示。

(4) 在"输入数据链接名称"对话框中，输入名称"明细栏"，单击"确定"按钮，系统弹出"新建 Excel 数据链接：明细栏"对话框，如图 5-35 所示。

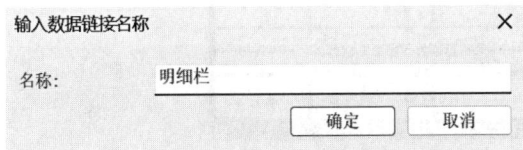

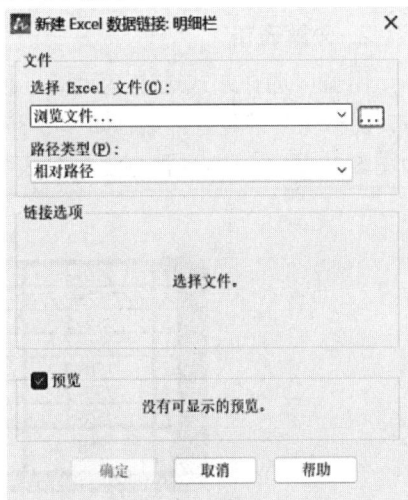

图 5-34　"输入数据链接名称"对话框　　　图 5-35　"新建 Excel 数据链接：明细栏"对话框

(5) 在"新建 Excel 数据链接：明细栏"对话框中，按照图 5-36 所示，设置"选择 Excel 文件"位置，"路径类型"为"完整路径"，"链接至范围"为"A1:F8"(见图 5-31)，同时在"预览"区域可看到要插入的明细栏。单击"确定"按钮，系统返回"插入表格"对话框。

(6) 在"插入表格"对话框中，单击"确定"按钮，系统返回绘图区，选择合适位置将表格插入。

(7) 根据国家标准对明细栏尺寸的规定，修改单元格的"单元宽度"和"单元高度"；按住鼠标左键并拖动，选中所有单元格，在弹出的"特性"选项板中，修改"文字样式""文字高度"；在"表格"工具栏中，修改"单元边框特性"，结果如图 5-30 所示。

图 5-36　"新建 Excel 数据链接：明细栏"对话框操作

2. 分解表格

用窗口选择方式选中单元格，其上方出现一浅蓝色三角形，单击三角形并移动鼠标向下，会出现一条竖直虚线，如图 5-37 所示，在合适的位置单击左键，将表格划分为两部分，如图 5-38 所示。用这种方法划分表格，视觉上成为两个表格，但依然是一个完整的对象。

图 5-37　利用控制点分解表格

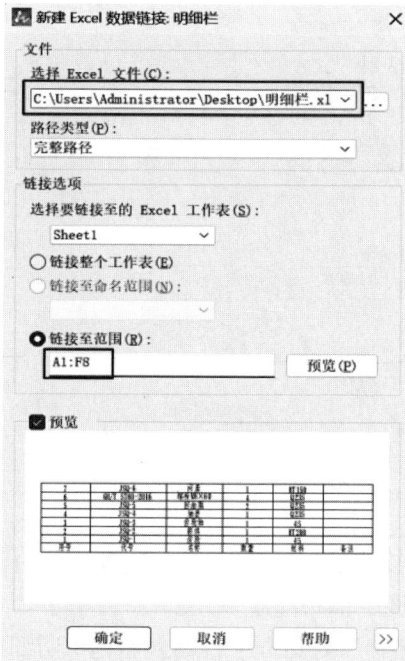

图 5-38　表格一分为二

任务实施

1. 绘制零件图

绘制虎钳各个零件图，如图 5-39～图 5-46 所示。

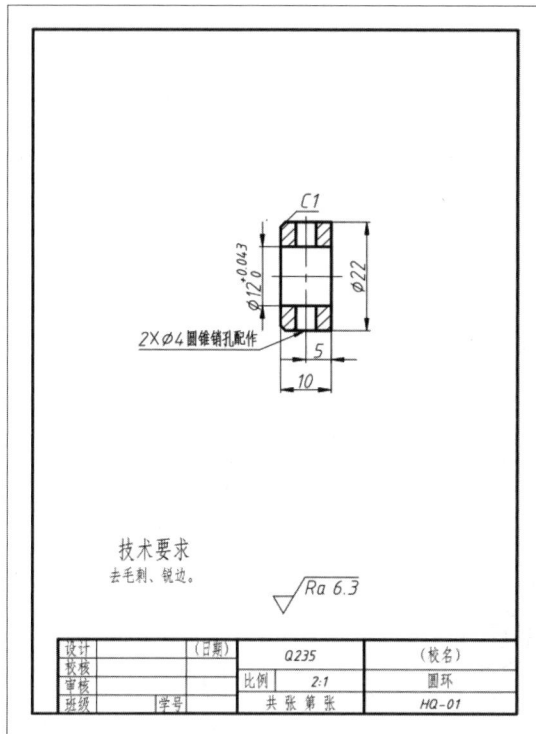

图 5-39　圆环零件图

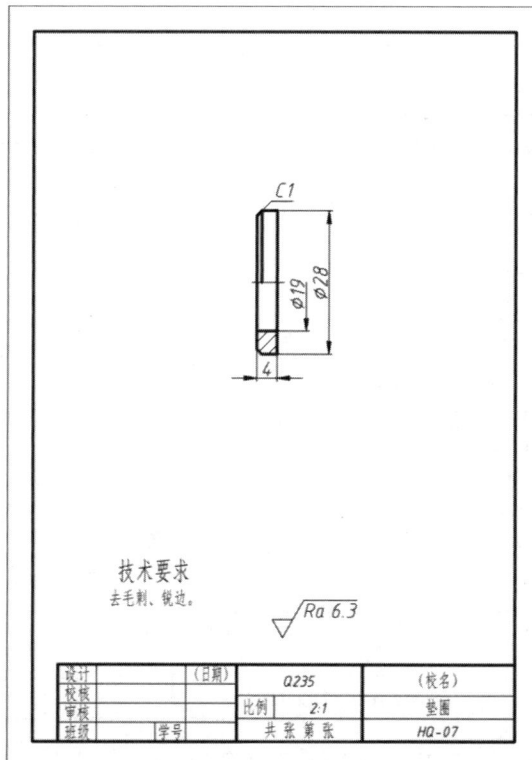

图 5-40　垫圈零件图

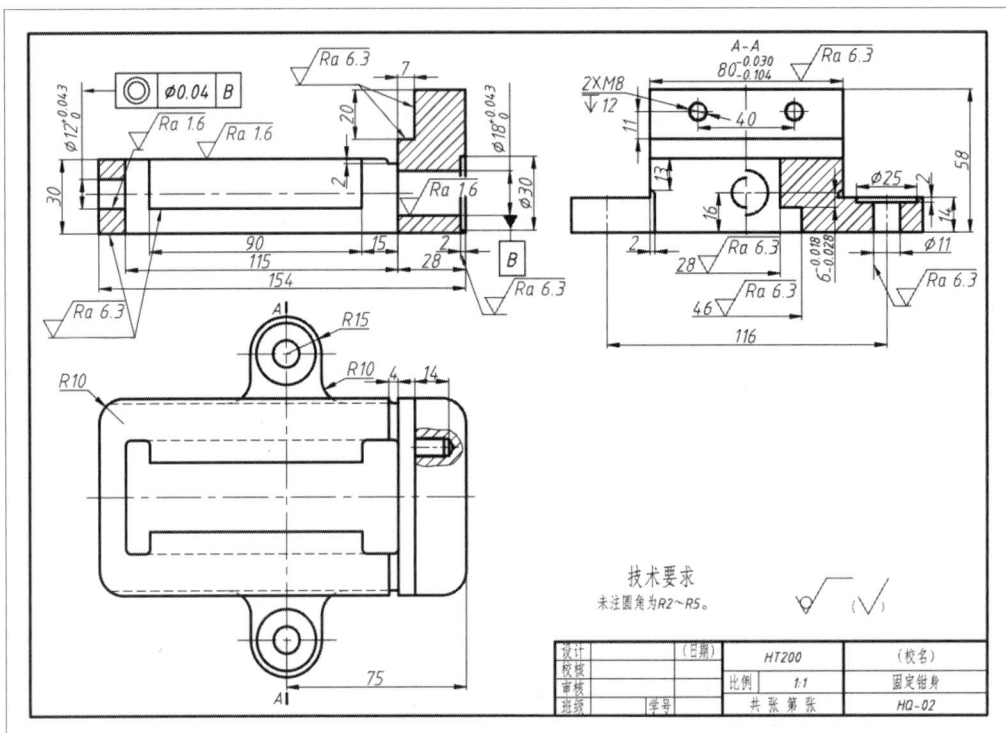

图 5-41　固定钳身零件图

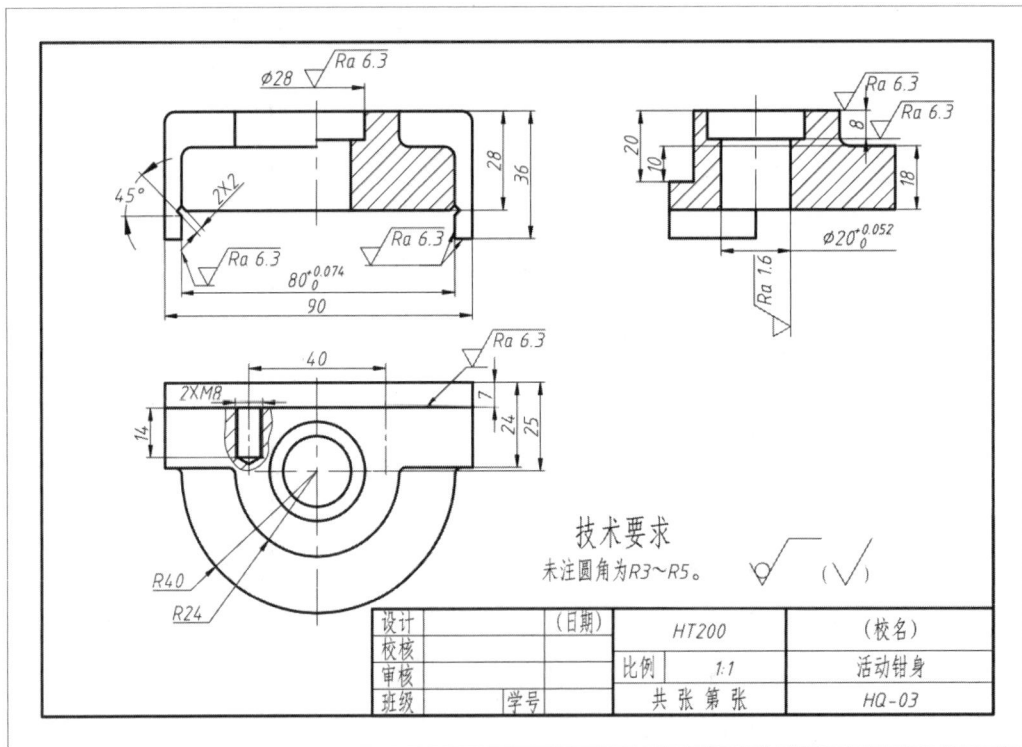

图 5-42　活动钳身零件图

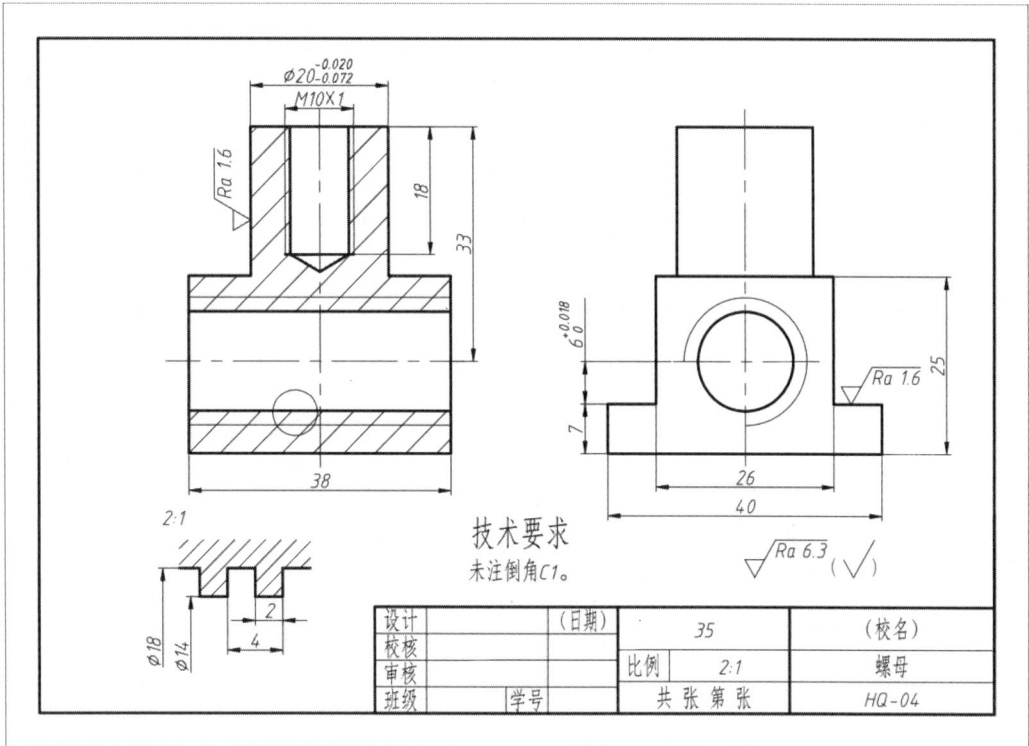

图 5-43　螺母零件图

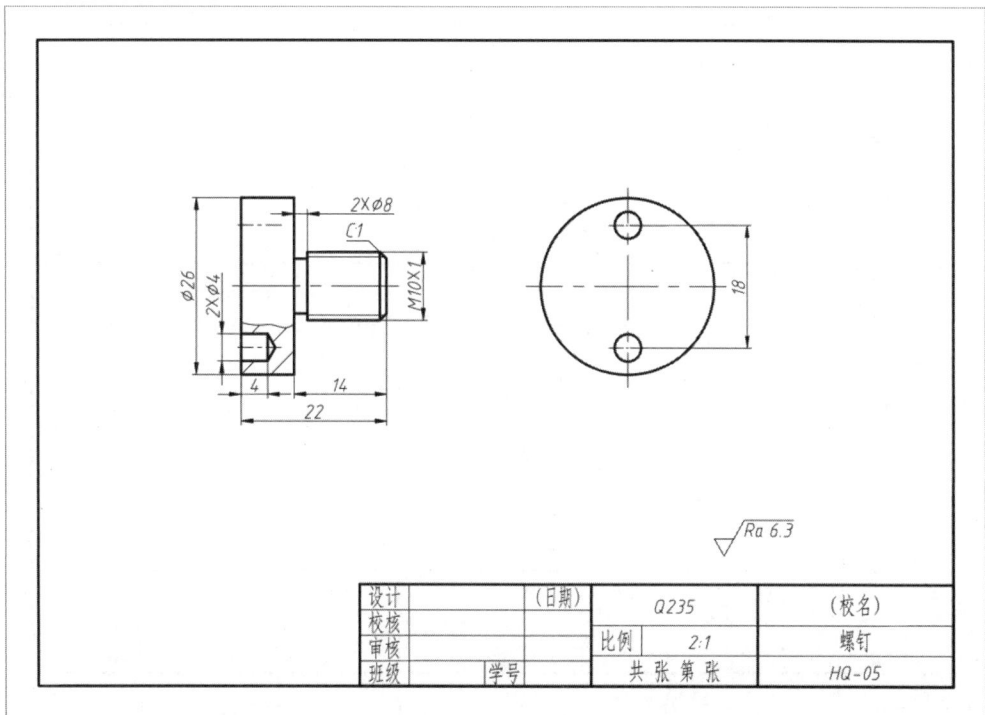

图 5-44　螺钉零件图

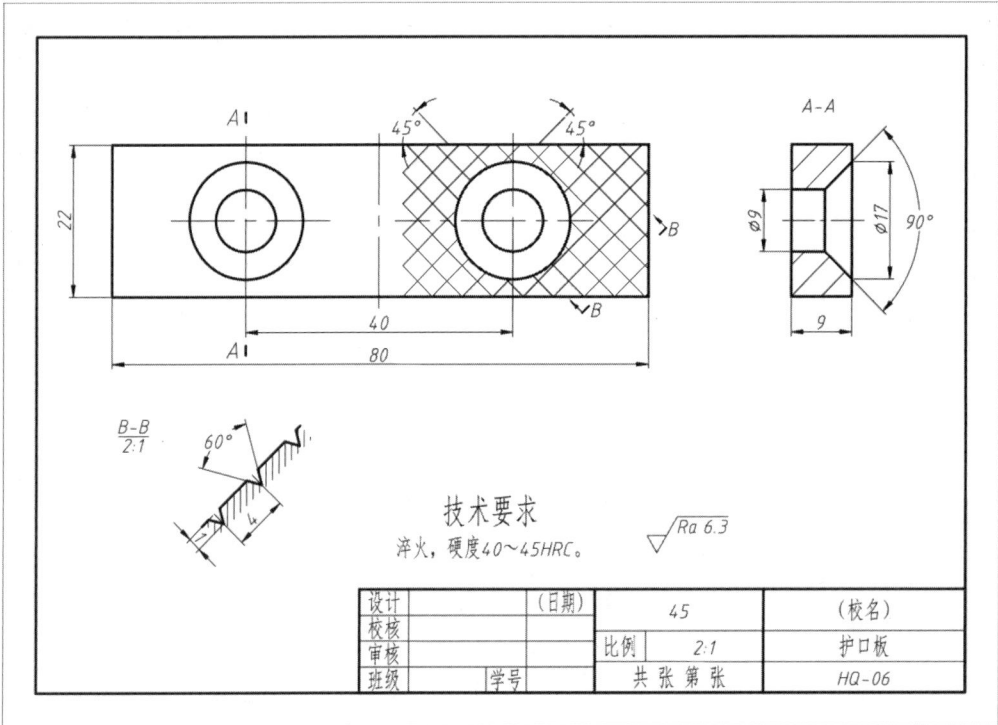

图 5-45　护口板零件图

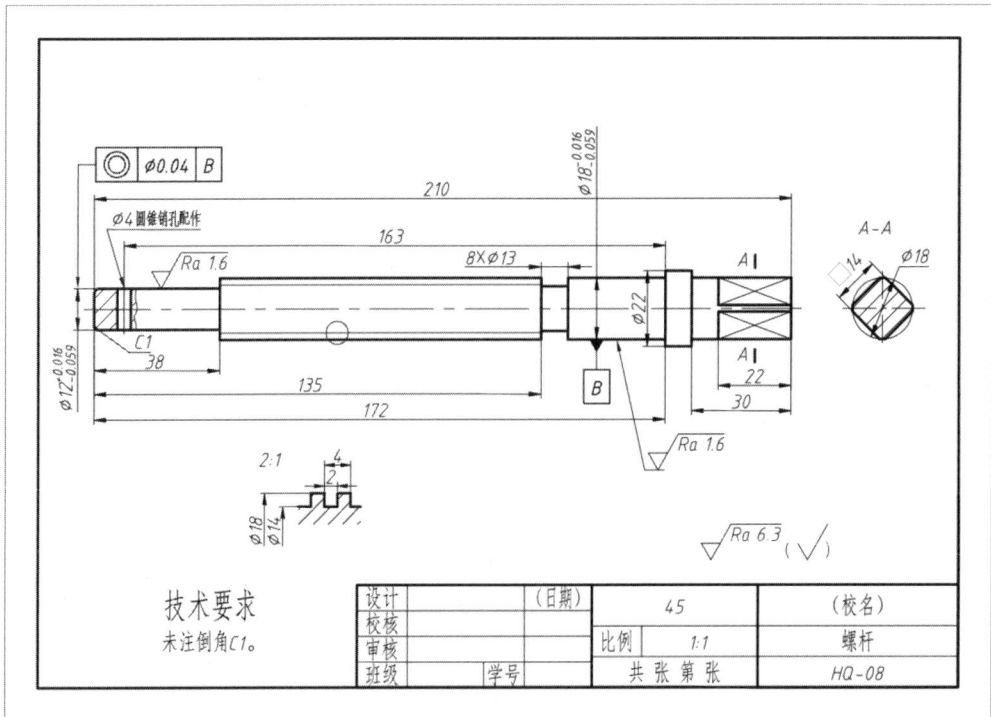

图 5-46　螺杆零件图

2. 创建图形文件

启动中望 CAD 2025 教育版，单击"新建"按钮，选择"A3.dwt"样板，进入绘图窗口。

3. 绘制装配体

1) 绘制主视图

(1) 将虎钳固定钳身主视图复制粘贴到 A3 图框中，装配螺母到固定钳身的合适位置，使两者在 A 点处重合，修剪多余的线条，结果如图 5-47(a)所示。

绘制虎钳装配图

(2) 在固定钳身装配螺母位置处，装配活动钳身，使活动钳身 ϕ20 孔与螺母 ϕ20 轴配合，使其底面与固定钳身的顶面重合；装配螺钉，使螺母与螺钉形成螺纹连接，螺钉头部的下端面与活动钳身沉头孔底部端面重合，修改螺纹连接处的线条类型，修改螺母剖面线(螺母与螺钉螺纹配合处)。修剪多余的线条后，结果如图 5-47(b)所示。

(3) 装配右侧垫圈，使垫圈端面与固定钳身右端台阶孔的内表面重合；装配螺杆，使螺杆的端面与垫圈的右端面重合，螺杆轴与螺母实现矩形螺纹连接。修剪多余的线条后，结果如图 5-47(c)所示。

(4) 装配左侧垫圈，使垫圈的右端面与固定钳身的左端面重合；将圆环安装在螺杆上，使圆环的右端面与垫圈的左端面重合。在螺杆左端装配销钉，配作圆锥销孔，修剪配合处的线条，结果如图 5-47(d)所示。

(5) 在活动钳身上装配左护口板，使左护口板的左端面与活动钳身的右端面重合，同时左护口板的下端面与活动钳身的台阶底面重合；在左护口板上装配螺钉，螺钉头部与护口板的锥孔底部端面重合；用同样的方法装配右护口板和螺钉。修剪多余的线条后，结果如图 5-47(e)所示。

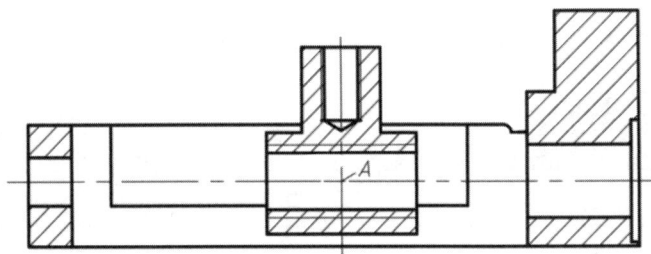

(a) 装配螺母

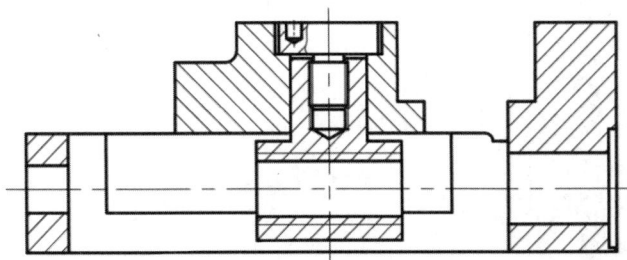

(b) 装配活动钳身和螺钉

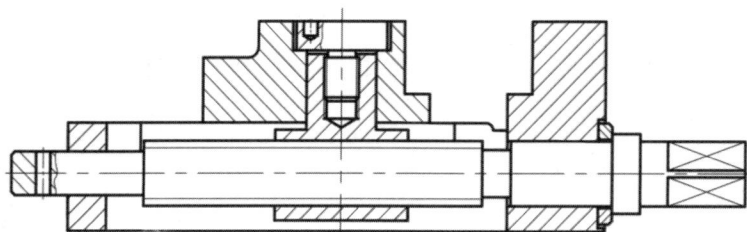

(c) 装配右侧垫圈和螺杆

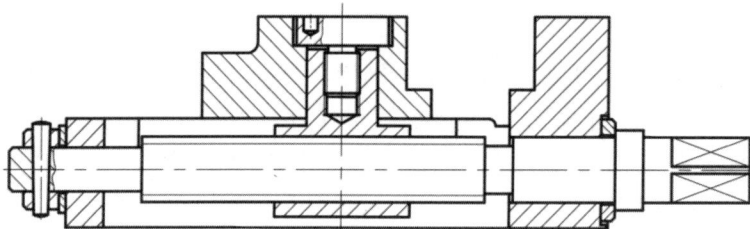

(d) 装配左侧垫圈、圆环和销钉

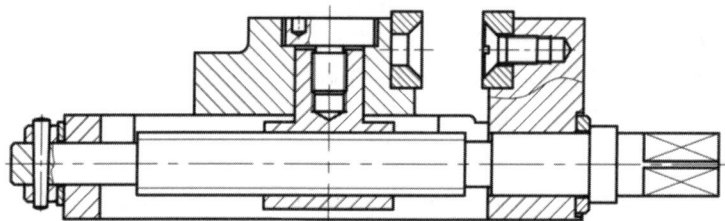

(e) 装配左、右护口板和螺钉

图 5-47   主视图绘制过程

2) 绘制俯视图和左视图

利用同样的方法绘制虎钳俯视图和左视图，修改、删除并添加线条，结果如图 5-48 所示。

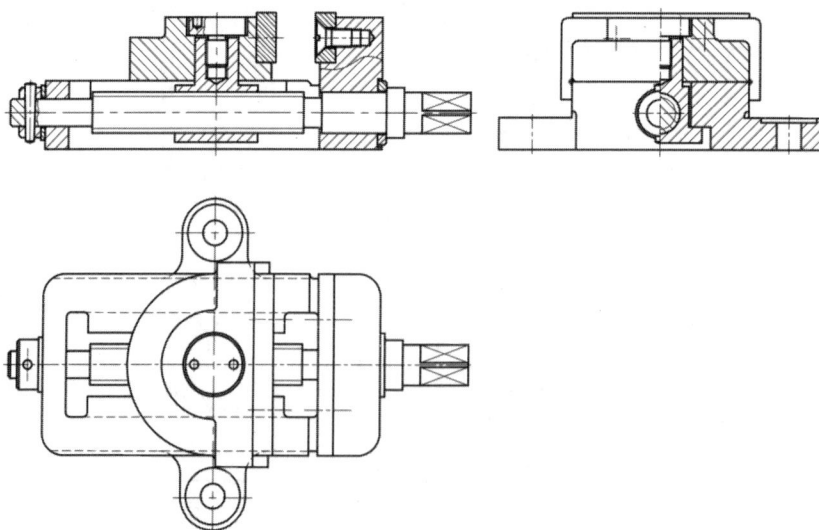

图 5-48   绘制俯视图和左视图

3) 绘制其他视图

将装配图中未表达清楚的内容通过局部放大视图和断面图等表达清楚，结果如图 5-49 所示。

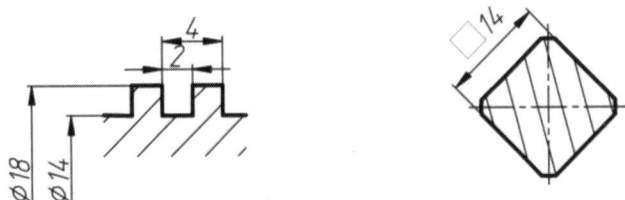

图 5-49　绘制其他视图

4) 标注装配体

(1) 绘制剖切符号和剖视图名称。

(2) 标注尺寸。标注总体尺寸、装配尺寸和配合尺寸。

(3) 编写零件序号。利用"多重引线"命令，修改引线的箭头类型为"点"，从装配图左侧底部开始，沿装配体按逆时针方向依次给各个零件进行编号，结果如图 5-50 所示。

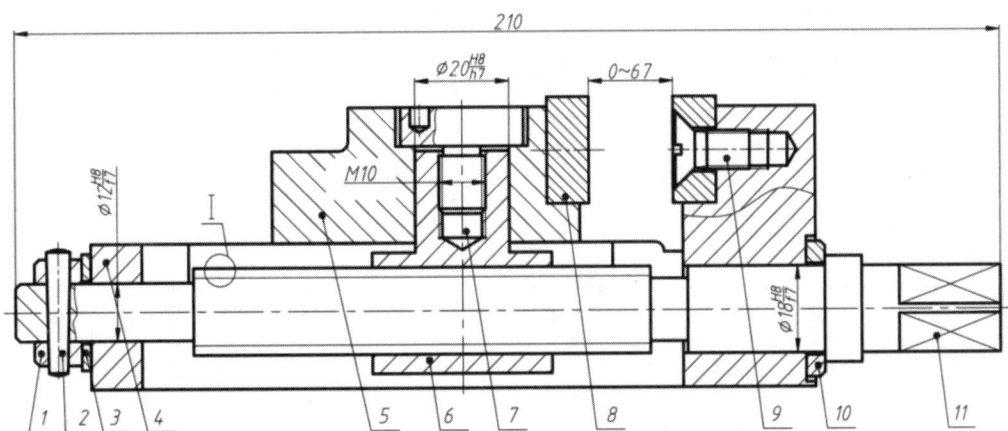

图 5-50　零件编号

4. 填写标题栏和绘制明细表

利用"从数据链接导入"的插入表格方式创建明细栏，用"多行文字"命令完成标题栏和明细栏填写，如图 5-51 所示。

5. 填写技术要求

用"多行文字"命令完成技术要求填写。

按照上述步骤绘制完成后，调整主视图、俯视图和左视图的布局位置，完成如图 5-29 所示的虎钳装配图。

11	HQ-08	螺杆	1	45	
10	HQ-07	垫圈	1	Q235	
9	GB/T 68-2016	螺钉	4	Q235	
8	HQ-06	护口板	2	45	
7	HQ-05	螺钉	1	Q235	
6	HQ-04	螺母	1	35	
5	HQ-03	活动钳身	1	HT200	
4	HQ-02	固定钳身	1	HT200	
3	GB/T 97.10-2002	垫圈	1	Q235	
2	GB/T 117-2000	销A4×26	1	35	
1	HQ-01	圆环	1	Q235	
序号	代号	名称	数量	材料	备注

设计		(日期)			(校名)
校核					
审核			比例	1:1	虎钳
班级		学号	共 张 第 张		(图号)

图 5-51   填写标题栏和明细栏

任务评价

如表 5-2 所示，从绘图能力和职业能力两个方面，根据学生自评、组内互评、教师综合评价将各项得分填入表中。

表 5-2   任务 5.2 评价表

	评价内容	分值	学生自评 (10%)	组内互评 (20%)	教师综合评价 (70%)
绘图 能力	图幅设置	5			
	视图绘制	25			
	必要尺寸标注	10			
	零件编号	15			
	明细栏创建及填写	15			
	标题栏、技术要求填写	10			
职业 能力	查阅资料　团队合作 练习态度　拓展学习	20			
总　　分		100			

拓展训练

绘制如图 5-52 所示的偏心柱塞泵装配图(零件图见本书附录中附图 7～附图 13)。

任务 5.2 训练

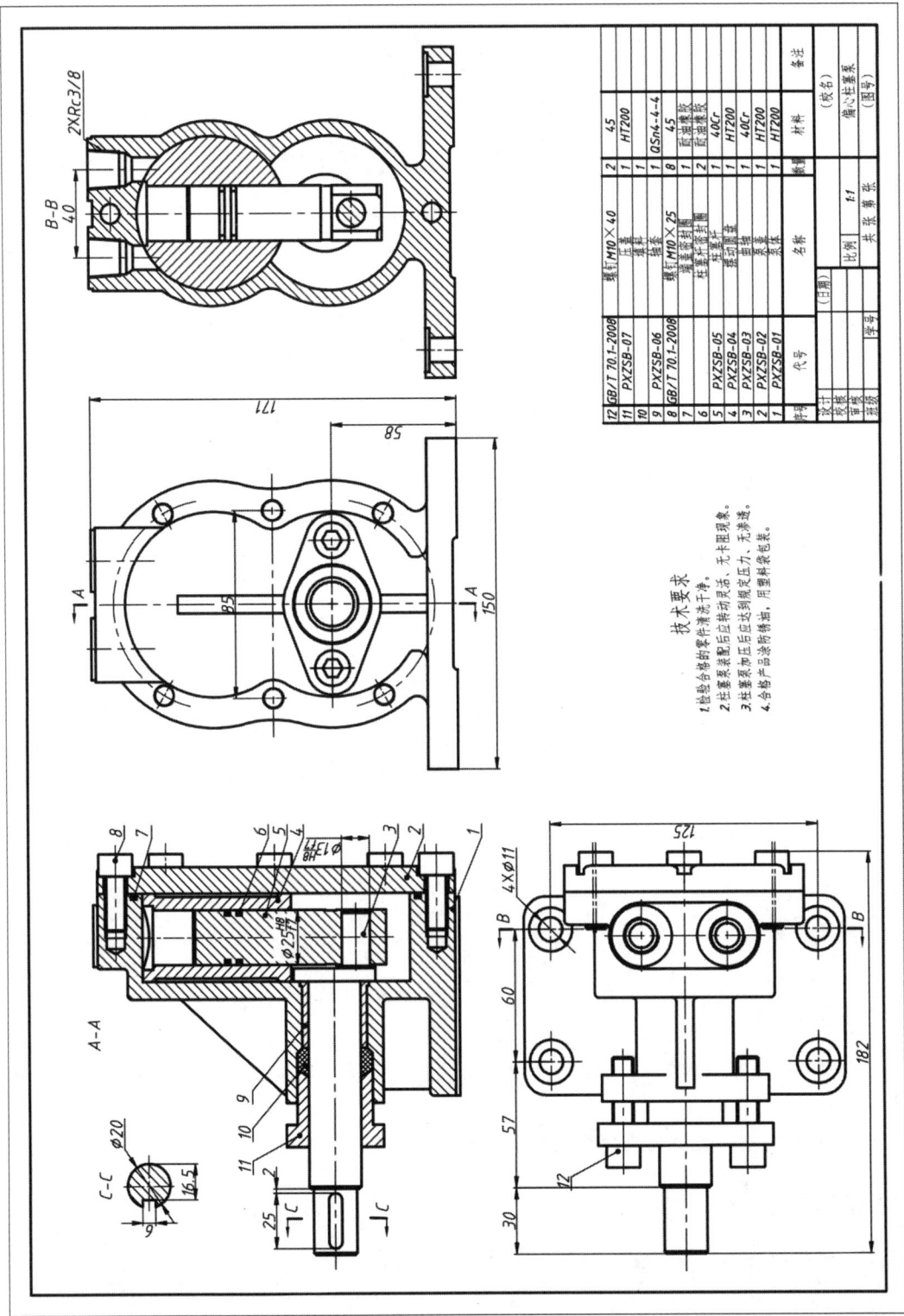

图 5-52 偏心柱塞泵装配图

序号	代号	名称	数量	材料	备注
12	GB/T 70.1-2008	螺钉M10×40	2	45	
11	PXZSB-07	压盖	1	HT200	
10	PXZSB-06	轴套	1	QSn6-4-4	
9	GB/T 70.1-2008	螺钉M10×25	8	45	
8	PXZSB-05	耐油橡胶	2	耐油橡胶	
6		柱塞环密封圈	1	耐油橡胶	
5	PXZSB-04	柱塞环	1	40Cr	
4	PXZSB-03	偏心轴	1	HT200	
3	PXZSB-02	泵盖	1	40Cr	
2	PXZSB-01	泵体	1	HT200	
1		泵体	1	HT200	

技术要求

1.检验合格的零件应清洗干净，无卡阻现象。
2.柱塞泵装配后应运转动灵活。
3.柱塞泵加压后应达到规定压力，无渗漏。
4.合格产品涂防锈油，用塑料袋包装。

项目 6
图形打印和输出

项目概述

在图形绘制完成后，可进行打印和输出。中望 CAD 2025 教育版不仅可以将图形打印到图纸上，还可以输出为 PDF、JPG、DWF 等格式的文件。中望 CAD 的绘图空间有模型空间和布局空间两种，本项目主要介绍在这两种绘图空间下图形的打印和输出。

本项目的任务逻辑如图 6-1 所示。

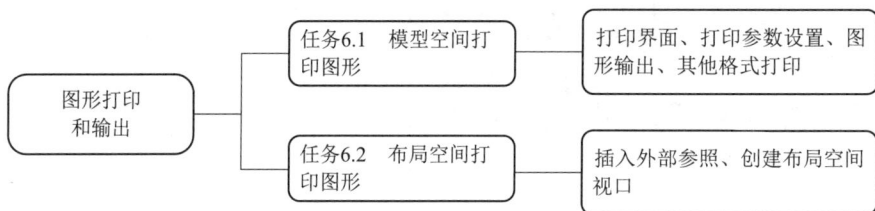

```
                          ┌────────────────────┐    ┌──────────────────────────┐
                          │ 任务6.1  模型空间打  │────│ 打印界面、打印参数设置、图 │
       ┌────────────┐     │ 印图形              │    │ 形输出、其他格式打印       │
       │ 图形打印    │─────┤                    │    └──────────────────────────┘
       │ 和输出      │     ┌────────────────────┐    ┌──────────────────────────┐
       └────────────┘─────│ 任务6.2  布局空间打  │────│ 插入外部参照、创建布局空间 │
                          │ 印图形              │    │ 视口                      │
                          └────────────────────┘    └──────────────────────────┘
```

图 6-1 项目 6 任务逻辑

项目目标

知识目标

1. 掌握中望 CAD 2025 教育版的打印参数设置，会将图形输出为 PDF、JPG、DWF 等格式的文件。

2. 掌握布局空间视口的创建方法。

技能目标

能按照打印要求从模型空间和布局空间打印和输出图形。

素养目标

通过打印和输出图形，培养解决实际问题的职业能力。

任务 6.1　模型空间打印图形

任务描述

将图 5-15(见任务 5.1)所示的阀盖零件图打印在 A4 图纸上。具体要求：以 PDF 格式横向居中打印输出，打印比例为布满图纸，打印样式为单色打印。

任务分析

由于国家标准对图纸的幅面、图框格式、标题栏都有规定，所以图形的打印和输出也要符合国家标准的规定。因此要对打印机/绘图仪、打印区域、打印样式表、图纸幅面、打印比例、图形方向等参数进行设置。

知识链接

1. 打印界面

进入模型空间打印图形，打印界面运行方式有如下几种：

(1) 工具栏：在快速访问工具栏单击"打印"按钮 🖨。

(2) 菜单栏：选择"文件"→"打印"命令。

(3) 命令行：输入 plot。

(4) 快捷键：Ctrl+P。

按照上述中的任一种方法即可弹出"打印-模型"对话框，如图 6-2 所示。

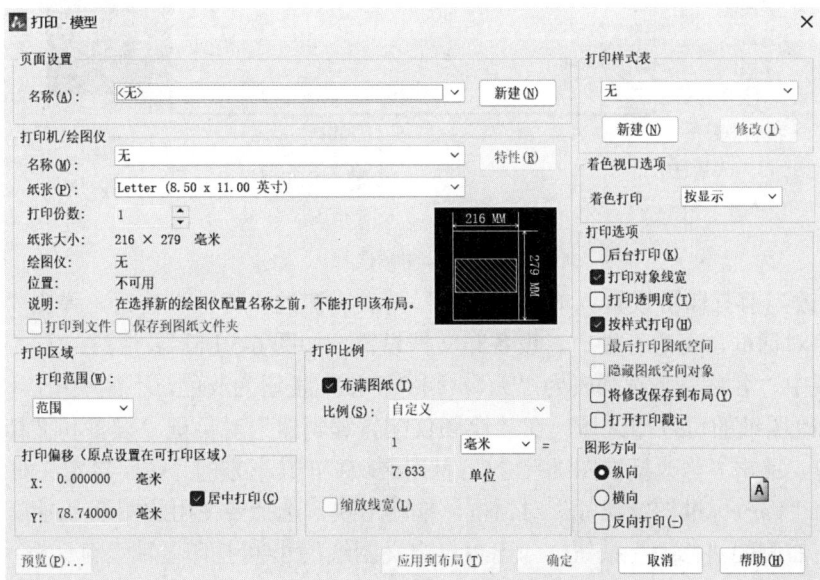

图 6-2　"打印-模型"对话框

2. 打印参数设置

1) 打印机/绘图仪设置

(1) 名称。单击"名称"下拉列表框，选择打印机，本任务选择虚拟打印机"Microsoft Print to PDF"，如图 6-3 所示。如果要将图形打印到图纸上，可添加本地打印机，选择相应名称(没有连接打印机的需要添加打印机向导)。

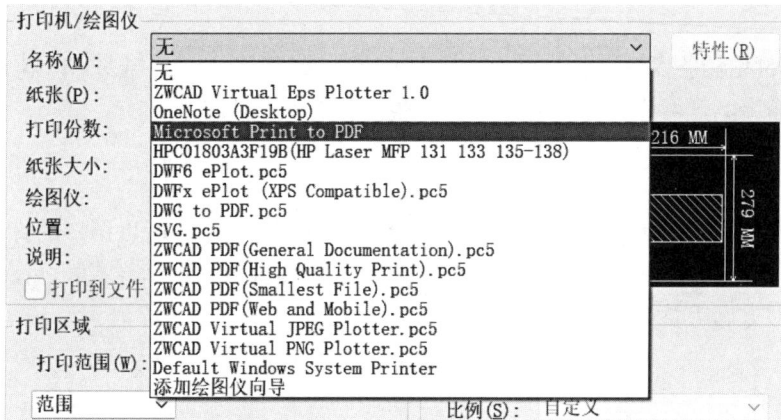

打印参数设置

图 6-3　选择打印机名称

(2) 纸张。单击"纸张"下拉列表框，这里选择"A4"，如图 6-4 所示。

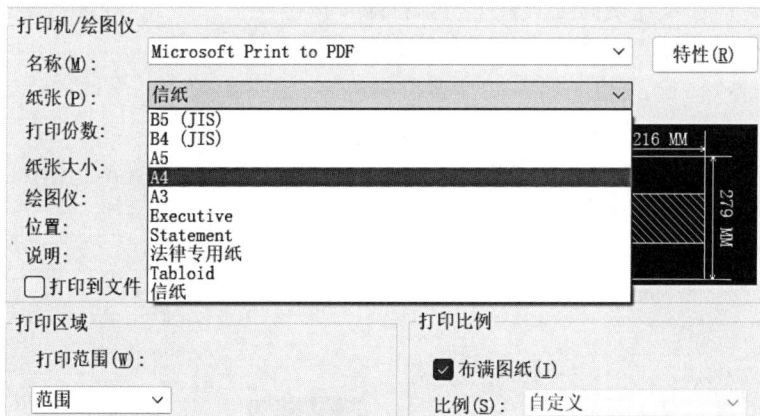

图 6-4　图幅选择

(3) 修改当前打印机设置。单击"名称"列表右侧的"特性"按钮，弹出"绘图仪配置编辑器"对话框，可进行端口、设备和文档设置，如图 6-5 所示。注意：若"打印机/绘图仪"区域中"名称"下拉列表为"无"，则"特性"按钮为灰色，不能使用。

(4) 修改图纸的可打印区域。在"绘图仪配置编辑器"对话框"设备和文档设置"选项卡的下方，单击"修改标准图纸尺寸(可打印区域)"，其下方的"访问自定义对话框"(见图 6-5)变为"修改标准图纸尺寸"对话框，拖动滑块，选择要使用的图纸"A4"，如图 6-6 所示；单击右侧的"修改"按钮，弹出"自定义图纸尺寸-可打印区域"对话框，如图 6-7 所示，调整页面上、下、左、右边界均为"0"；单击"下一页"按钮，弹出"自定义图纸

尺寸-文件名"对话框，默认"文件名"为"Microsoft Print to PDF"，这里不做修改，单击
"下一步"按钮，单击"完成"按钮，返回"绘图仪配置编辑器"对话框；单击"确定"
按钮，弹出"修改打印机设置配置文件"对话框，如图 6-8 所示，这里不做修改，单击"确
定"按钮，即完成修改 A4 图纸的可打印区域工作。

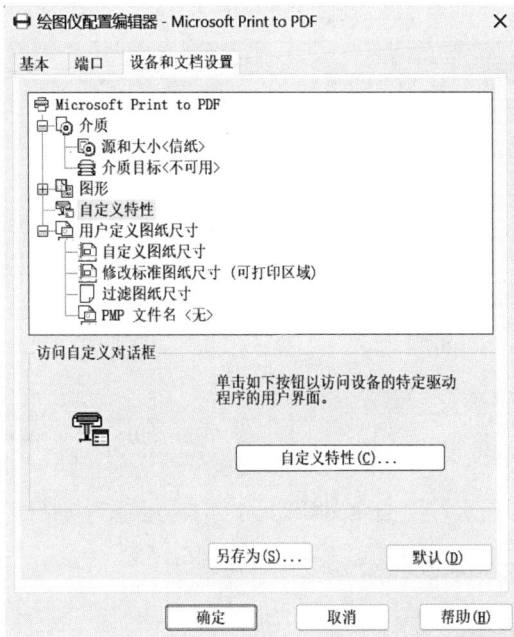

图 6-5　"绘图仪配置编辑器"对话框

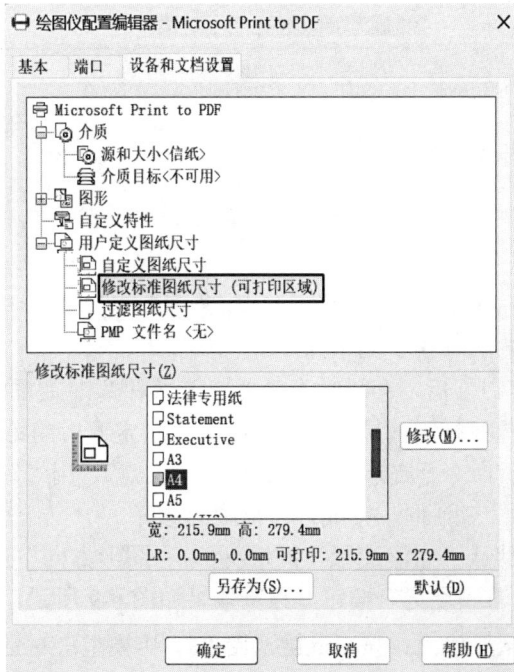

图 6-6　"修改标准图纸尺寸"对话框

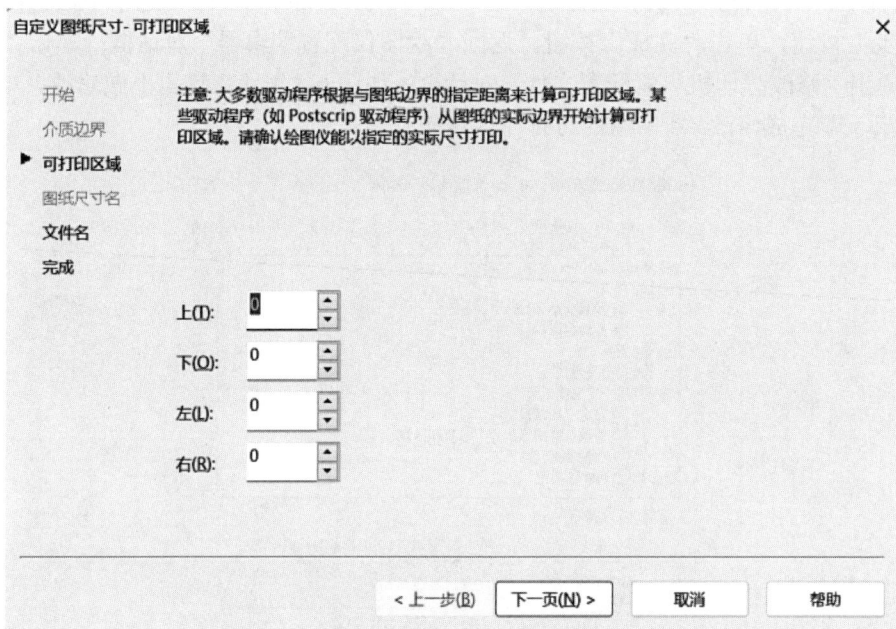

图 6-7 "自定义图纸尺寸-可打印区域"对话框

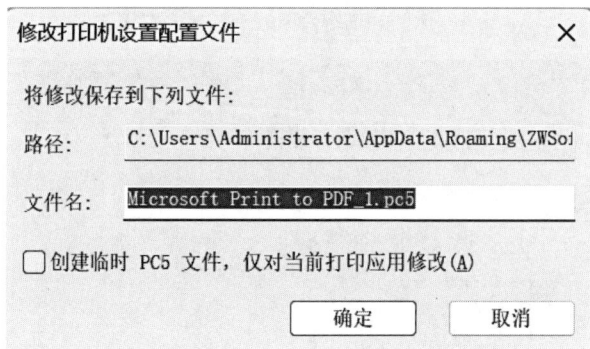

图 6-8 "修改打印机设置配置文件"对话框

2) 打印区域

在"打印-模型"对话框(见图 6-2)中,"打印范围"下拉列表中有 4 个选项:窗口、范围、图形界限、显示,各选项含义如下:

(1) 窗口。选择"窗口"后,会临时隐藏"打印-模型"对话框,在打开的"阀盖.dwg"零件图上,以矩形区域选择打印区域,命令行提示"指定窗口的第一点",用"对象捕捉"拾取图框左上角点,随后命令行提示"指定窗口的第二点",用"对象捕捉"拾取图框右下角点,返回"打印-模型"对话框,完成打印范围的选择。

在"打印比例"为默认"布满图纸"的情况下,"图形方向"选择"横向",单击"打印-模型"对话框左下角的"预览"按钮,预览效果如图 6-9 所示。

若对预览的打印效果不满意,按 Esc 键返回"打印-模型"对话框,可继续进行设置调整。若满意,可直接单击对话框最下面的"确定"按钮打印。

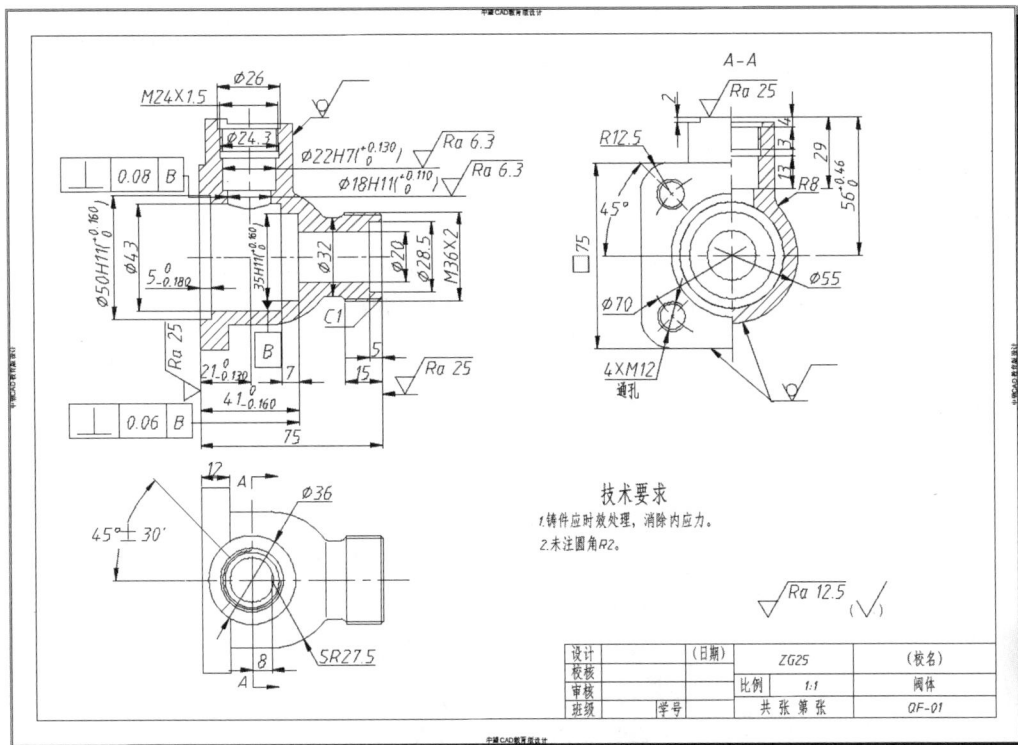

图 6-9　"打印范围"为"窗口"的预览效果

(2) 范围。选择"范围"后,将打印除冻结图层之外的所有图形("图形方向"选择"横向"),预览效果如图 6-10 所示。

图 6-10　"打印范围"为"范围"的预览效果

(3) 图形界限。打印设置前需要先进行图形界限设定，在"打印-模型"对话框选择"打印范围"→"图形界限"，"打印比例"为默认"布满图纸"，"图形方向"选择"横向"，这样打印的效果和窗口方式相同，如图 6-9 所示。

用 Limits 命令设置图形界限，命令行提示如下：

命令：Limits
指定左下点或界线[开(ON)/关(OFF)]<0, 0>：(在绘图区捕捉阀盖零件图图框左下角点)
指定右上点<420, 297>：(在绘图区捕捉阀盖零件图图框右上角点)

(4) 显示。选择"显示"后，将打印当前视图中显示的图形("图形方向"选择"横向")，如图 6-11 所示。

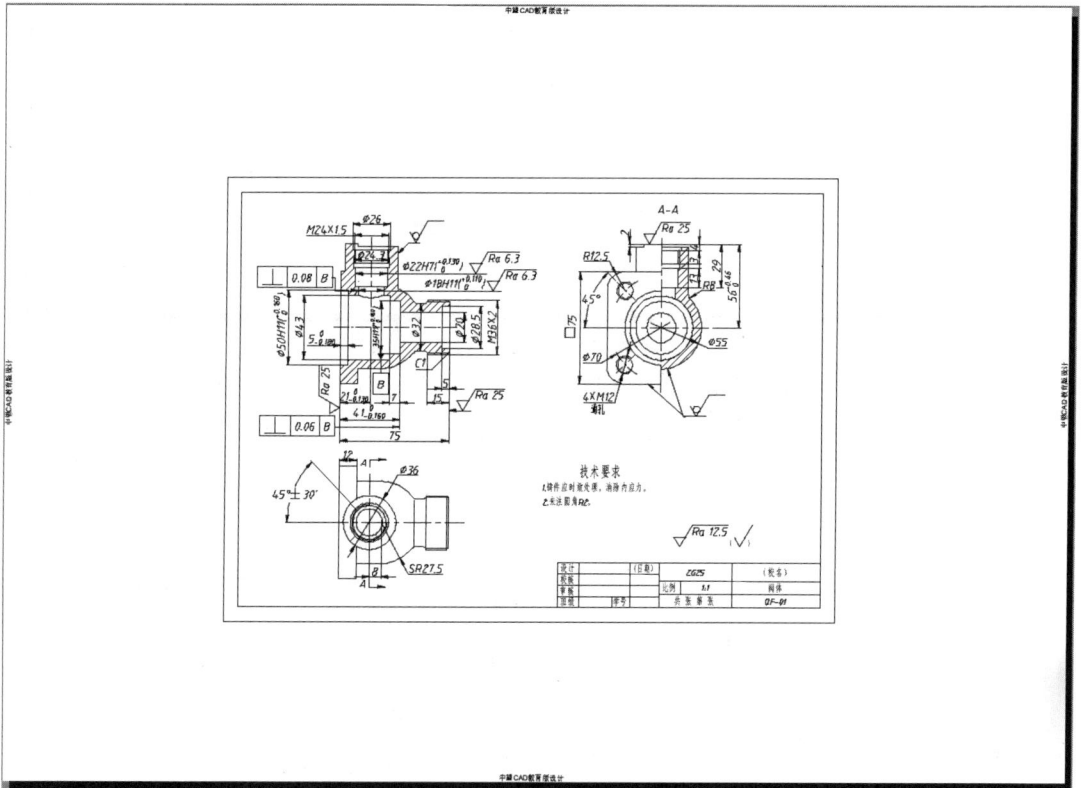

图 6-11   "打印范围"为"显示"的预览效果

3) 打印比例

"打印比例"为打印到图纸上的图形大小与实际大小的比值。"打印比例"默认为"布满图纸"，取消勾选"布满图纸"，可通过"比例"下拉列表选择合适的比例，如图 6-12 所示。选择 1：1 比例，打印出来后的纸质版图纸中的实际尺寸测量值和标注的尺寸是一样的。而"布满图纸"选项是使图纸布满整张图纸，打印出来后的实际比例为 1：1.008，常用于对比例要求不高的场合。

"缩放线宽"默认为不勾选，在布局中根据情况设置。若勾选，图纸线宽将按照打印比例放大或缩小；不勾选，图纸线宽为设置的线宽。

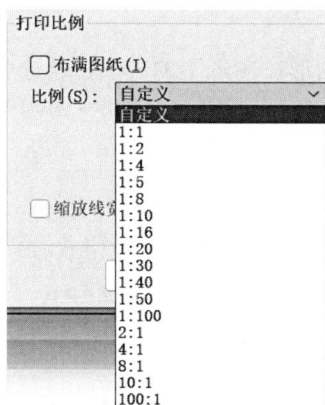

图 6-12　"打印比例"区域

4) 打印样式表

打印样式用于修改图形打印的外观。图形中每个对象或图层都具有打印样式属性，通过修改打印样式可改变对象输出的颜色、线型、线宽等特性。"打印样式表"有 4 个选项：无、Monochrome.ctb、zwcad.ctb、ZWCADM.ctb，扩展名"ctb"为颜色相关打印样式，各选项含义如下：

(1) Monochrome.ctb：最为常用，为单色打印，所有的图层颜色都将打印成黑色，所有的图层颜色不会有深浅差异，显示一致。

(2) zwcad.ctb：打印为彩色，所有的图层颜色按设置的相应颜色打印。

(3) ZWCADM.ctb：固定模式打印。

在"打印样式表"下拉列表中选择所采用的打印样式，也可单击下面的"修改"按钮，在弹出的"打印样式编辑器"对话框中进行参数的修改，如图 6-13 所示，或单击"新建"按钮设置新的打印样式。

图 6-13　"打印样式编辑器"对话框

5) 图形方向

图形方向用于设置打印时图形在图纸上的方向。若选中"横向",则横向打印图形,使图形的顶部在图纸的长边;若选中"纵向",则纵向打印图形,使图形的顶部在图纸的短边;若选中"反向打印"复选框,则使图形颠倒打印。

3. 图形输出

图形输出是指将 DWG 图形格式转换成其他格式(如 BMP、WMF 等),以满足不同的用户需求。图形输出运行方式如下:

图形输出打印

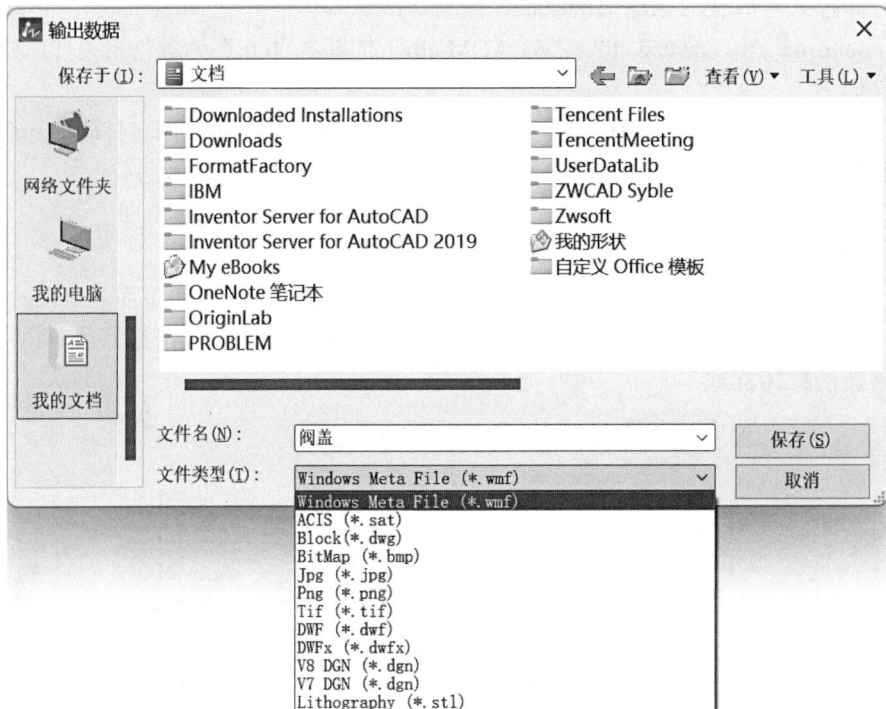

(1) 菜单栏:选择"文件"→"输出"命令。

(2) 命令行:输入 export(快捷命令:EXP)。

执行"输出"命令,弹出"输出数据"对话框,可在"保存于"选择合适的存储位置,在"文件类型"选择适合的图形输出格式,如图 6-14 所示,单击"保存"按钮。系统返回图形界面,命令提示行提示:请选择输出的实体,选择输出实体,按 Enter 键确定,即完成图形输出。在相应的文件夹下,即可找到输出的图像文件。

图 6-14 "输出数据"对话框

4. 其他格式打印

1) PDF 文件

PDF 文件具有不受打印机设备影响的功能,可以保证精准的打印效果,尤其是颜色和清晰度。中望 CAD 教育版自带 PDF 打印驱动程序。将图样打印成 PDF 格式文件的操作步骤如下:

(1) 在菜单栏选择"文件"→"打印"命令,弹出"打印-模型"对话框,在"打印机/

绘图仪"区域的"名称"下拉列表框，选择"DWG to PDF.pc5"，如图 6-15 所示，单击"确定"按钮。

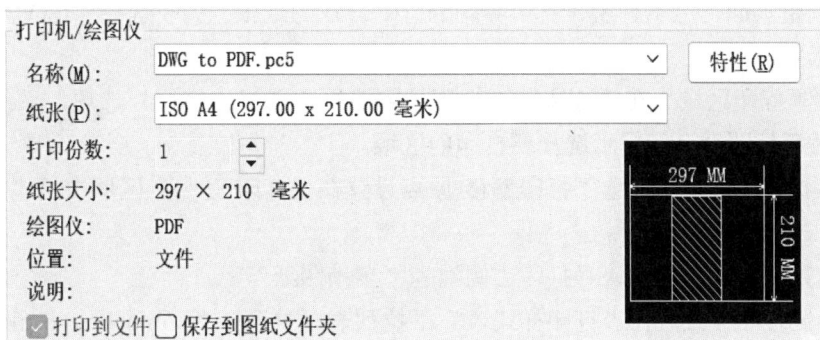

图 6-15　打印 PDF 文件"名称"选择

(2) 在系统弹出的"浏览打印文件"对话框中，选择合适的存储位置、文件名，单击"保存"按钮，即可输出 PDF 格式文件。

2) DWF 文件

DWF 文件具有占用内存更小、不可编辑、利于传输的优点。中望 CAD 教育版自带 DWF 打印驱动程序。将图样打印成 DWF 格式文件的操作步骤如下：

(1) 在菜单栏选择"文件"→"打印"命令，弹出"打印-模型"对话框，在"打印机/绘图仪"区域的"名称"下拉列表框内选择"DWF6 ePlot.pc5"，如图 6-16 所示，单击"确定"按钮。

(2) 在系统弹出的"浏览打印文件"对话框中，选择合适的存储位置、文件名，单击"保存"按钮，即可输出 DWF 格式文件。

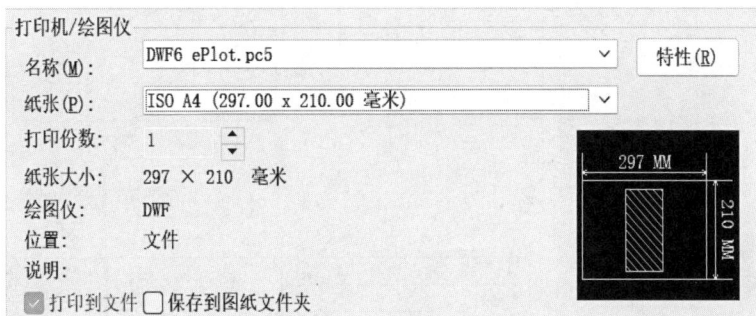

图 6-16　打印 DWF 文件"名称"选择

任务实施

1. 打印参数设置

启动中望 CAD 2025 教育版，打开"阀盖.dwg"零件图。利用快捷键"Ctrl+P"或单击菜单栏"文件"→"打印"命令，弹出"打印-模型"对话框。在其中进行下列设置：

模型空间打印

(1) 设置打印机/绘图仪。在"名称"下拉列表框中选择"DWG to PDF.pc5";单击"特性"按钮,弹出"绘图仪配置编辑器"对话框,按照知识链接中关于"打印机/绘图仪设置"操作步骤调整页面上、下、左、右边界均为"0";在"纸张"列表选择"ISO A4(297.00 × 210.00 毫米)"。

(2) 设置打印区域。在"打印范围"下拉列表框中选择"窗口"选项,系统自动返回绘图区,然后按照命令行提示选择要打印的区域。

(3) 设置打印偏移。勾选"打印偏移(原点设置在可打印区域)"区域中的"居中打印"复选框。

(4) 设置打印比例。默认"打印比例"为"布满图纸"。

(5) 设置打印样式。在"打印样式表"下拉列表框中选择"Monochrome.ctb"。

(6) 设置图形方向。在"图形方向"区域中设置打印方向为横向。

所有参数设置完成后,单击"打印-模型"对话框左下角的"预览"按钮进行打印预览,预览效果如图 6-17 所示。

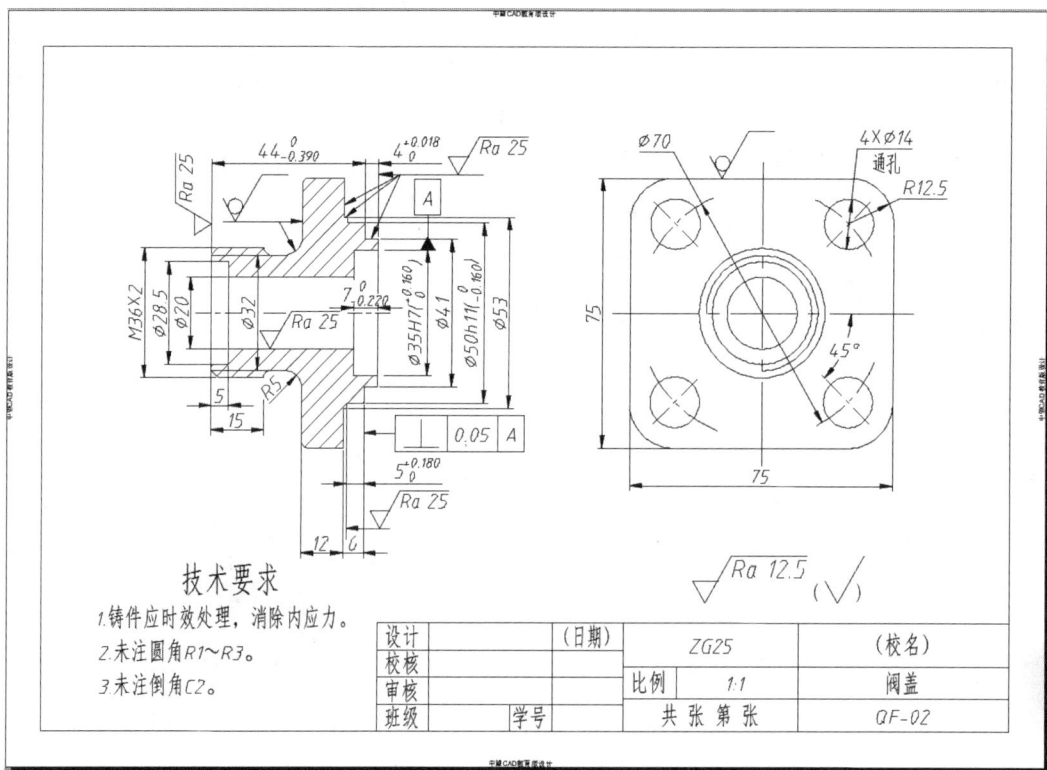

图 6-17　阀盖零件打印预览效果

2. 打印图形

图形显示无误后,右击预览窗口,在弹出的快捷菜单中选择"打印"命令,即可进行打印。也可返回"打印-模型"对话框,单击"确定"打印。

任务评价

如表 6-1 所示，从图形打印输出和职业能力两个方面，根据学生自评、组内互评、教师综合评价将各项得分填入表中。

表 6-1　任务 6.1 评价表

评价内容		分值	学生自评(10%)	组内互评(20%)	教师综合评价(70%)
图形打印输出	打印机/绘图仪设置	20			
	打印范围及比例设置	20			
	打印样式设置	10			
	打印方向设置	10			
	PDF 格式打印	20			
职业能力	查阅资料　团队合作 练习态度　拓展学习	20			
总　　分		100			

拓展训练

将图 5-17(任务 5.1)所示的阀杆零件图打印在 A4 图纸上。具体要求：以 DWF 格式横向居中打印输出，打印比例为布满图纸，打印样式为单色打印。

任务 6.1 训练

任务 6.2　布局空间打印图形

任务描述

在布局空间将球阀的两个零件图打印在一张 A4 图纸上，阀芯零件图的打印比例为 1∶1，扳手零件图的打印比例为 1∶2，打印效果如图 6-18 所示。

任务分析

打印图形时，为节约图纸，可以在一张图纸上打印多个零件。由于两个零件图比例不一致，在模型空间只能按照一种比例打印，而在布局空间(也就是图纸空间)可以通过多视口对图形进行视口比例控制，实现多种不同比例的打印。因此，只需要绘图时在模型空间以 1∶1 的比例绘制图形(将标题栏、图框单独设置成块)，然后将其以插入外部参照或块的形式插入模型中，通过布局、页面和视口设置，即可实现多种不同比例图形的打印。

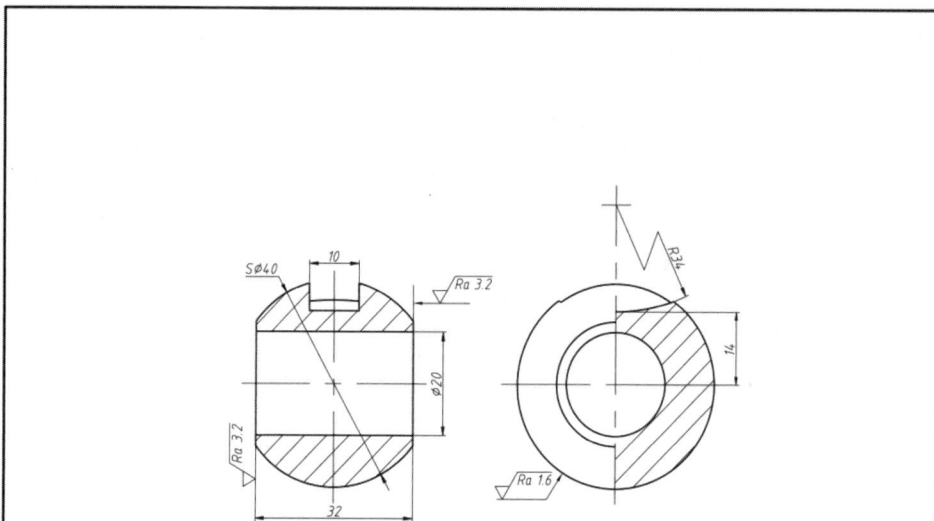

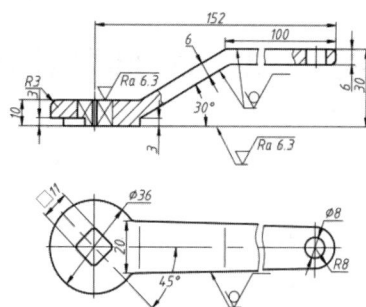

图 6-18　布局空间零件图打印效果

知识链接

1. 插入外部参照

在菜单栏选择"插入"→"DWG 参照"命令，插入"外部参照"。系统弹出"选择参照文件"对话框，如图 6-19 所示。选择"扳手"，单击"打开"按钮，弹出"附着外部参照"对话框，如图 6-20 所示。单击"确定"按钮，命令行提示"指定插入点"，在绘图区合适位置单击鼠标左键放置图形。

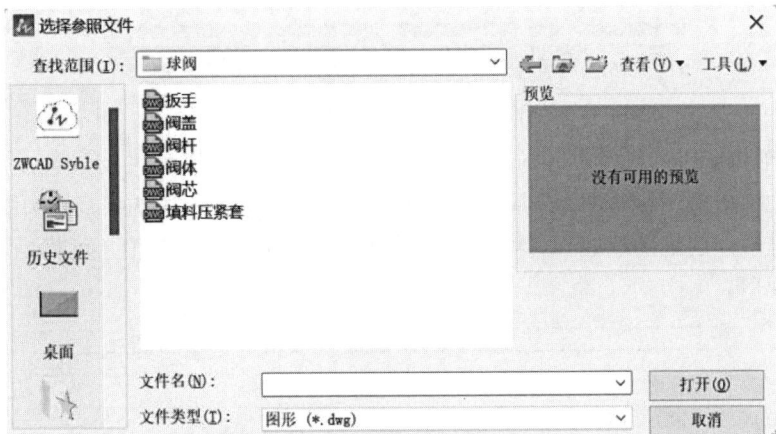

图 6-19　"选择参照文件"对话框

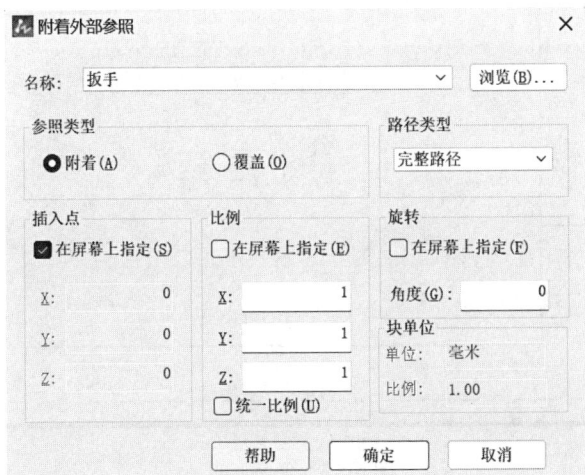

图 6-20　"附着外部参照"对话框

2. 创建布局空间视口

在中望 CAD 教育版中，不仅可从模型空间输出图形，还可从布局空间输出图形。模型空间和布局空间是中望 CAD 教育版的两种工作环境，模型空间只有一个，布局空间可以包含多个。布局空间主要用于出图，可以方便地进行批量打印图形，预览实际的出图效果。同时，布局空间还可随图形文件保存，并可供其他图形调用。

创建布局空间视口

1) 新建布局

在绘图区左下角"模型/布局"右侧的加号处单击，如图 6-21 所示，出现"布局 3"。右键单击"布局 3"，在弹出的列表中选择"重命名"，即可将"布局 3"重命名，如修改为"A3"，如图 6-22 所示。

图 6-21　布局选项卡

图 6-22　重命名布局名称

2) 切换布局空间

单击"A3"布局，系统进入布局空间，并自动产生一个带边框的布局，如图 6-23 所示。图中有三个框，分别是图纸边缘、可打印区域和视口。单击视口边框，可将当前视口删除，以便于新建视口。

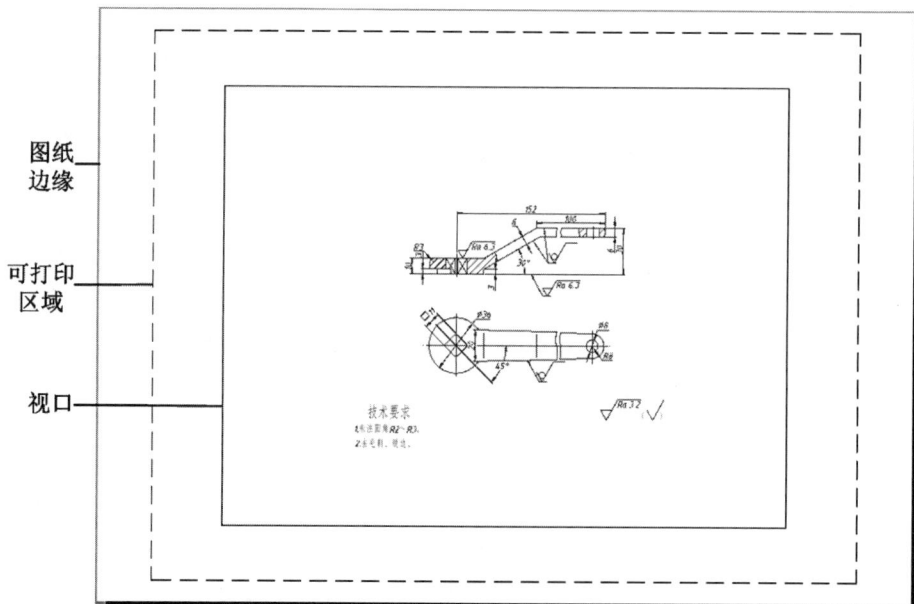

图 6-23　布局空间

3) 页面设置

在布局"A3"上右键单击，在弹出的快捷菜单中选择"页面设置"，弹出"页面设置管理器"对话框，如图 6-24 所示；单击"新建"按钮，弹出"新页面设置"对话框，如图 6-25 所示，将"新页面设置名"改为"A3 横"；单击"确定"按钮，弹出"打印设置"对话框，如图 6-26 所示；在"打印机/绘图仪"区域的"名称"下拉列表框中选择"DWG to PDF.pc5"，单击"特性"按钮并按任务 6.1 修改图纸的可打印区域、打印样式表及图形方向。

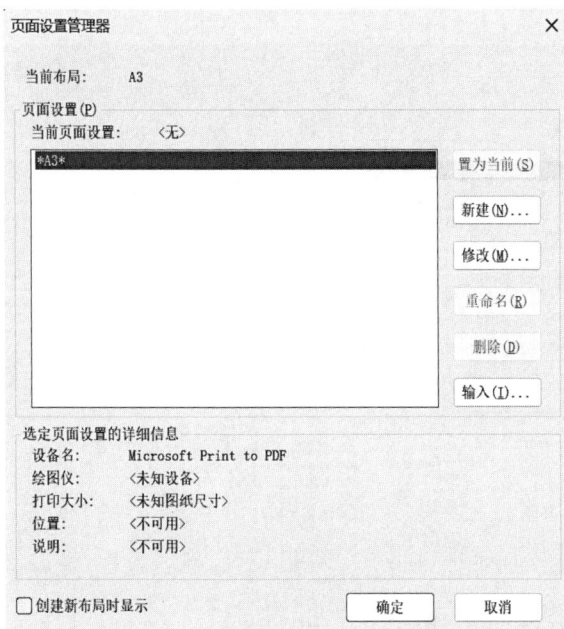

图 6-24 "页面设置管理器"对话框

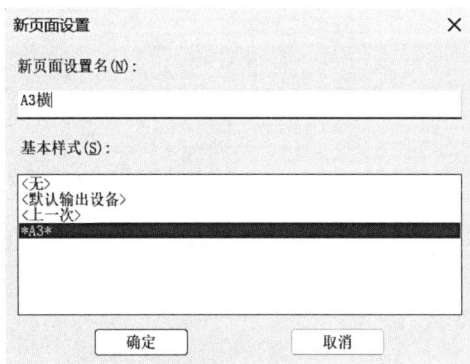

图 6-25 "新页面设置"对话框

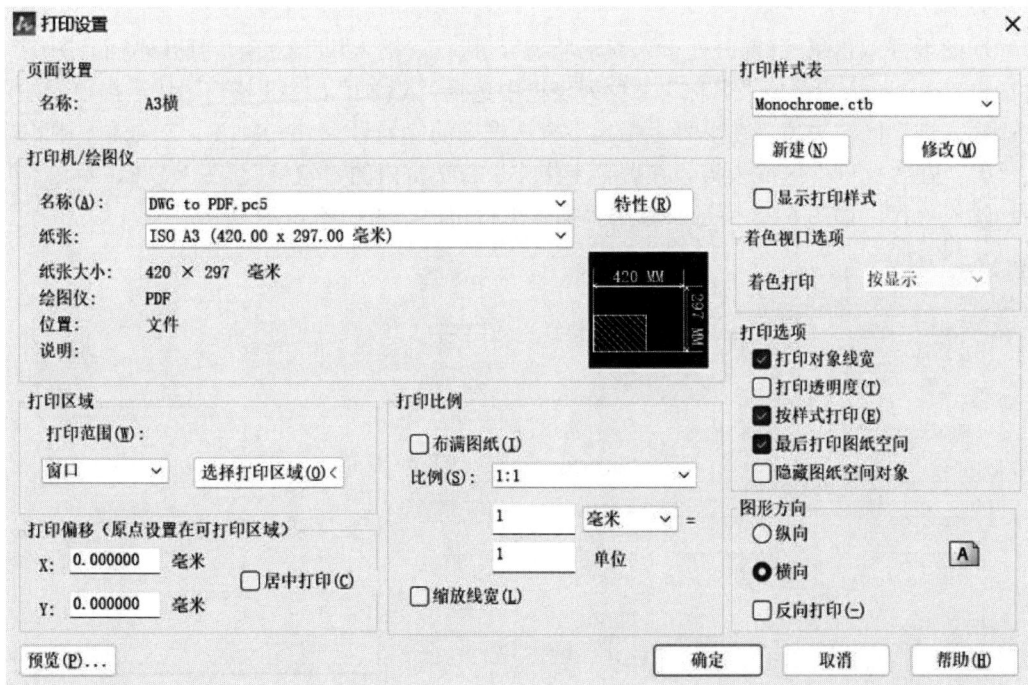

图 6-26 "打印设置"对话框

　　设置完成后，单击"确定"按钮，返回"页面设置管理器"对话框，在"当前页面设置"下选择"A3 横"，单击"置为当前"按钮，单击"确定"按钮，完成页面设置，如图 6-27 所示。

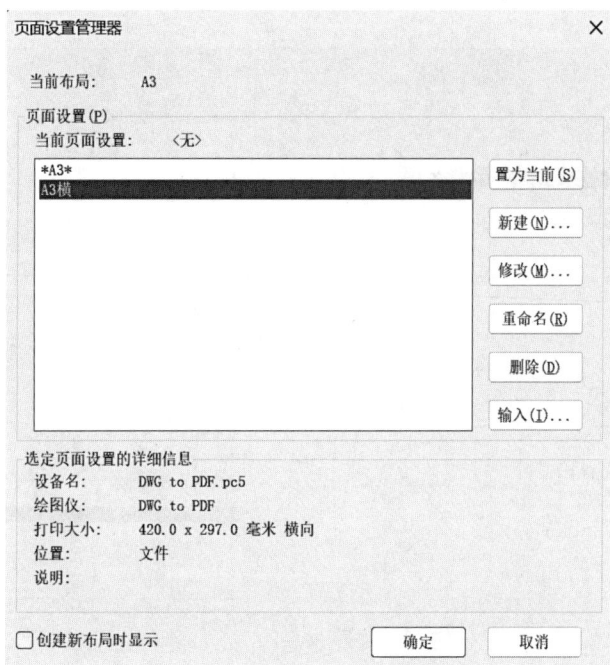

图 6-27　将"A3 横"页面置为当前

4) 插入图框

在图纸外双击鼠标(视口处于未激活状态),执行"插入块"命令,打开"插入图块"对话框,在"插入"区域"名称"下拉列表框中选择"A3 横"("A3 横"图块需提前创建);在"插入点"区域去掉"在屏幕上指定"复选框内的"勾号",在 X、Y、Z 文本框中均输入"0";在"比例"区域去掉"在屏幕上指定"复选框内的"勾号",在 X、Y、Z 文本框中均输入"1",如图 6-28 所示。单击"插入"按钮,结果如图 6-29 所示。

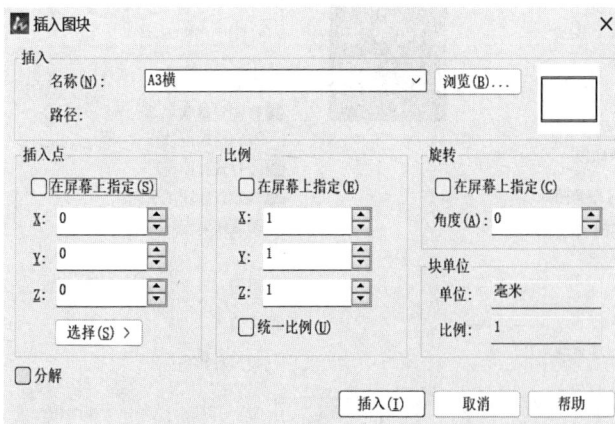

图 6-28　"插入图块"对话框

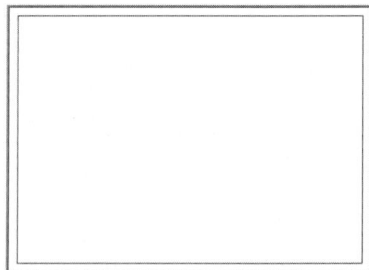

图 6-29　插入 A3 图框

❖ **注意**

(1) 视口有两种状态,一种是激活状态,一种是未激活状态,在视口内双击鼠标,将激活视口,视口被激活后,视口的边框就会变粗;在图纸外双击鼠标,视口边框变细,视口重新变为未激活状态。

(2) 视口处于激活状态，可对视口内图形进行拖动、缩放、删除等调整。

(3) 视口在未激活状态下，插入视口的图框、标题栏将不随视口比例的变化而变化。

5) 创建视口

在菜单栏选择"视图"→"视口"→"一个视口"命令，或通过在工具栏空白处单击鼠标右键选择"ZWCAD"→"视口"，弹出"视口"工具栏，如图 6-30 所示，在"视口"工具栏里单击"单个视口"按钮，创建左侧视口。其命令行提示如下：

命令: vports

指定视口的角点或[打开(ON)/关闭(OFF)/布满(F)/锁定(L)/对象(E)/多边形(P)/图层 LA)/2/3/4] <布满>: (单击图 6-31 中的 *A* 点)

指定对角点: (捕捉图 6-31 中的 *B* 点)

图 6-30　"视口"工具栏

用同样的方法可创建右侧视口，结果如图 6-31 所示。

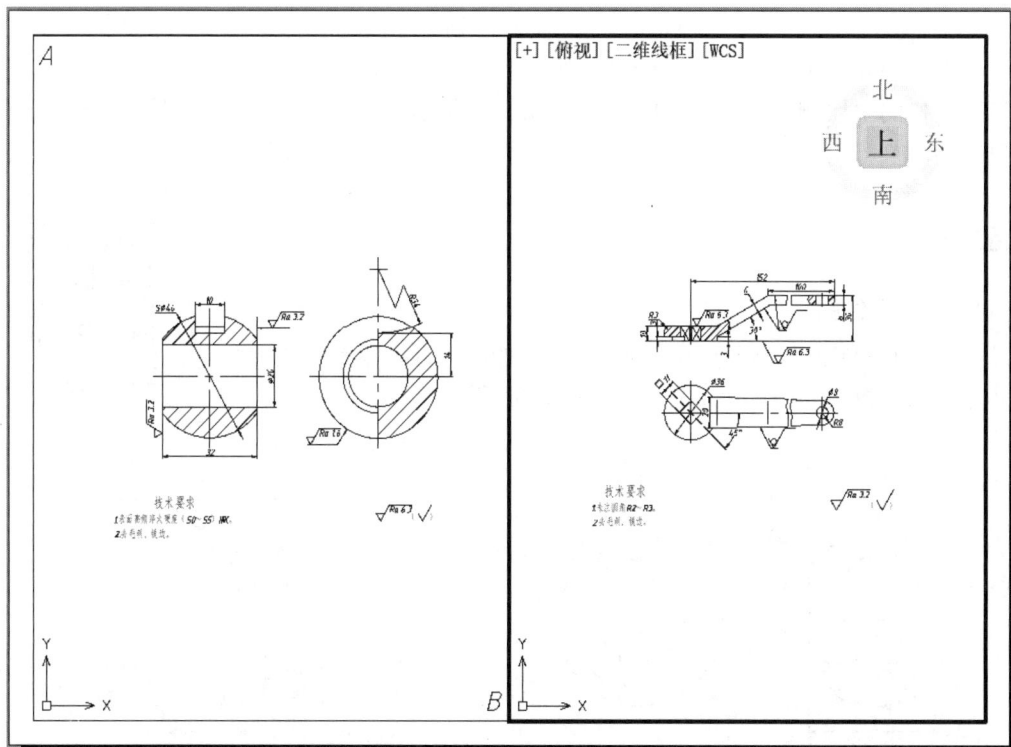

图 6-31　左、右视口创建

在菜单栏选择"视图"→"视口"→"两个视口"命令，弹出"选项"菜单，选择"水平"，依次拾取右侧视口的左上角点和右下角点，完成在右侧视口中新建两个视口的操作，结果如图 6-32 所示。

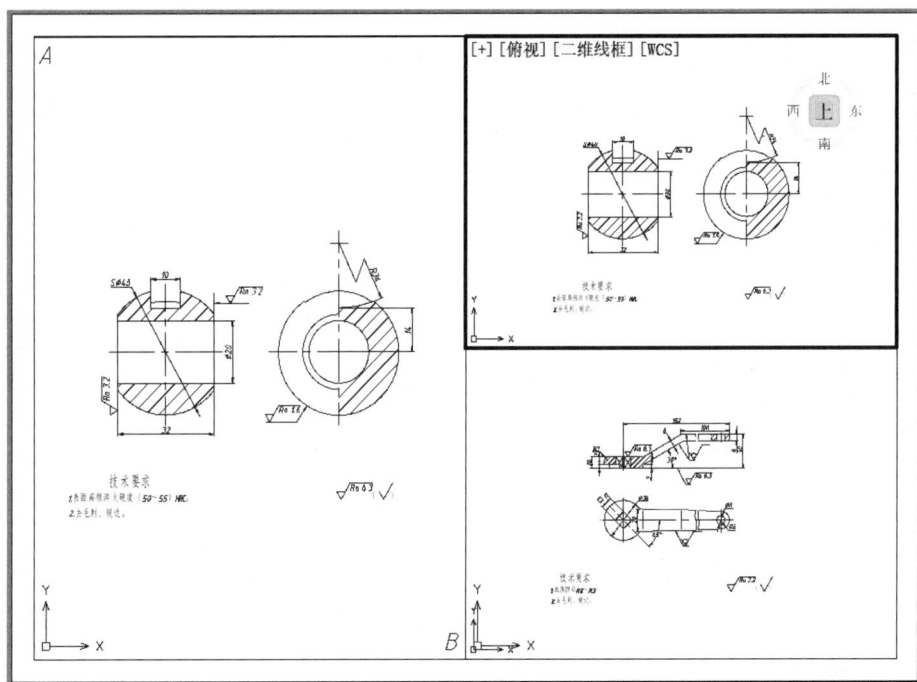

图 6-32　在右侧视口中新建两个视口

调出如图 6-30 所示的视口工具栏，在需要调整比例的视口内双击鼠标，激活视口，在视口工具栏的"比例"下拉列表框中，单击右侧的实心三角打开下拉列表框，选择对应的视口比例。

任务实施

1. 插入零件图

在中望 CAD 2025 教育版中，以外部参照的方式插入绘制完整的"阀芯.dwg"和"扳手.dwg"两个文件，如图 6-33 所示。

布局空间打印

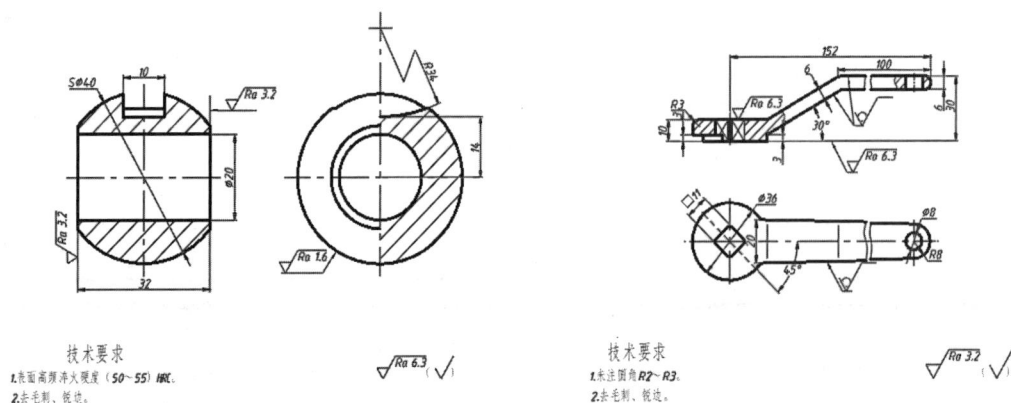

图 6-33　以外部参照的方式插入阀芯、扳手零件图

2. 创建布局空间

1) 布局设置

新建"布局 3",并重命名为"A4"。单击"A4",进入布局空间,单击视口边框,按Delete 键将当前视口删除。

2) 页面设置

右键单击"A4"布局,在弹出的列表中选择"页面设置",弹出"页面设置管理器"对话框(见图 6-24);单击"新建"按钮,弹出"新页面设置"对话框(见图 6-25),将"新页面设置名"改为"A4 竖";单击"确定"按钮,弹出"打印设置"对话框(见图 6-26),根据任务 6.1 知识链接内容对打印机/绘图仪、打印样式表、图形方向等区域进行设置,将"纸张"改为"ISO A4(210.00 × 297.00 毫米)"。

单击"确定"按钮,返回"页面设置管理器"对话框,在"当前页面设置"下选择"A4竖",单击"置为当前"按钮,单击"确定"即可完成页面设置。

3) 插入图框

在图纸外双击鼠标(视口处于未激活状态),执行"插入块"命令,打开"插入图块"对话框,在"插入"区域"名称"下拉列表框中选择"A4 竖"("A4 竖"图块需提前创建),按照本任务知识链接内容设置"插入点"和"比例"区域参数,结果如图 6-34 所示。

图 6-34　插入 A4 图框

4) 创建视口

在菜单栏选择"视口"→"两个视口"命令，选择"水平"，根据命令行提示，依次拾取 A4 图框内框的左上角点和右下角点。在上方视口内双击，切换到模型状态，调整视口内图形至视口合适区域，设置视口比例为 1∶1。用同样的方法完成下方视口调整，设置视口比例为 1∶2。

在视口未激活状态下，插入标题栏(注意定义标题栏图块中"材料""比例""图名""图号"的属性，创建带属性的块，具体操作可参考任务 4.1 知识链接的"创建属性块")，同时可根据图纸大小调整标题栏比例，修改标题栏图块属性值，打印预览效果如图 6-35 所示。

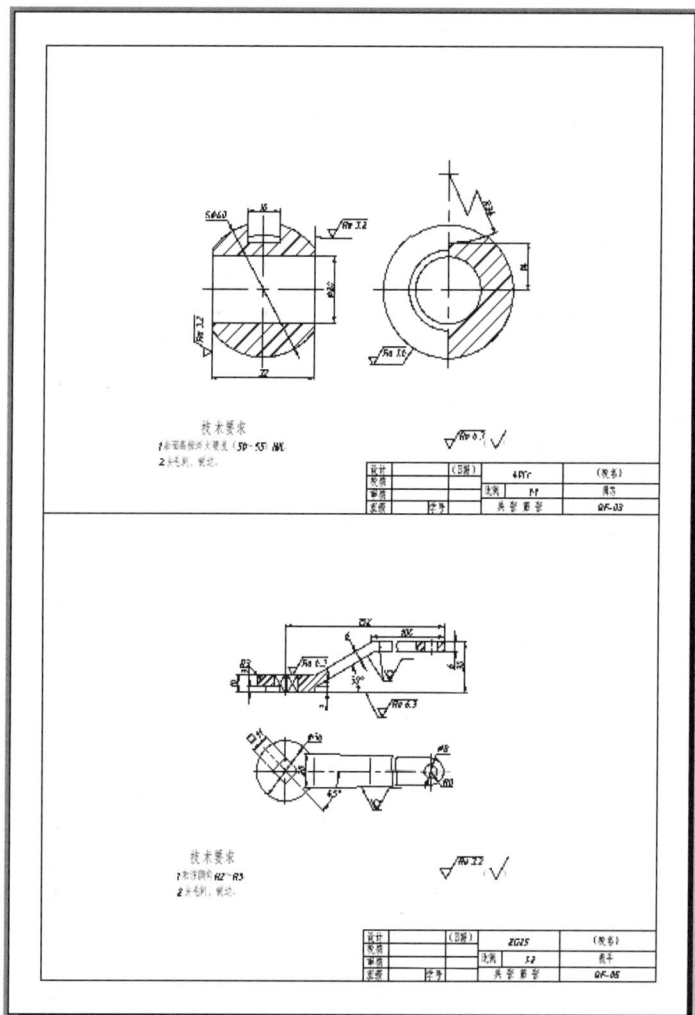

图 6-35　打印预览效果

3. 打印图形

图形显示无误后，在预览窗口中右击，在弹出的快捷菜单中选择"打印"命令，即可进行打印。也可返回"打印-模型"对话框，单击"确定"打印。

任务评价

如表 6-2 所示，从图形打印输出和职业能力两个方面，根据学生自评、组内互评、教师综合评价将各项得分填入表中。

表 6-2　任务 6.2 评价表

评价内容		分值	学生自评 (10%)	组内互评 (20%)	教师综合评价 (70%)
图形 打印 输出	插入外部参照	10			
	布局设置	10			
	页面设置	10			
	视口设置	30			
	图形打印	20			
职业 能力	查阅资料　团队合作 练习态度　拓展学习	20			
总　　分		100			

拓展训练

将虎钳的零件图(任务 5.2)按如图 6-36 所示的效果打印在 A4 图纸上，其中圆环、螺母、螺钉的视口比例为 1∶1，活动钳身密封圈的视口比例为 1∶2。

任务 6.2 训练

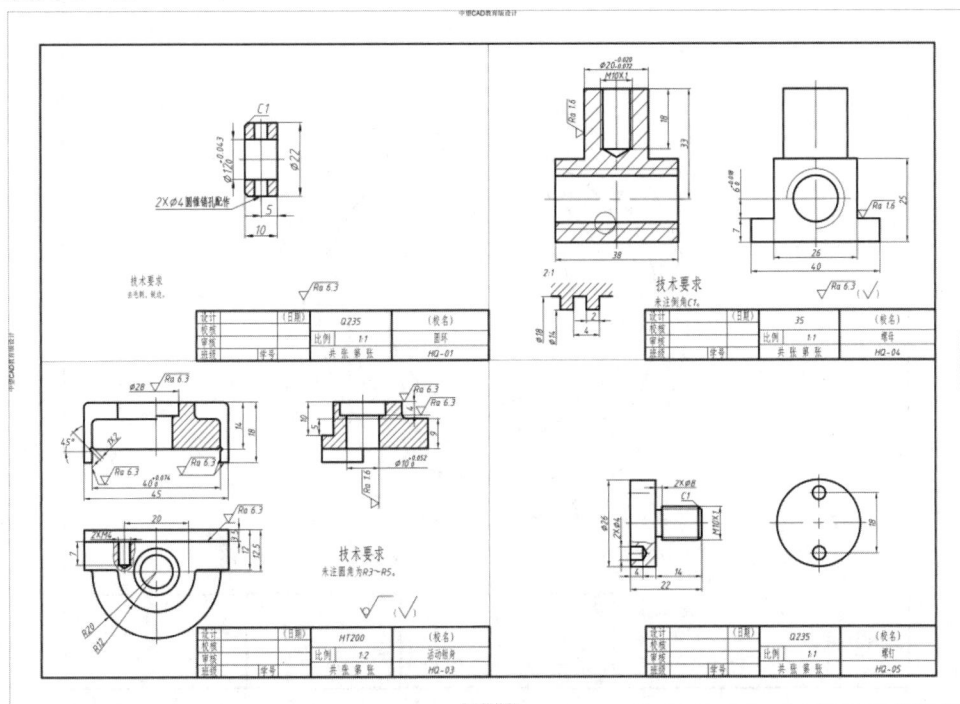

图 6-36　虎钳零件图打印效果

附　　录

1. 任务 5.1 拓展训练所需零件图

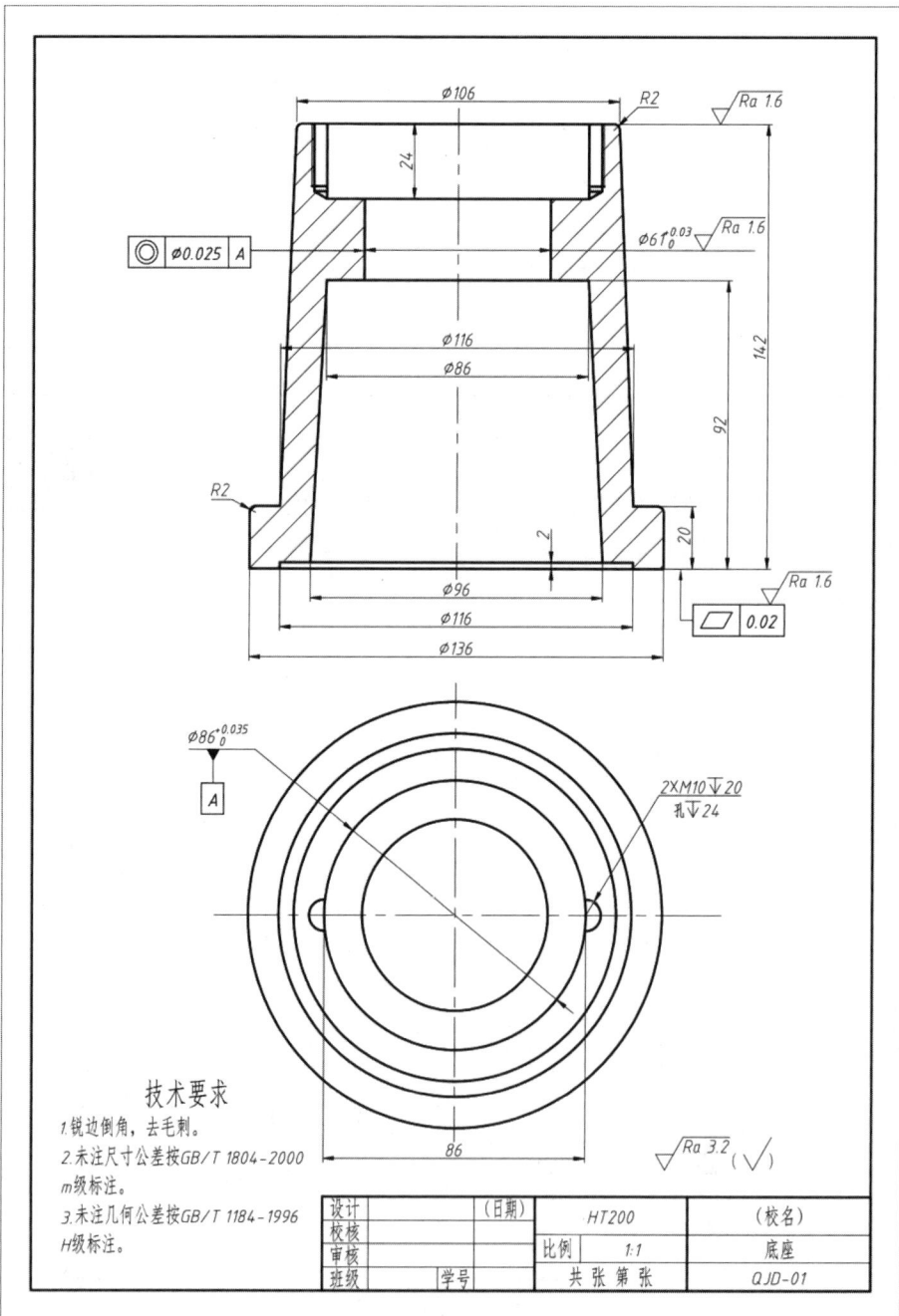

附图 1　底座零件图

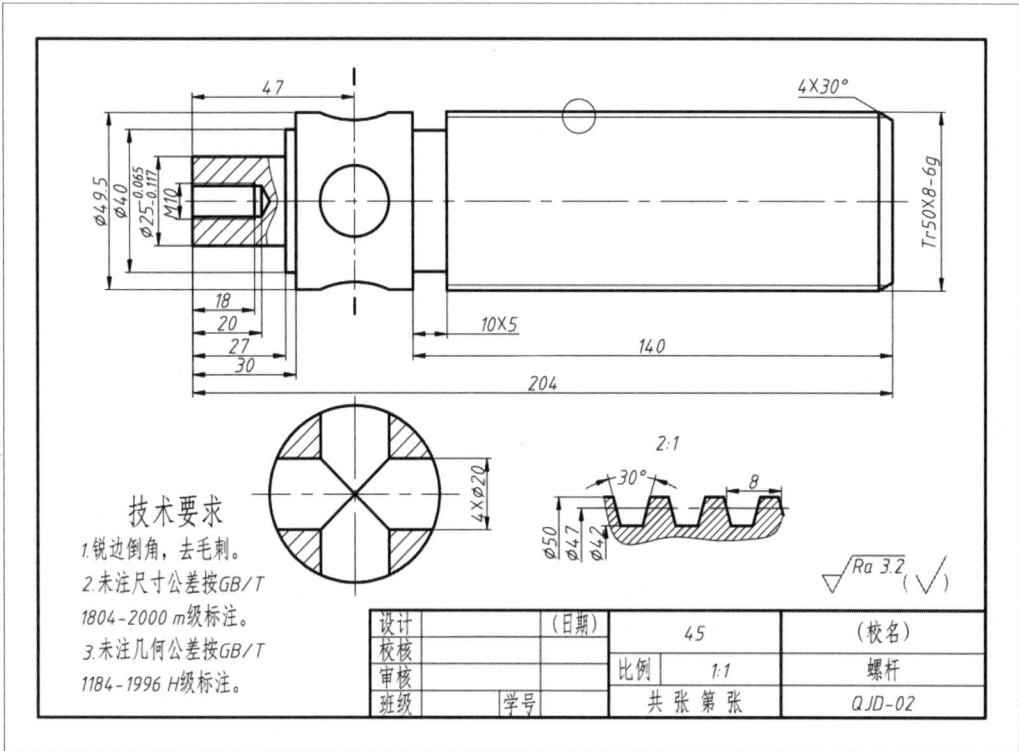

附图 2　螺杆零件图

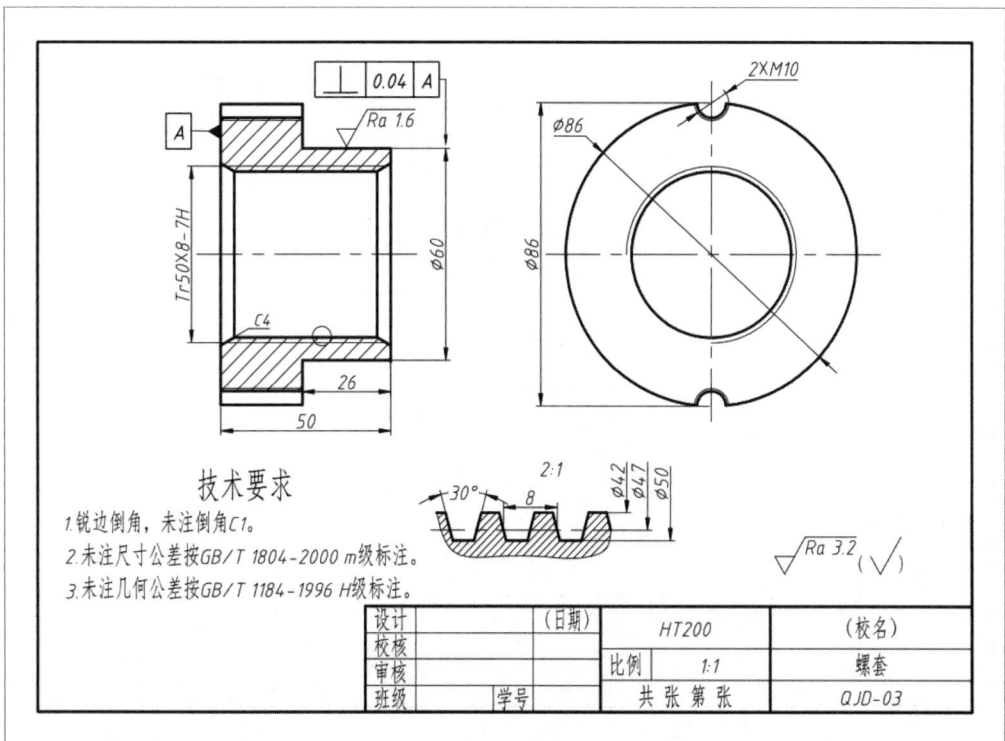

附图 3　螺套零件图

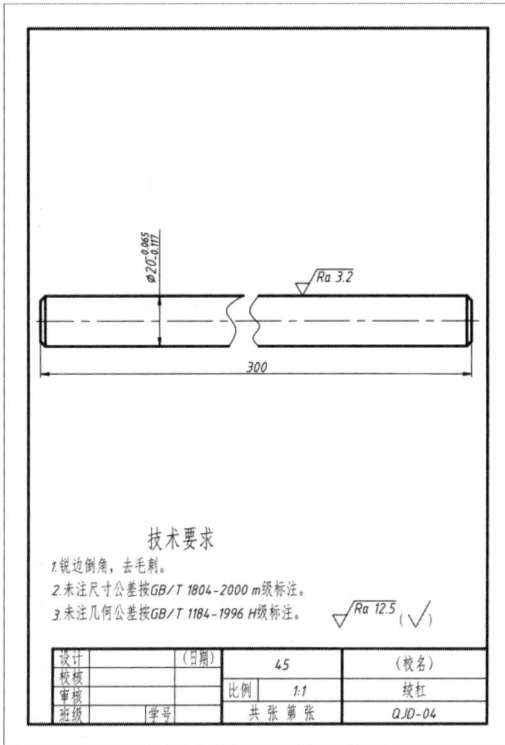

附图4　绞杠零件图

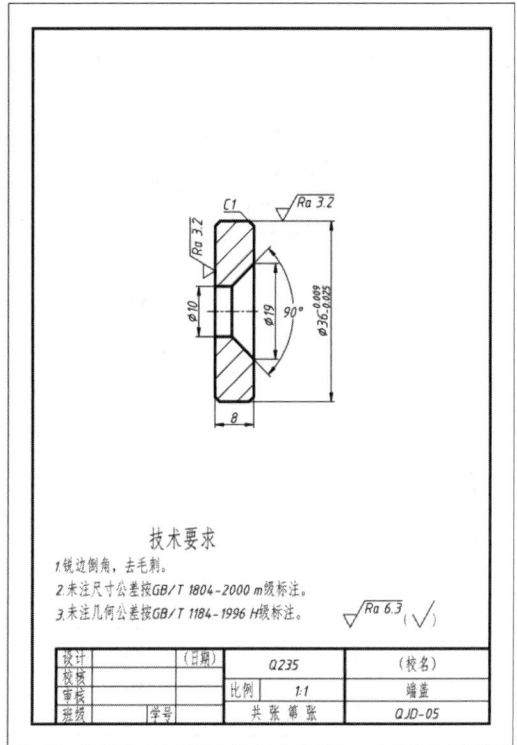

附图5　端盖零件图

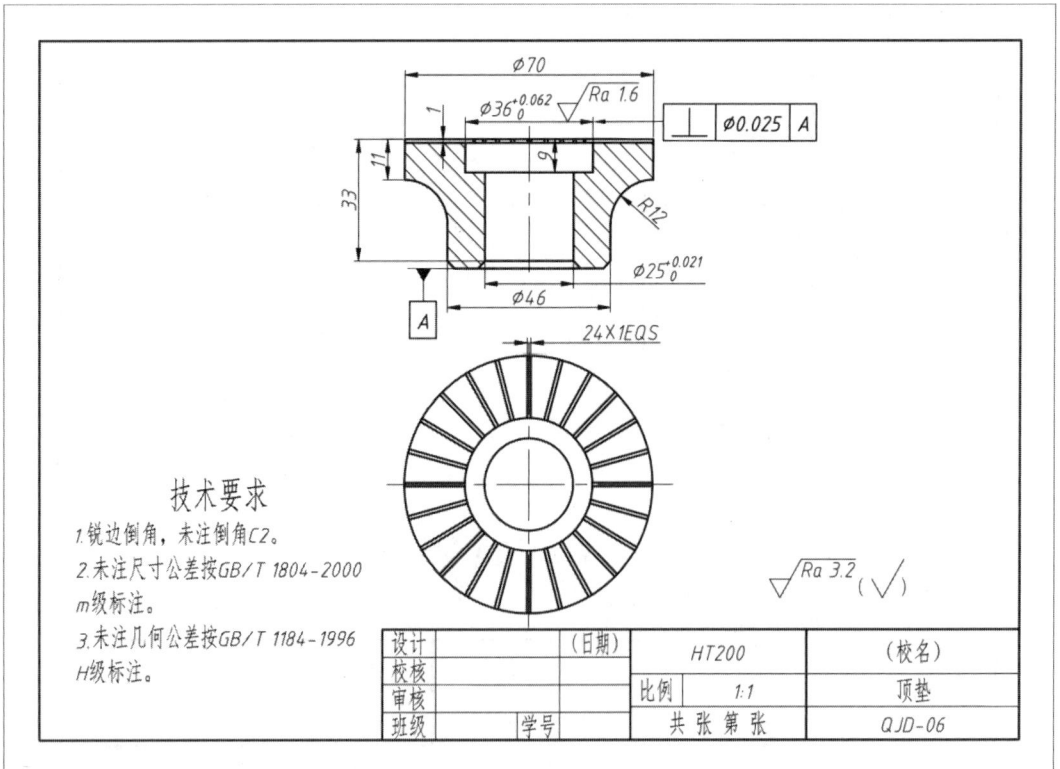

附图6　顶垫零件图

2. 任务 5.2 拓展训练所需零件图

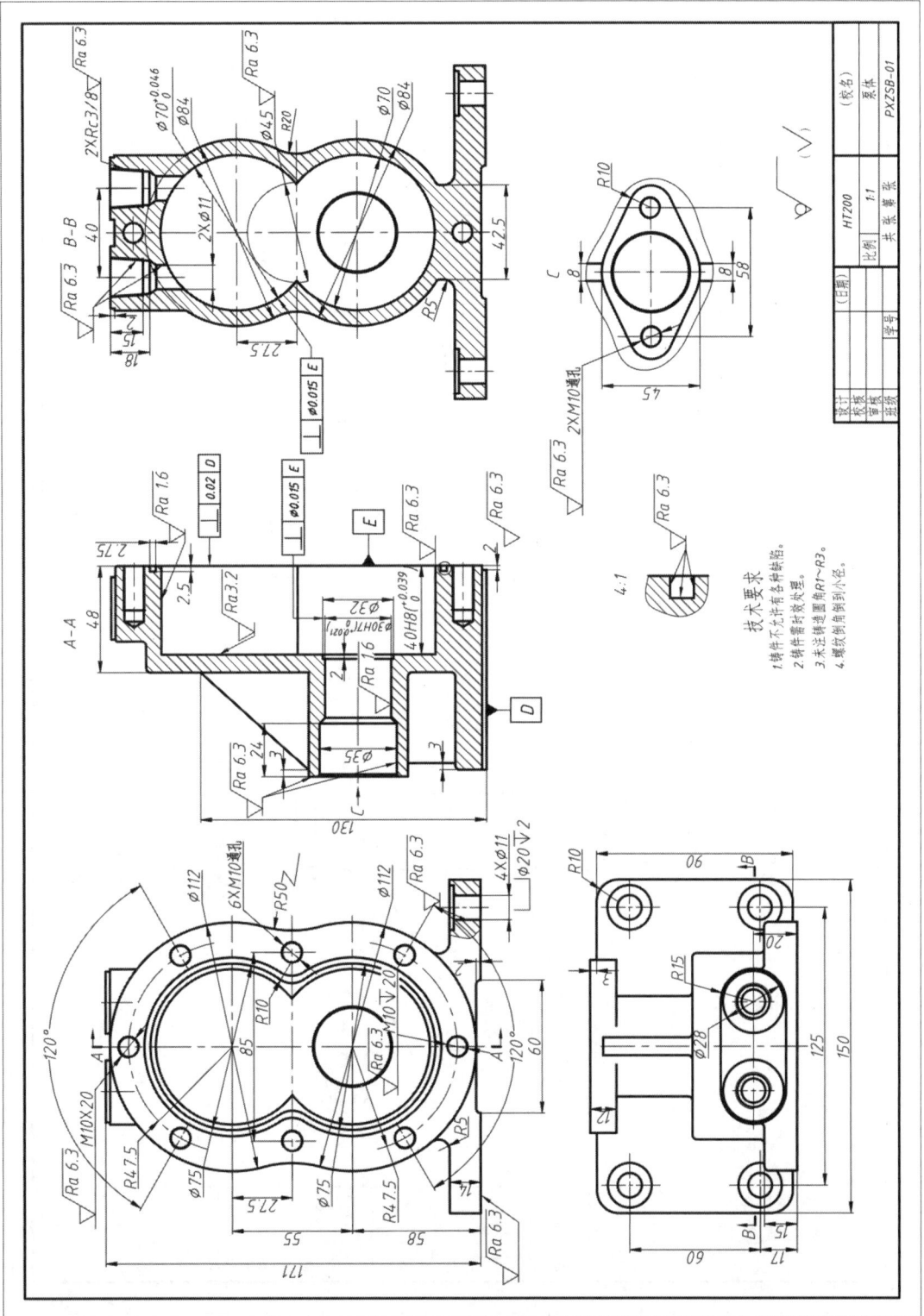

附图 7　泵体零件图

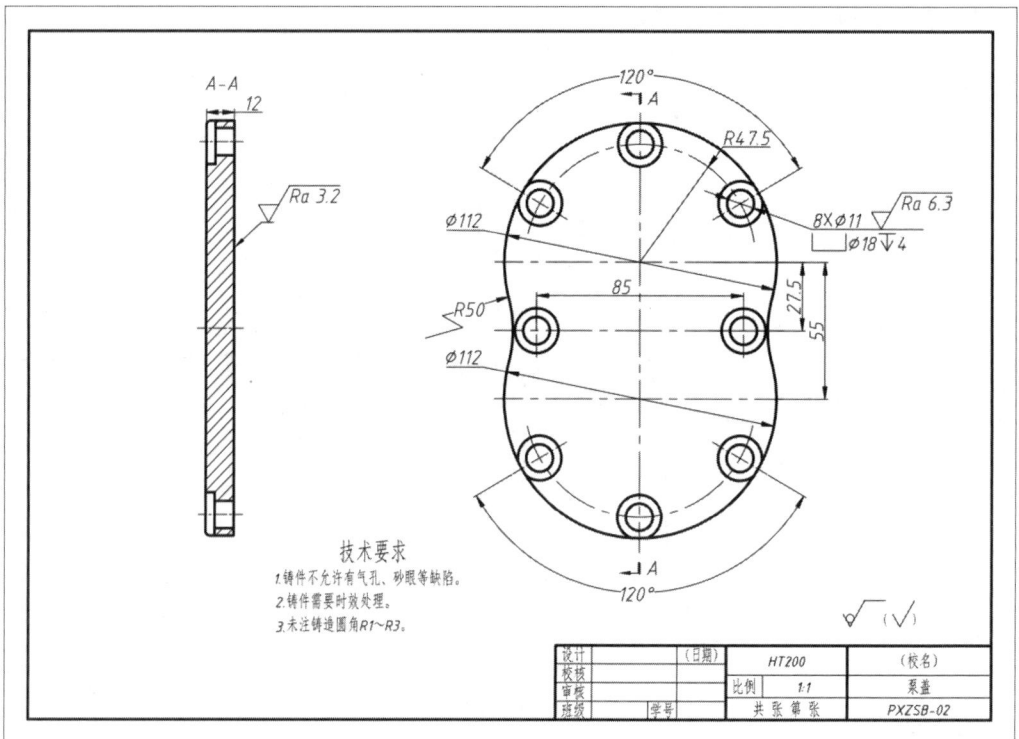

附图 8　泵盖零件图

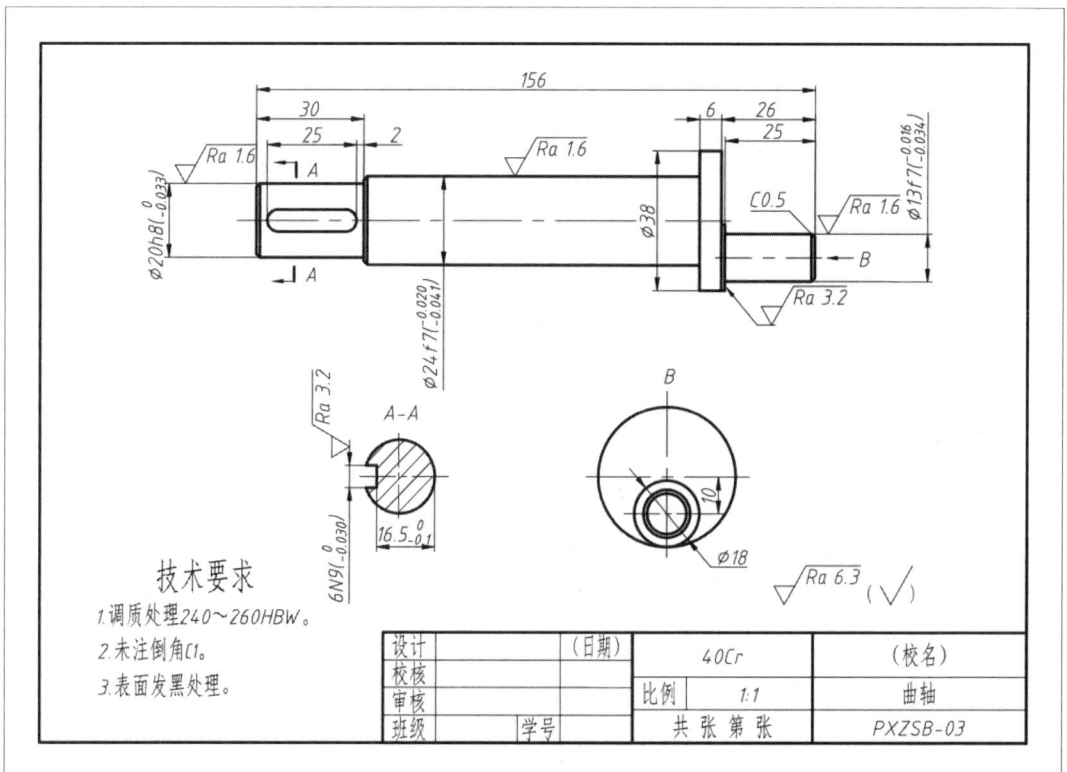

附图 9　曲轴零件图

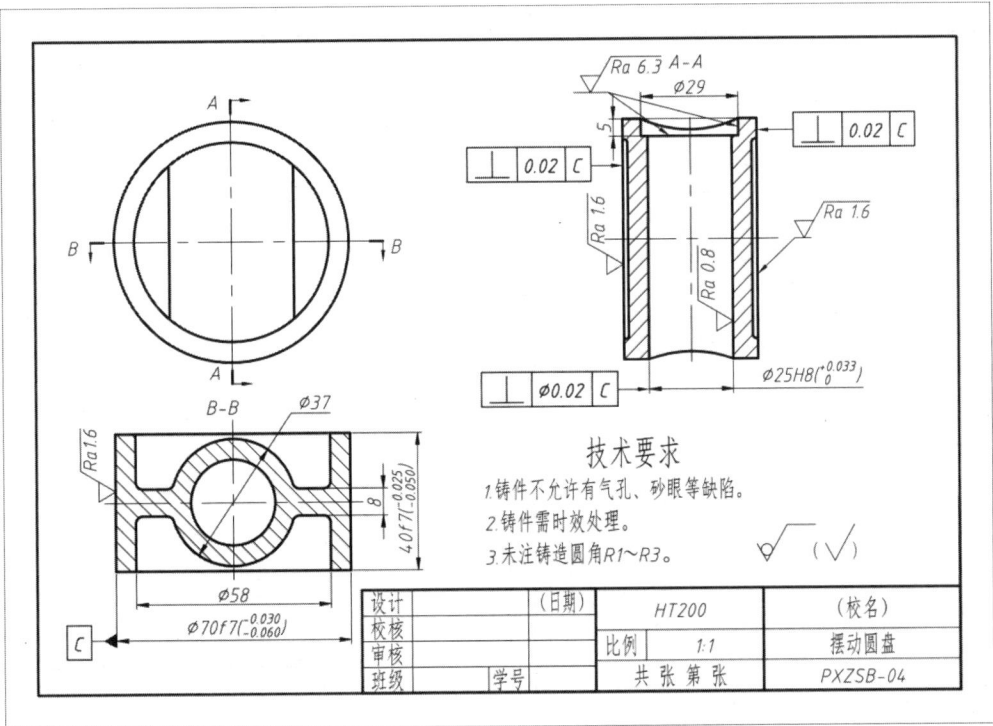

附图 10　摆动圆盘零件图

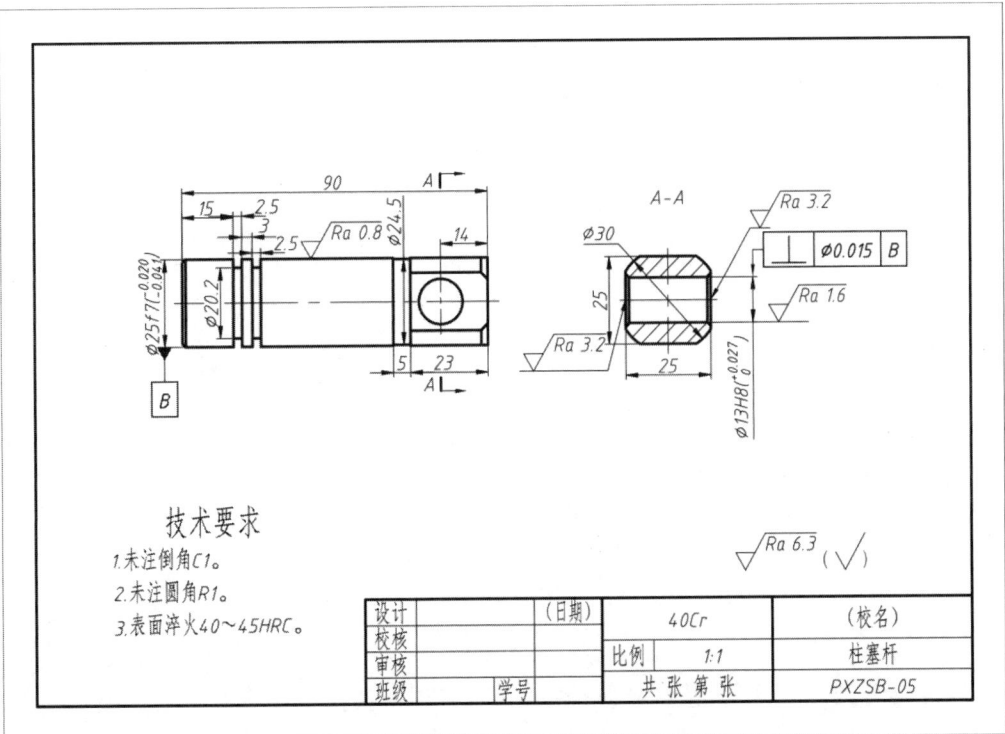

附图 11　柱塞杆零件图

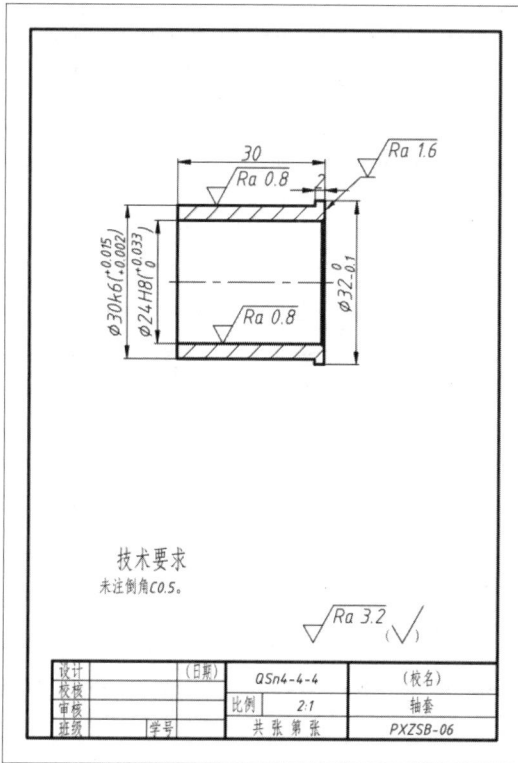

附图 12 轴套零件图

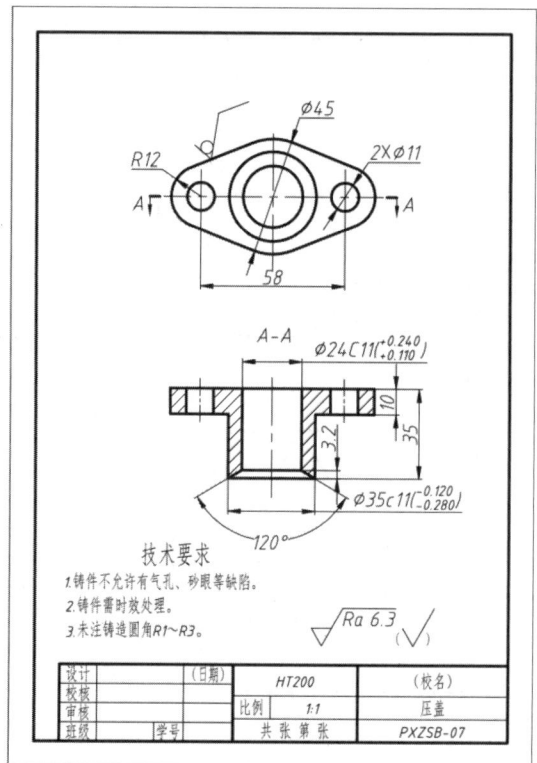

附图 13 压盖零件图

参 考 文 献

[1] 布克科技，姜勇，周克媛，等. 中望 CAD 机械版实用教程[M]. 北京：人民邮电出版社，2023.

[2] 孙琪. 中望 CAD 实用教程(机械、建筑通用版)[M]. 北京：机械工业出版社，2022.

[3] 胡建生. 机械制图[M]. 北京：机械工业出版社，2023.

[4] 孙琪，胡胜. 机械制图与中望 CAD[M]. 北京：机械工业出版社，2020.

[5] 郭艳艳，邢月先，王鋆辉. 中文版 AutoCAD 2018 机械制图实例教程[M]. 哈尔滨：哈尔滨工业大学出版社，2020.